図説 世界史を変えた50の船

Fifty Ships that changed the course of History

◆著者略歴
イアン・グラハム（Ian Graham）
イギリスの作家。大衆科学や科学技術、歴史にかんする著書がある。シティ大学ロンドンで応用物理学の学位を取得後、同大学院でジャーナリズムを学んだ。雑誌の記者、編集者をへて執筆活動に入る。フリーのライターとしてのキャリアは30年以上におよび、その間に執筆および共同執筆した本は200冊を超える。テーマとする分野は、宇宙探検、航空学、輸送手段、エネルギー、通信手段、発明、軍事技術と幅広い。推理小説や古典的な物語の劇画化にも挑戦している。2012年にはイギリス学士院の青少年文学賞を共同受賞し、2014年には教育作家賞の最終候補となった。

◆訳者略歴
角敦子（すみ・あつこ）
1959年、福島県会津若松市に生まれる。津田田塾大学英文科卒。訳書に、マーティン・J・ドアティ『世界の無人航空機図鑑』、ナイジェル・カウソーン『世界の特殊部隊作戦史1970-2011』、M・J・ドアティほか『銃と戦闘の歴史図鑑：1914→現在』、クリス・マクナブ『図説アメリカ先住民 戦いの歴史』（以上、原書房）などがある。軍事や政治、伝記、歴史などノンフィクションの翻訳を手がけている。千葉県流山市在住。

FIFTY SHIPS THAT CHANGED THE COURSE OF HISTORY
by Ian Graham
Copyright © Quid Publishing 2016
Text copyright © Quid Publishing 2016
Japanese translation rights arranged with Quid Publishing Ltd., London
through Tuttle-Mori Agency, Inc., Tokyo

図説
世界史を変えた
50の船

●

2016年12月20日 第1刷

著者	イアン・グラハム
訳者	角敦子
装幀	川島進デザイン室
本文組版	株式会社ディグ
発行者	成瀬雅人
発行所	株式会社原書房

〒160-0022 東京都新宿区新宿1-25-13
電話・代表03(3354)0685
http://www.harashobo.co.jp
振替・00150-6-151594
ISBN978-4-562-05333-9

©Harashobo 2016, Printed in China

図説 世界史を変えた 50の船

Fifty Ships that changed the course of History

イアン・グラハム
Ian Graham

角 敦子 訳
Atsuko Sumi

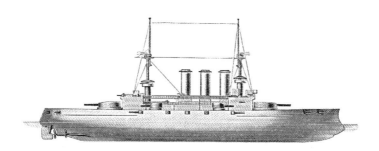

原書房

目次

はじめに	6
クフ王の太陽の船	8
トライリーム（3段櫂船）	12
ニダム船	16
イシス号（商船）	20
モーラ号（ロングシップ）	24
鄭和の宝船（帆船）	28
サンタ・マリア号（カラック船）	32
メアリー・ローズ（軍艦）	36
ビクトリア号（カラック船）	42
メイフラワー号（商船）	46
エンデヴァー号（調査船）	50
ヴィクトリー（戦艦）	54
シリウス号（軍艦）	60
クラーモント号（ノース・リヴァー・スティームボート号、蒸気船）	64
サヴァンナ号（汽帆船）	68
ビーグル号（調査船）	72
アミスタッド号（奴隷船）	78
グレート・ブリテン号（定期船）	82
ラトラー号（スクリュー蒸気船）	86
アメリカ号（ヨット）	90
チャレンジャー号（調査船）	94
グロワール（鉄甲艦）	98
モニター（鉄甲艦）	102
カティーサーク号（クリッパー）	106
フラム号（スクーナー）	110
スプレー号（帆船）	114
オレゴン（戦艦）	118
ホランド号（潜水艦）	122
ポチョムキン（戦艦）	126
ドレッドノート（戦艦）	130

戦艦ヴィクトリー。54ページ参照。

クラーモント号(ノース・リヴァー・スティームボート号)。
64ページ参照。

ルシタニア号(定期船)	**134**
タイタニック号(定期船)	**138**
U-21(潜水艦)	**144**
ノルマンディー号(定期船)	**148**
ビスマルク(戦艦)	**152**
イラストリアス(空母)	**158**
パトリック・ヘンリー号(リバティー船)	**162**
大和(戦艦)	**166**
カリプソ号(調査船)	**170**
ミズーリ(戦艦)	**174**
コンティキ号(いかだ舟)	**178**
アイデアルX号(コンテナ船)	**182**
ノーティラス号(原潜)	**186**
虹の戦士号(NGO活動船)	**190**
レーニン号(原子力砕氷船)	**194**
トリー・キャニオン号(タンカー)	**198**
エンタープライズ(原子力空母)	**202**
アルヴィン号(深海潜水艇)	**206**
グローマー・エクスプローラー号(掘削船)	**210**
アリュール・オヴ・ザ・シーズ号(クルーズ船)	**214**
参考文献	**218**
索引	**220**
図版出典	**224**

はじめに

人類の祖先が、危険をおかしてはじめて水上に出た理由や、その正確な時期はわかっていない。陸地を離れたのは、食料を求める漁師、あるいは物々交換の品をたずさえた商人、征服の衝動に駆られた戦士、川の向こう岸や水平線のかなたへの好奇心を抑えられなかった探検家だったかもしれない。最初は小型で原始的だった船も、時の流れとともに大型化して大洋の航行が可能になった。それ以降人類の歴史と文化、文明は、船とその活用の仕方によって形づくられてきたのである。

紀元前2550年には、エジプトで船とよぶのにふさわしい大型の航洋船が建造されつつあった。そうした古代世界の最古の船で保存状態のよいものが、1950年代にエジプトで出土している。この船は4500年前に、クフ（ケオプス）王の遺骸を運ぶために建造された。このようなエジプトの初期の船は、パドル（櫂）かオール（櫓）で推進されていた。帆走だけで進む最初の船舶もこの地域で考案されている。以来何千年もほぼ原形をとどめているダウ船は、今日もエジプトで見ることができる。

エジプトにかぎらずどこでも、黎明期は単純な形だった船も、世代をへるにしたがって大型化の技術が進み、さまざまな用途に特化した多様なタイプができあがった。船腹がふくらんだ船は商船として開発されたのに対し、スリムな快速船は軍用船として建造された。世界初の軍艦となったのは、オール推進のガレー船だった。貨物船がオールを廃して帆をつけたあとも、軍艦はしばらく人力で推進されつづけた。遠距離から艦砲で攻撃する時代になる前は、軍艦は敵艦に接近しなければ衝角［船首下の突起物］をつくことも、兵を乗り移らせることもできなかった。オールで漕いだほうが、帆走より機動が段違いに正確で、加速も自在にできたのだ。地中海では千年以上にもわたって、漕ぎ座を上下3段にならべたトライリーム（3段櫂船）にかなう軍艦はなかった。北欧ではその一方で、ヴァイキングが細長くて優美なロングシップを作り、沿岸部や川を襲撃した。極東では、木造の独特なジャンク船（戎克）が海上の交易と戦いを支配した。

遠洋航海が可能になると、新天地を探してひと儲けしようとする探検家が現れ、やがて世界一周が達成されて、無数の島々や海岸の地図が作成されるようになった。海外植民地が建設され帝国が出現すると、世界の海洋大国同士、あるいは海賊相手の紛争が勃発し、軍艦の大型化と艦砲の大口径化が進んだ。炸裂弾が導入されたのを機に、船体は木造から鉄製、そして鋼鉄製へと移り変わった。そうした巨大な船舶のなかには、軍艦のヴァーサやメアリー・ローズ、豪華客船のタイタニック号のように、設計ミスや悪天候、事故によってあっけない最期を迎えたものもあった。

> ふたたび戻らなくてはならない
> あの孤独の空と海へと
> 求めるのはただ帆船と
> それを導く星のみ
> 　　　ジョン・メイスフィールド
> 　　　「Sea Fever（海に焦がれて）」

戦争、貿易、科学、娯楽

巨大戦艦の頂点をきわめたのは、第1次世界大戦の弩級戦艦および第2次世界大戦のビスマルク、大和、ミズーリといった戦艦である。その一方で貿易船は、2方向に分かれて発達した。一部の貨物船が大型化を追求したのに対し、カティーサークのようなクリッパー（快速帆船）は、貨物量の減少と引きかえにスピードを上げた。航空機に高速輸送の株を奪われると、貨物船はますます巨大化に傾いて、とてつもない容積の超大型タンカーやコンテナ船が出現した。アイデアルXといった船が草分けとなった貨物のコンテナ輸送は、世界の貨物輸送を一変させた。一方波の下では、20世紀の初めに技術者や発明家が水中移動にかんする問題をついに解決し、史上初の実用的な潜水艦を完成させて、海戦の形をさま変わりさせた。

海洋への好奇心から、科学調査に関連した遠洋航海も行なわれた。そのような航海には通常、ビーグル号やチャレンジャー号のような戦艦の改造船が使用された。そうした調査で、海底や海流の地図が作成され、何千もの新種の生物が発見された。

帆船に代わって蒸気船の商業利用がさかんになると、娯楽やスポーツとしてのセーリングが人気を博するようになった。アメリカズカップのような国際ヨットレースで勝つことが、国家の威信にかかわるようになり、どのチームよりも先にゴールラインを通過するために、最新のテクノロジーを装備する戦いが、今現在も進行している。

陸上で滑走路が使えない戦域でも航空機を使用したいという要望からは、かつてないマンモス航空母艦が考案された。その最たるものが、排水量が10万トンにも達する巨大なニミッツ級航空母艦と、その後継クラスで同様の規模をもつジェラルド・R・フォード級空母である。こうした空母は原子力を動力源にしているので、航続距離は事実上無限である。

蒸気動力の導入で定期的な大西洋横断の旅が可能になったとたんに、造船会社は次々と、規模や速度、ぜいたくさを上まわる客船を造りあげ、ノルマンディー号のような船を欧米間のドル箱ルートで就航させた。最速の大西洋横断をした船舶にあたえられるブルーリボン賞が、こうした客船間で争われるようになった。

膨大な量の商品と原料が供給者から消費者のもとへと運ばれる世界では、船は日常生活や食料供給、安全保障にとって欠かせない要素でありつづける。また海に出ていく理由は、何千年も前に最初の船が漕ぎだしたときから変わっていない。今日の船も、漁や貿易、戦闘行為、探検のために船出するのである。

左：スケッチに描かれているプリンストン（1851年）は、アメリカ海軍ではじめてスクリュープロペラを採用した蒸気軍艦。アメリカでプリンストンと名づけられた2代目の軍艦である。

下：1620年、ピルグリム・ファーザーズはメイフラワー号に乗って新世界にやって来た。メイフラワーII号は、この有名な船の原寸大レプリカである。

はじめに

クフ王の太陽の船
PHARAOH KHUFU'S SOLAR BARGE

　古代エジプト文明は、ナイル川流域で5000年あまり前に発生した。この川と沿岸の水上輸送は、人々の交通と物資の輸送、さらには情報の伝達や漁に欠かせなかった。エジプト人は短期間のうちに小型の川舟を考案すると、次には地中海の港と交易する大型の航洋船を造りあげた。この時代の船は原形をとどめていないだろうと考えられていた。ところが1954年に、驚くべき考古学的発見があったのである。

種別　太陽の船

進水　前2566年頃、エジプト古王国

全長　43.6m

トン数　不明

船体構造　レバノン杉の厚板

推進　オール5対

　ギリシア語名でケオプスともよばれるクフ王は、前2589年から2566年までエジプトを統治していた。ギザ最大のピラミッドである大ピラミッドを建築したが、この人物についてわかっていることはそれ以外にほとんどない。これまで発見された唯一の影像はエジプト国王としては最小で、高さ7.5センチのちっぽけな座像にすぎない。

　1950年代の初めに、大ピラミッド付近で瓦礫を除去する作業をしていると、壁の残骸が見つかった。そこは考古学的に不自然な場所だった。ピラミッドに近すぎる印象があったのである。考古学者のひとりであるカマル・エル=マラクは、壁はその下の地中にあるなにかを隠すために作られたのではないかと考えた。穴はほかにも大ピラミッドの付近で発見されていた。そうした穴には、船をはじめとする、ファラオが死後の世界で必要とするであろうものが収められていたと推定されていた。当時の宗教思想によると、ファラオが太陽神ラーとともに天空に広がる宇宙の海を渡るときには、「太陽の船」とよばれる船が必要になる。クフ王の死後の旅路のためには、5隻の船が造られたと考えられている。残念なことに、それまで発見された穴はとうの昔に盗賊に荒らされて、何も残っていなかった。

　地面から邪魔なものを除くと、巨大な石板の列が見つかった。ただの壁の土台にしては法外な大きさに思えたので、エル=マラクは大きな穴にふたをしているのではないかと考えた。試しに地面に小さな穴をあけてみると、この石板が穴をおおっていることが確認された。しかも穴に顔を近づけてみるとなにかの匂いがする。まちがいない、杉材の香りだ。ファラオの葬船に使われていたと思われる木材である。その時点ではエル=マラクも、木材がなかでどのような状態になっているのか見当もつかなかった。アリに食い荒らされているかもしれないし、

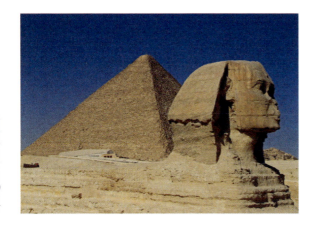

右：ファラオの太陽の船の部材は、穴のなかでの保存状態が良好だったために、船の復元が可能だった。部材に彫られていた記号は、組み立て方を示していた。

朽ち果てているかもしれない。彼は鏡をもらうと日光をすきまに反射させた。するとまぎれもない船のオールの形が認められた。エル＝マラクは身震いしはじめた。ファラオの遺体がピラミッドに葬られた4500年以上も前の時代に、この穴に収められた船がまだ残っていたのである。しかもかなりよい保存状態で。船は死後に復元するために、解体されて模型の部品のようにならべられていた。その上には、古代の織物とロープの名残がおおいかぶさっていた。小さな釘から長い厚板まで数えると、部材は1224点あった。それを穴から引き上げるのに2年近くがかかり、保存措置をほどこして復元するのに10年以上を要した。

左：クフ王の太陽の船は、大ピラミッドの南側付近の穴のなかで、解体された状態で見つかった。1950年代になって発見されるまで、何千年もだれにも乱されることなく眠っていた。

上：船体が優雅なカーブを描いて、船首材と船尾材がもちあがっている形状は、この地域の前時代にあった、パピルス舟の形を踏襲しているために、「papyriform」(パピルス型)とよばれる。

ファラオにふさわしい船

　この船の船体は、いわゆる「外板先行法」で造られていた。先に船体外板をつなぎあわせてから、フレーム(肋骨)もしくはストラット(支材)をはめこむ手法である。丸太から切りだされた板は長さ7.2メートル。30枚の板が、手斧で慎重に削られて曲線的な船体を形作っていた。船体は船首と船尾が高くなっており、それよりも前の時代のパピルス製の舟の形を踏襲しているように見える。パピルス舟が古代エジプトで普及したのは、木が生えていないので大型船を建造するのに必要な木材はとれなかったが、パピルスなら豊富にあったからである。クフ王の太陽の船に使われた木材は、ほぼすべてが杉材だったので、地中海東部から輸入されたのだろう。この船は平底で竜骨はなかった。エジプトの船に竜骨が導入されるのは、その千年後になる。

　船のさまざまな部材はすべてほぞ継ぎで接合され、草のロープでしばられていた。窓のない長さ9メートルの船室が、甲板の上に鎮座している。そのなかには、ちょうど人の体が入る大きさの小部屋がある。おそらくはここに最後の旅路に出るファラオの遺体を安置したのだろう。船の両舷にはそれぞれ5本のオールが、船尾には2本の舵取りオールがついている。各オールは1枚の木片を削って作られていた。

　この発掘後もエジプトでは、船が収められていたであろう穴があちこちの墓や神殿で見つかった。その多くが空だったが、何千年も前に収容した船がそのまま残っていた例もあった。1991年にはアビュドスに近い砂漠で、5000

世界史を変えた50の船

ダウ船

15世紀になるまで、アラビア半島、ペルシア湾、東アフリカ、インドの沿岸部で、海上交通の主役だったのはダウ船だった。その起源は、地中海もしくはインド洋、紅海にあったと考えられる。前600年から後600年のあいだのいずれかの時期にこの形ができあがったので、古代エジプト末期のファラオはナイル川でダウ船を目にしていたかもしれない。ダウ船には小型の釣り船から大型の航洋船にいたるまで、さまざまな大きさがある。操船をおおいに助けたのは、三角形の「大三角帆」だった。この形の帆にした船は、ヨーロッパや極東で使用されていた方形の横帆より機動性にすぐれている。大三角帆を張ったダウ船は、横帆の船より風に逆行して進みやすいからである。

上：ダウ船はおもに交易船で、細長い船体に1、2本の大三角帆をそなえていた。この特徴的な三角形の縦帆のおかげで、ダウ船は高い機動性を発揮した。

年近く前の船の遺物が14隻発掘された。木が不足していたために古代エジプトは海洋大国にはなれなかったが、クフ王の太陽の船は、現代まで残った最古の木造船のひとつとなった。4500年前に、この船がファラオの遺体を永眠の地まで運んだかもしれないと思うと奇跡のようである。

第2の船

1954年に大ピラミッドのそばで発見された第2の穴にも、ファラオの時代から保存されていた船が手つかずのまま収容されていた。当初は第2の船はそのままにしておくことになっていたが、1990年代に調査したところ、木製部分の傷みがひどくなっているのが判明した。穴の封印を解いたために、湿気とカビが侵入したためである。船を引き上げなければ、腐食して原形をとどめなくなるおそれがあった。木材の放射性炭素年代測定をすると、この船が4500年前のものであることがあらためて確認された。木材の保存措置がすんだあとに船を復元する予定もあるが、繊細な作業には数年を要する見こみである。

左：分解された船は、ギザの岩盤を削った穴に整然と収納されて、石灰石の石板でふたをされていた。

トライリーム（3段櫂船）
THE TRIREME

　古代世界の２大海洋文明を興したフェニキア人とギリシア人は、地中海を縦横に走る貨物船と軍艦を建造した。またその当時の卓越した軍艦、トライリーム（3段櫂船）をも考案した。このオールで推進する軍艦は、西洋史を方向づける重要な戦いで、ギリシア海軍とともに名をとどろかせた。

左：トライリームは恐るべき軍艦だった。平均的な乗員数は200人で、そのうち170人以上が漕手と海兵の分遣隊だった。

種別	櫂船型軍艦
進水	前600年頃、ギリシア、フェニキア、ローマ
全長	約37m
排水量	70t
船体構造	木造、板張り
推進	漕手170人、横帆2枚

　ガレー船とよばれる櫂船は、古代エジプトのファラオの時代から使用されていた。船体が細長く喫水が浅いこの船は、おもに両側の漕ぎ座にならんだ漕手によって推進される。順風になったときに帆走に切り換えるため、通常はすくなくとも１本のマストをそなえていた。紛争や戦争が起こったときも、船はもっぱら戦闘員の輸送に従事していて、船同士が交戦することはなかった。ところが前800年頃に衝角（ラム）が発明され、それとともに戦闘を目的とする軍艦が誕生した。この衝角は舳先の下の低い位置にとりつけられた。衝角で武装した船は、全速力で漕いで敵艦の側方にまわり、喫水線より下の船体を衝角でつき破る。ギリシア人は、ペンティコンター（50人の漕手）という衝角をつけたガレー船を造った。漕手を25人ずつ両側に配し、計50人で推進する船である。それよりも小型のトリアコンターの場合は、漕手が30人だった。前700年頃に、フェニキア人はペンティコンターにアウトリガー（舷外材）をくわえて、新しいタイプのガレー船を誕生させた。アウトリガーは船外に張りだした三角の部材で、上段の漕手のオールを支える。漕手が上下２段にならぶと船の速度と勢いが増し、新たな名称も生まれた。バイリーム（2段櫂船）である。

　時は移り前600年頃になると、ギリシア人もしくはフェニキア人が同じ論理的展開で、バイリームの漕ぎ座２段の上にもう１段を増やした。このトライリーム（3段櫂船）はまたたくまに、地中海東部で軍艦の標準仕様になった。

右:トライリームの漕手は、3段（階層）の漕ぎ座に配置された。このアテナイのレリーフでは、トライリームの最上段の漕手がオールを舷縁に乗せている。

サラミスの海戦

　古代世界できわめて重要な意味をもつ海戦は、何百隻ものトライリームの対戦となった。前482年、アテナイはペルシアの侵略を予想し、対抗手段のひとつとしてトライリームの艦隊を編成した。前480年に侵略がはじまった当初は、ペルシア軍が圧倒的勝利をおさめていた。ペルシア軍が、規模におとるギリシア軍をテルモピュライの陸上戦で殲滅した話はよく知られている。一方アルテミシオンの海戦では、何百隻ものギリシア軍のトライリームが、それをさらに上まわる数のペルシア軍のトライリームを相手に戦った。ギリシア艦隊が戦力の喪失に耐えられずに撤退すると、ペルシア軍は勝利にわいた。だがギリシア軍指揮官のテミトクレスは、海軍を説き伏せてサラミス島にふみとどまらせた。ペルシア軍は甚大な損失をこうむったものの、ギリシア軍よりは多くの船と熟練した乗員を残していた。そのためギリシア軍

右:サラミスの海戦でトライリーム艦隊がぶつかりあったのは、サラミス島とギリシア本土とのあいだの細い海狭だった。

・・・・・ ギリシア軍
・・・・・ ペルシア軍
||||||| ギリシア連合艦隊
　　A　コリントス軍
　　B　アテナイ軍
　　C　アイギナ軍
　　D　その他のギリシア軍
　　E　スパルタ軍

||||||| ペルシア艦隊
　　F　フェニキア軍
　　G　イオニア軍
　　H　その他のペルシア軍

トライリーム（3段櫂船）

の船に攻勢をかければ、蹴ちらして総崩れにできるだろうとタカをくくっていた。ところがギリシア軍は、サラミス島とアテナイの海岸のあいだの狭まっている場所を決戦場に選んだ。はたしてペルシア軍は、この細い海峡におびきよせられ、身動きがままならなくなって統制を乱し、味方同士で衝角をぶつけあう始末だった。こうして展開された戦いで、ペルシア軍は残っていた何百隻もの船を失って大敗を喫した。サラミスでギリシア軍が勝利したため、ペルシア陸軍は海軍の有効な支援を受けられなくなり、ギリシア侵攻は不首尾に終わった。

サラミスでのトライリームの海戦が後世の語り草になったのは、これにとどまらない重要性をおびているからである。古代ギリシアは西洋の民主主義と文明の発祥の地だったため、かりにペルシア軍がサラミスの海戦で勝ち、つづくギリシア侵攻にも成功していたら、それ以降の西洋史はまったく違う流れをたどっていただろうと指摘する分析もある。

ローマ海軍

サラミスの海戦により、海軍力の重要性は確立された。前3世紀に陸上兵力を主力とするローマが、勢力範囲を拡大しはじめると、現在のチュニジア沿岸部にあったカルタゴと対立が生じた。カルタゴ人はローマ人とは違い、熟練した船乗りで地中海西部を手中におさめていた。ローマは領土と港、交易路を防衛するために、トライリームもしくはそれより大型のクインクリームの艦隊を創設せざるをえなくなり、海軍国へと変貌した。クインクリームは、1本のオールにひとり以上の漕手がつくトライリームである。上2段では1本のオールをふたりが、最下段ではひとりが漕ぐ。縦の列に5人の漕手がつくのでクインクリーム（5段櫂船）なのである。船の乗員400人のうち漕手は300人だった。

ローマは、戦いを有利に進めるために新戦術を編みだした。コーヴァス（カラス）とよばれる道板を軍艦に装備したのである。この渡り桟橋を敵艦に架けると、ローマ軍の海兵はここを通ってなだれこみ、白兵戦を演じられた。コーヴァスの端にはくちばしに似たフックがついており、2隻の船をがっちり固定した。

やがてカルタゴをうち破って、向かうところ敵なしとなったローマ海軍は、沿岸部や重要河川の治安を維持し、商船を護衛して海賊を制圧する戦力となった。こうした任務には鈍重な軍艦は不向きなので、海軍は軽量な小船舶を開発した。5世紀になるとローマ帝国は滅亡し

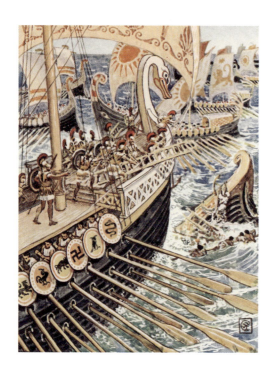

上：サラミスの海戦では、ギリシア艦隊が理想的な戦場を選んだために、図体が大きなペルシア軍のトライリームは不利な戦いを強いられた。何百隻もの艦船を撃沈されて、ペルシア軍は敗北した。

上：このチュニジアで発見されたモザイク画は、ローマのトライリームを描いている。船首に描かれている目は、多くの文化圏の船に共通するシンボルだ。悪霊を追いはらい、敵を怖じ気づかせるためのものだったと考えられている。

たが、帝国の東半分はビザンティン帝国としてその後千年存続した。ここで新型の軍艦、ドロモン船が登場する。リブルニア船とよばれるローマの小型ガレー船を改造したこの船は、ビザンティン帝国の主力軍艦となった。甲板が船首から船尾までの全面をおおう全通甲板船で、大三角帆をつけていた。その頃には舳先の衝角は姿を消していた。サイズは大小さまざまなものがあり、漕ぎ座は1段から3段まであった。

海軍の船艇としてのガレー型櫂船は、16世紀になると衰退しはじめた。ガレー船同士が対決した最後の大海戦は、1571年のレパントの海戦となった。このときはスペイン率いる連合海軍がオスマン帝国海軍を撃破した。それ以降ガレー船は、大型の帆走軍艦の支援役となるか、沿岸部や河川での作戦に従事するようになった。トライリームとこの船から派生した数多くの櫂船の時代は、ついに終わりを告げたのである。

オリュンピアス号の建造

　古代世界から残存したトライリームは1隻もないが、1985年に現代のレプリカを造ろうとするプロジェクトがスタートした。建造はピレウスの造船所で行なわれた。古代のアテナイで多くのトライリームが造られた場所である。完成までは2年を要した。オリュンピアスと命名されたこの船は、ベイマツとライヴオークの木材で造られ、舳先には青銅でおおわれた衝角がつきでている。波をのりこえるとき船体に生じるひずみ（波頭が船体中央部にあるとき船首と船尾が垂れ下がる「ホッギング」、船首と船尾が波頭に乗っているとき中央部が落ちる「サッギング」）を防止するために、船首と船尾のあいだにロープを張る工夫がされた。試験航海でオリュンピアス号はあらゆる予想を上まわった。定員170人を満たした漕力で時速17キロに達し、船の全長のわずか2.5倍以内の距離で、1分もかからずに反転してみせたのだ。オリュンピアスはその後ギリシア海軍の軍艦に就役し、現代の海軍で唯一のトライリーム軍艦となった。

上：オリュンピアス号は、前5〜4世紀のアテナイのトライリームを復元した原寸大レプリカ。排水量は70トンで1987年に進水した。この世に存在する唯一のトライリームである。

トライリーム（3段櫂船）

ニダム船
THE NYDAM SHIP

19世紀なかばのデンマークで、地元の沼地を発掘していた教師が見つけたのは、北欧で知られるなかで最古の櫂走船だった。ニダム船と名づけられたこの船は、1600年以上も泥炭湿地に沈んでいたのにもかかわらず、ヴァイキング以前のノルマン人の船のなかで、いまだに最高の保存状態にある。この船の設計は、初期の北欧船に革新的な前進をもたらした。それがヴァイキングのロングシップに受け継がれているため、重要な船として位置づけられる。

種別　ヴァイキング以前の軍用船

進水　315年、デンマーク南部

全長　23m

排水量　3t強

船体構造　オーク材のよろい張り（重ね張り）

推進　オール15対

1851年、デンマークは第1次シュレースヴィヒ・ホルシュタイン戦争で、ドイツ連邦側であるプロセイン王国、シュレースヴィヒ公国、ホルシュタイン公国に勝利した。その後シュレースヴィヒ＝ホルシュタイン地方の一部を占拠したデンマーク人は、敵と同調した者を公職から追放した。そのため教職に空席が生じた。コンラッド・エンゲルハルト（1825〜81年）は、そうした事情からあらたに採用された教師だった。当時の学校では、ヤスパゼンという人物が集めた地元の古代遺物が展示されており、エンゲルハルトはヤスパゼン・コレクションの責任者になった。彼は地元の農民や灌漑のために泥炭掘りをしている者に、展示品にくわえたいので、発見した剣や壺などを寄付してほしいとよびかけた。品数を充実させるために、自分でも足を運んで発掘を行なった。

1859年、エンゲルハルトはニダム沼地（モーセ）を掘りはじめた。この沼は、デンマーク南部のセナボーから8キロほどのところにある。彼は4年の歳月をかけて、3隻の古代舟と鉄器時代にさかのぼる無数の遺物を掘りだした。剣は100本以上あった。ちょうどこの頃、第2次シュレースヴィヒ・ホルシュタイン戦争（1863〜64年）が勃発し、作業は中断した。このときはデンマークが負けたため、エンゲルハルトの発見物の所有権はプロセインに移った。おしいことに発掘した舟の1隻は、戦争中に兵が薪にしたために、破壊されて跡形もなくなった。それでもニダム船は戦火をくぐり抜けて、シュレースヴィヒ＝ホルシュタイン公国の首都キールに運ばれた。その後はシュレースヴィヒのゴットルフ城内にある考古学

下：ニダム船は、よろい張りの漕走船としては、北欧で知られている最古の例である。1600年以上も気づかれないまま、沼の底に沈んでいた。

世界史を変えた50の船

上：ニダム沼からは数隻の船のほかにも、シカの枝角と骨でできた矢じりと槍の穂先が多く上がっている。

下：ニダム船はオーク材を木釘と鉄製のリベットでとめ、ひもで結びあわせて造られていた。

州立博物館に移転され、今日もそこで展示されている。

　ニダム船はオーク材でできている。竜骨には、オーク材の長さ14.3メートル、幅57センチの1枚板が使われており、それぞれの側の外板もしくは張り板は5列になっていた。こうした外板と船首材および船尾材は、木製の釘と鉄製のリベット（鋲）で互いに連結され、またフレーム（肋骨）に接合されている。推進力を生むオールは両側に15挺ずつあった。オールの長さは3.5メートルしかなかったので、小きざみな速い動作で漕いだにちがいない。1993年には、幅の広い舵取りオールが出土した。これは船尾の右舷側にとりつけられて、舷側舵として船の方向を変える働きをしていた。船の内部にはマストやマスト受けがあった痕跡は認められない。マスト受けとはマストを支える木の角材である。ゆえにニダム船は帆を掲げていなかったと推測される。スカンディナヴィア人が帆の扱いをマスターするのは、それから350年後になる。船体の細長い形状と船内から見つかった大量の武器から、戦闘用の船、つまり古代の軍用船であったことがうかがえる。この船の造船技術は、ヴァイキングのロングシップにいたる直前の水準を示している。

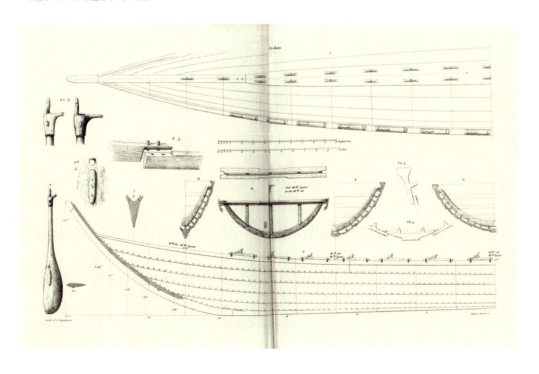

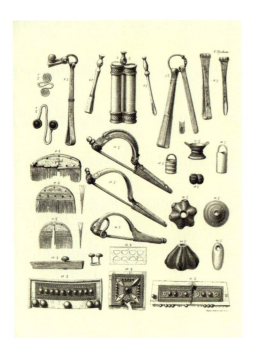

上：コンラッド・エンゲルハルトがニダム沼をはじめとするデンマークの各所で発掘したものから武器、衣類、くし、ペンダント、イヤリング、ボタンといった、鉄器時代の所持品のコレクションができあがった。

神聖な場所

ニダム沼のその後の調査で、出土品は多くて8つの時期に分けて沈められたのがわかった。なかでも規模が大きかったのが200〜400年の4期で、ニダムA〜Dとよばれている。その当時、沼は湖だったと推測される。エンゲルハルトが発見した3隻のうち、最大の船であるニダム船は、350年の第3期に投棄されていた。年輪年代学で、この船に使われている木は310〜320年のものと分析された。475年にいたるまで、これ以外にもすくなくとも3度の投棄があった。最後の例では、剣36本の「柵」に囲まれる形で、約1000点の物品が見つかっている。

北欧で発見された有名な古代船のなかには、墓の一部として埋められたものがある。副葬品(遺体とともに埋葬される)であることも、なかに1体以上の遺体が安置されていることもあった。ニダム船はそうではない。戦争の戦利品として、ほかの船や武器とともに埋められたと見られているのだ。おそらくは戦闘後にうち負かした敵からとりあげたものを、勝利を感謝して神に捧げたのだろう。

多くの武器が沼から上がっているので、鉄器時代の軍隊の組織構造もある程度判明した。戦士の大半は、棒の先端をとがらせた槍(スピア)か刃物を装着した槍(ランス)で武装していた。それ以外の大多数は剣を装備しており、残る少数は弓兵と騎兵だった。

1984年に新たな出土があったあと、デンマーク国立博物館の水中考古学研究所が沼の徹底調査にのりだした。これでさらに収穫があり、エンゲルハルトが発掘していなかったニダム船の部材も見つかった。そのなかには2対の木製彫刻の船首像があった。これは船首近くの船内両サイドに、係留用の柱としてとりつけられていたと思われる。2011年には第4の船が発見された。ニダム船よりさらに大きかったが、損傷が激しくて復元できなかった。

右：ニダム船は、舷側にとりつけたオールで向きを変えていた。北欧では中世末期に舵が採用されるまで、これが一般的な操舵装置だった。

世界史を変えた50の船

ロングシップの発達

　ニダム船の前後の年代の船からも、ロングシップの進化を解明する発見はあった。1880年には、デンマークのアイル島にあるイョートスプリング農場で、泥炭掘りをしていた農民が舟を掘り起こしたが、そのことが考古学者の耳に入ったのは何十年もすぎた1920年だった。このイョートスプリング舟は、原形の全長は19メートルほどだが、残っていたのは14メートルだった。前350年頃の、比較的単純なパドルで漕ぐ「戦闘用カヌー」で、外板をひもで結びあわせて作られていた。外板は端を重ねあわせる張り方で、その後多くの船でみられる「よろい張り」や「重ね張り」の特徴を示している。

　のちの後315年頃の船のニダム船は、大型化し進化した構造になっている。最長の外板もしくは張り板は、2、3枚の木材を見えないつなぎ目でたくみに接合して作られていた。外板をリベット留めしオーク材を用いる点は、イョートスプリング舟からの進歩を示している。

　また1920年には、ノルウェーのクヴァルスンで7世紀の船が2隻発掘された。大きいほうの船は、それ以前の船よりも幅が広く竜骨があり、悪天候でも針路を保ちやすくなっていた。このクヴァルスン船は、ヴァイキングのロングシップの特徴をほとんど持ちあわせており、完成形のロングシップとなる一歩手前の船だった。

サットン・フーの舟

　船葬墓や奉納品、供物は、古代船の構造を知る貴重な資料になるが、出土場所はスカンディナヴィアにかぎらない。1939年、考古学者のバジル・ブラウンはイーディス・プリティー夫人から、自分の土地にあるアングロサクソン時代の大きな古墳を調査するよう依頼された。古墳はイングランドのサフォーク州サットン・フーにあった。このなかには長さ27メートルの船の跡が残っていた。おそらくは7世紀初めのものだろう。船は腐ってなくなっていたが、その形がくっきりと土についていた。外板を接合していた鉄製のリベットは発見された。船にしつらえられた玄室は、銀食器、宝石類、鉄かぶと、衣服の残骸など、絢爛豪華な宝物で埋めつくされていた。

上：サットン・フーの舟の木材は影も形もなかったが、地面に舟の形とよくわかる痕跡が残っていた。

左：サットン・フーの出土品でとくに重要なのは、見事な装飾をほどこしたアングロサクソン時代のかぶとである。

イシス号（商船）
ISIS

　スカンディナヴィアの造船技術がロングシップの完成に近づきつつあるなか、ローマ帝国はヨーロッパ全土に勢力範囲を広げていた。ローマの交易がさかんになると商船が必要になった。1988年、海底探検家のロバート・バラードはほかに類のない発見をした。4世紀のローマの商船である。この船は深い海底にあったので、潜って略奪する者もおらず、手つかずの姿で残っていた。バラードはこのイシス号を利用して、ロボット深海潜水調査艇と衛星リンクを導入する斬新な手法で、難破船探索を世界各地の学生に同時体験させた。

種別　商船

進水　4世紀、ローマ帝国

全長　約30m

トン数　100〜200t

船体構造　鉛板被覆の木材（ホワイトオーク）

推進　オール、2本マストの横帆

　ロバート・バラードと探査チームは、古代の難破船の手がかりを求めて地中海の海底を精査していた。調査船のスタレラ号が、シチリア島とチュニジアのあいだにあるスケルキ・バンク（堆）という泥の海台［海底の台地状の地形］の上にさしかかったとき、アルゴがライブ映像を水上に送ってきた。アルゴは曳航式の深海ビデオ・カメラである。スケルキ・バンクは、カルタゴとローマを結ぶ航路下の760メートルの深さに広がっていた。古代船がここで悪天候のために転覆したとしたら、残骸はスケルキ・バンクにある可能性が高い。

　1988年6月3日、スタレラのコントロール・ルームのスクリーン上になにかが映った。それはまぎれもなく保存用壺の、アンフォラの形をしていた。ローマの貨物船は何千個もこの壺を積んでいた。オリーブ・オイルや魚、ワインを輸送するために使われていたのだ。アルゴのカメラは、アンフォラを次々ととらえていった。バラードのチームは古代ローマ船の残骸を発見したのだ。チームは、アンフォラを落とした船をしらみつぶしに捜索しはじめた。

　6月12日、コントロール・ルームでスクリーンを見ていると、突然アンフォラなど雑多なものが積み重なっている山が現れた。どうやらこの場所が、船が沈んだ海底のようだった。チームは難破船をイシスと名づけた。船体や艤装［帆・帆柱・ロープ類］は影も形もなかった。船が運んでいたはずの穀物袋もすべて消失していた。海洋生物に食べられたか、大昔に分解したのだろう。それでもアンフォラと水差し、ポット、石臼の山ははっきり確認できた。金属の残骸は料理用のコンロか、ひょっとすると錨の一部かもしれない。船が沈んで以来、こうしたものが人の目にふれたのはこれがはじめてだった。

　バラードはその年の作業を終えると、翌年の調査再開時のために、さらに大胆なプロジェクトを計画した。彼はすでに「テレプレゼンス」という

上：このような丸い船体の貨物船が、貴重な補給物資をのせて地中海の交易路をひっきりなしに往復しながら、ローマ帝国の繁栄を支えていた。陸上で運ぶよりも速く商品や材料を輸送できた。

左：海洋考古学者のロバート・バラードは、古代ローマの貨物船をスケルキ・バンクで発見した。この隆起した海底平原は、シチリア島とサルデーニャ島、チュニジアに囲まれた海域にある。古えの時代はその上に、カルタゴとローマの港オスティアを結ぶ、往来の激しい航路があった。

新技術を開発して、ライブ映像を海底から何千キロも離れた教室に送ることを可能にしていた。教室では子どもが映像を見ながら調査チームに質問できる。ジェーソン・プロジェクトを立ち上げたのは、この技術を活用して、将来科学やテクノロジー、工学技術、数学の分野に進む生徒を増やすためだった。1989年の調査旅行は、その第1回に予定された。

このときのバラード・チームは、拠点とする海洋調査船をスター・ハーキュリーズ号に乗り換え、新式の曳航式深海ビデオ・カメラのメディアと、さらに進んだROV（海洋無人探査機）ジェーソンをそろえていた。プロジェクトの初の生中継では、深さ300メートルまで潜り、活火山のマシリ海底火山を調査した。いよいよ次はイシスを見つける番だった。すると生中継が終わる直前に、メディアのカメラが難破物をとらえた。次の回の生中継では、その付近一帯で綿密な調査が行なわれた。難破物の発見場所にかかわる情報は、その後の考古学に役立つ可能性があるため、正確な場所を記録することがきわめて重要だからである。海底にちらばった残骸の範囲と発見物の種類から、調査チームはこれが難破したローマの貨物船であると確信した。

ローマ帝国時代の貨物船は通常、船首と船尾が高くなっていた。船尾材は、たいてい白鳥の首のような形の曲線を描いてつきだしていた。マストは2本。両舷の中央にあるメインマストは横帆をつけており、その上に三角形のトップスル［下から2番目の帆］をあげることもあった。前部にあるそれより小さなマストは斜め前方につきだし、

イシス号（商船）

上：このオスティア出土の絵画の断片には、穀物を積んでいるイシス・ジミニアーナという貨物船が描かれている。マギステル（船長）の名はファルナケス、船主はアラスカントウスと記されている。

アルテモンとよばれるさらに小さい帆を掲げていた。イシスのような小型貨物船は、多くて3000個のアンフォラを運んでいたが、大型船になると1万個は積載できた。

引き上げ

場所の記録が完了すると、ジェーソンが下ろされて遺物の回収を開始した。専門家は、これほどの水深（818メートル）からアンフォラを破損せずに引き上げるのはむずかしいと見ていた。ジェーソンのロボットアームはアンフォラをひとつずつもちあげて、ハンモック状の網に入れていく。網は海底に下ろした荷揚げ装置「エレベーター」のフレームにかかっている。海中に音響信号が送られると、エレベーターは鋼鉄の重りを放す。するとこの装置についている浮きの力で、エレベーターは海面まで浮上してゆく。そうして貴重な荷物が母船のスター・ハーキュリーズ号に届けられたのである。

アンフォラはぶじ海面までたどり着いた。チュニジアで作られていたタイプだったので、この船は北アフリカからイタリアに向かって航行していたようだった。アンフォラの様式は、この船が西暦3、4世紀に沈没したことを示していた。回収された品物のなかにはオイルランプもあった。これは大きな発見だった。というのもローマ時代のオイルランプの年代は、かなり正確に特定できるからである。イシス号のランプは4世紀後半のものだった。また沈没場所から回収されたポットにX線をかけたところ、底に硬貨が1枚見つかった。調べてみる

右：調査船から生徒らに話しかけるロバート・バラード。バラードは衛星通信を利用して、遠い深海の難破船の沈没地点と生徒と教師、科学者をリアルタイムで結んだ。この画期的な技術は「テレプレゼンス」とよばれている。

原子力潜水艦

NR-1は原子力調査潜水艦だった。進水は1969年で、2008年まではアメリカ海軍で使用されていた。排水量は406トン。水深約1000メートルまで潜航可能だったので、世界のほぼすべての大陸棚に到達して調査することができた。原潜にしては小型で、全長は44メートルしかない。大半の潜水艦とは違い、3カ所ののぞき窓と外部ライトがついているので、乗組員が外を観察できた。しかも、船底には潜水艦としては型破りな格納式車輪をそなえているので、海底を走行できた。1997年には、NR-1を用いた広範囲の調査で難破船の沈没場所が特定され、そのあとにジェーソンROVによる詳細な調査が行なわれた。

下：潜水艦はふつう海底との接触を避けるが、NR-1は海底を走行する独特な設計になっていた。動力源が原子力であるために、水中航続力は調査潜水艦としては最長だった。

と、青銅のケンテニオナリス硬貨で、355年頃に鋳造されたものであることが判明し、オイルランプの示す年代を裏づける結果になった。

未発見の財宝

調査チームは、海底にあるものを回収する装備しかそろえていなかったが、バラードらは船の残りの部分が、ひょっとすると何千というアンフォラとともにいまも泥に埋まっているのではないかと考えている。船体の小さなかけらは発見されて回収されている。その木片には、古代ローマ船に典型的なほぞとほぞ穴があった。この船は外板先行法で造られていたのだろう。ほぞ継ぎで外板を先につなぎあわせてから、フレーム（肋骨）と横材をはめこむ造船方法である。

バラードは、1997年にふたたびイシス号の難破地点に戻ってきた。このときはあらたに小型の原子力潜水艦NR-1をともなっていた。この潜水艦の長所は、30日間潜水したままでいられることである。NR-1を使って、古代の難破船がさらに5隻発見された。

イシス号（商船）

モーラ号（ロングシップ）
MORA

　過去千年間で、ノルマン人のイングランド征服ほど大きな影響力をおよぼした出来事はなかった。1066年にイングランドを制圧したノルマン人貴族の野心を抜きにして、過去千年のイギリス史を理解するのは不可能だろう。現代英語の誕生から、プロテスタント主義の広がりや全大陸への植民など、その影響は多様で遠大である。その出発点にあるのが、ノルマンディー公ウィリアム率いる侵攻艦隊の旗艦、モーラ号なのである。

種別　ドラカー・ロングシップ
進水　1066年、フランスのバルフルール
全長　不明
トン数　不明
船体構造　木造、外板よろい張り
推進　横帆1枚、オール60〜70挺

　1066年1月、イングランドのエドワード「懺悔王（ざんげ）」が後継者を明確に指名しないまま亡くなると、王位をめぐる争いが勃発した。エドワードの義兄弟で、イングランドでもっとも有力な貴族であるウェセックス伯爵ハロルド・ゴドウィンソンが即位（ハロルド2世）したが、その直後から弟のトスティグ、ノルウェー王のハーラル・ハードラダ、エドワードの従弟でノルマンディー公のウィリアムが反旗をひるがえした。ハロルドはウィリアムがイギリス海峡を越えて侵攻してくるのを覚悟していたが、先に攻撃してきたのはトスティグとハロルドだった。ハロルド軍はヨークシャーまで390キロ以上の行軍を強いられたあと、スタンフォード・ブリッジの戦いでトスティグとハーラルの混成軍を破った。そして休む暇もなく軍を反転し、南に急行してウィリアムと対決した。

　一方ウィリアムは、推定で7000人におよぶ侵攻軍を集結させていた。そのなかには騎兵と弓兵も混じっていた。しかもハロルド軍とは違って、兵は疲弊しておらず血気にはやっていたのである。

侵攻艦隊

　ウィリアム艦隊の規模は不明だが、おそらくは何百隻という数だったと

左：ハロルド王は、スタンフォード・ブリッジの戦いでヴァイキングの侵攻軍をうち破ったあと、わずか2週間で軍を400キロ南下させ、今度はヘースティングズでノルマンディーからの第2の侵攻軍と交戦した。

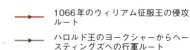
1066年のウィリアム征服王の侵攻ルート
ハロルド王のヨークシャーからヘースティングズへの行軍ルート

上：ノルマンディー公ギヨーム2世（ウィリアム）は、イングランド侵攻でロングシップを重用した。そしてその艦隊で、古代ギリシア時代以来、最大規模の強襲上陸をしかけて成功させたのである。

思われる。船の種類はわかっている。ウィリアムの領地はフランスにあり、北方の人、すなわちノースマン（Norsemen）の入植地だったために、ノルマンディーとよばれるようになってまもない地域だった。またこうしたヴァイキングの子孫は、ほぼフランス語を言語としてとりいれてはいたが、依然として北欧の伝統的な造船方法を受け継いでいた。

　クナールとよばれる貨物船で運ばれた兵や装備もあったはずである。ノースマンは9、10世紀にアイルランドとグリーンランドに移住するにあたって、この船を用いていた。ただしウィリアムの艦隊は、ロングシップの軍用船を主力としていた。これは強襲上陸専用に造られた船で、軽量で喫水が浅いので傾斜のゆるい海岸ならどこでも揚陸できた。強襲する兵力は上陸時がもっとも攻撃に弱いために、陸揚げと下船が短時間ですむロングシップはおそるべき兵器になった。ヴァイキングは、ロングシップを使ってアイルランドからウクライナまでの陸地を次々と強襲・侵攻して、このことを再三証明してみせた。

　ロングシップには多くの種類があり、おもに長さとオールの数で区別をつけるが、規模と速さの頂点に立つのがドラゴン船ともよばれる「ドラカー」であった。

ウィリアムの旗艦

　イングランドの王位を主張するからには、ウィリアムが遠征を率い

モーラ号（ロングシップ）

る船にもほかを圧する威光が必要だった。そのため妻のマティルダ・オヴ・フランダースは、バルフルールで夫のためにモーラ号を建造させた。このドラカーがウィリアム艦隊最大の船となった。全長は30メートルを超えており、それぞれの側に34挺ものオールがそなわっている。つまり漕手はすくなくとも68人いたことになる。オール1挺をふたりで漕いだとしたら、その2倍の数になっただろう。モーラにはウィリアムの随行者にくわえて、騎士10人が乗っていた。たいした数ではないように思えるかもしれないが、実のところそれぞれの騎士が数人の従僕とウマ1、2頭をひきつれており、装備類や必需品といった、山のような私物も船に持ちこんでいたのである。

モーラはきらびやかだった。カラフルな帆を掲げ、金箔をほどこした船首像をつけていた。その象牙のらっぱを吹く子どもの像は前方を向いていた。おそらくはイングランドのほうを向いていたのだろう。

ロングシップ

モーラ号は他を超絶したロングシップだった。これほど大きく、素材と造りが

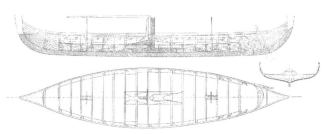

上：ロングシップは軽量で喫水が浅いため、浜に引き上げたあとすぐに破滅的な攻撃に移れた。ハロルドの強敵はどちらもこの船を用いていた。

すぐれていて、足が速い船は見当たらなかった。ただしモーラはほとんどの点で、ヴァイキング時代の軍用船の原形をきっちり踏襲していた。ロングシップは何百年も進化しつづけた結果、幅が狭くなり、首尾同形型（船首と船尾のどちらにも進める）で、外板をよろい張りするようになった。オールで加速しやすく、1枚の大きな横帆が風を受けると驚くべきスピードに達し、ときには時速28キロで水面を跳ねるようにして進んだ。本格的な竜骨が組みこまれたために、風に逆らって進めるようになったが、それでも波とともに「たわむ」柔軟性はあった。

舷縁には小さなオール穴が開いてあり、オールを水面上のちょうどよい高さに降ろせるようになっていた。帆走で船が傾いているときは、オール穴を蝶番つきのふたでふさいで浸水を防ぐ。船室などの上部構造物はなく、漕手の座る場所さえ設けられていない。どうやら漕手は自分の私物箱に腰を下ろしていたようだ。大きな1挺だけの舵取りオール、つまり「steer-board」が船の右側にとりつけられていた。このことが英語で右舷を表す「starboard」の語源になった。

ロングシップは軽量で喫水が浅かったので、帆走と漕走で川のはるか上流まで進めたし、そのままでは渡れない浅瀬や急流も、人が引けば迂回できた。しかもヴァイキングはこの特性を効果的に利用していた。9世紀から、より遠方に、広い範囲へと航行しはじめて、スコットランド、ウェールズ、アイルランド、ヨーロッパの北部沿岸部一帯、そしてスペイン南部や北アフリカにまで、電撃的な強襲をかけた

ヴァイキング船の発見

いくつかの考古学的発見から、ヴァイキング船の造船方法がかなり詳しいところまでわかってきた。そうした資料でもっとも重要なオーセベリとゴクスタの船は、いずれもノルウェーのヴェストフォルで貴人の船葬墓として用いられていた。現在は、オスロにあるヴァイキング船博物館で展示されている。このほかにも、デンマークのススレレウの港を侵略者から守るために、意図的に沈められたヴァイキング船5隻が、デンマークのロスキレにあるヴァイキング船博物館で現在公開されている。

右：ヴァイキング時代の船の現代版レプリカから、その帆走性能について多くの研究結果が得られている。

のである。ウィリアムの征服以前も、ヴァイキングはイングランドに侵入して定住し、ロンドンからヨークシャーにいたるデーンロー地方を形成していた。ドニエプル川とヴォルガ川をさかのぼって内陸部にも進み、ロシアの前身となる国を築き、イタリア南部、シチリア島、コンスタンティノープルにも住みついていた。

侵攻

9月27日夜、ウィリアムは出撃を開始した。ハロルド軍はまだ北部に遠征中だった。暗闇でも艦隊が旗艦について行けるように、モーラ号のマストの先にはランタンが掲げられ、角笛がひっきりなしに吹かれた。それでもモーラの船足が速すぎたために、28日の夜が明けてみると艦隊のほかの船は視界になかった。艦隊が追いつくのを待って、モーラは帆を下ろした。年代記によれば、イギリス海峡のなかほどでウィリアムは「ワインとともに」朝食をしたためたのだという。

ウィリアムはイングランド南海岸のペヴァンゼイに上陸したが、迎え撃つ敵はいなかったので、陣地を築いて強固な防御を固めた。そうして待つうちにようやく10月14日になって、ハロルドの疲労困憊した軍が、雌雄を決すべくヘースティングズ近郊に到着した。戦闘は一進一退の攻防になったが、ハロルドの死で決着がついた。ほかにも平定する敵はいたが、この戦いがイングランド征服を決定づけたために、以降ウィリアムは「征服王」とよばれるようになった。

モーラ号（ロングシップ）

下：バイユーのタペストリーには刺繍で、ウィリアム征服王の侵攻艦隊がイングランドに向かって海を渡る様子が描かれている。王の船であるモーラ号も見える。

鄭和の宝船（帆船）
ZHENG HE'S TREASURE SHIPS

　中国は二千年におよぶ帝国史のなかで、外の世界をほぼ遮断して国内に目を向けていた。だがその中国も15世紀の初めに、7度にわたって大艦隊をはるばるインド洋やアフリカにまで送っている。当時の記述を信じるなら、艦隊のなかの巨大な船は、当時まで建造されたどの船よりも、またその後数百年間造られる世界中のどの船よりも大きかった。7度の艦隊遠征を指揮したのは、伝説の宦官、鄭和水軍提督だった。

種別　ジャンク［中国沿岸部で用いられていた帆船］
進水　1400年代初め、中国
全長　最大164m（諸説あり）
排水量　20000〜30000t
船体構造　木造、板張り
推進　9本マストの横帆12枚

　明の第3代皇帝の永楽帝（朱棣）は、想定するあらゆる外敵に対して中国を防御しようとする姿勢がとくに強かった。皇帝みずからが、モンゴル民族に対する軍事作戦を指揮したほか、満州、朝鮮、ベトナム、日本の脅威を封じこめるために派兵もしている。それより遠方の敵を抑止するために、選任したのが信頼の厚い鄭和将軍だった。1403年、皇帝は下西洋（西洋下り）艦隊の編成を命じた。鄭和はその司令官となった。

　この艦隊は途方もない規模だった。宝山とよばれる巨大な宝船を60隻以上そろえていたのだ。宝船の全長は、大きいもので164メートルあったといわれている。甲板が4層ある双胴船で、水密区画が設けられていた。排水量は最大で3万トンで、2540トンの貨物を積載できたと伝えられている。それが本当なら、それまで建造された最大の木造船だったろうし、当時のヨーロッパ最大の船と全長をくらべると優に倍に達している。19世紀にヨーロッパでこの大きさに近い木造船が建造されたときは、構造的な問題が生じたので、船体がバラバラにならないように鉄の支柱材を組み入れなければならなかった。

　15世紀の中国の船造りの技術は、ヨーロッパよりはるかに進んでいた。だとしても巨大な宝船についての記録は、書き手の想像がふくらんで誇張されていると思われる。また1962年には、南京の遺跡発掘現場で宝船の舵柱［船尾にあり、これに舵をとりつける］が見つかった。南京は内陸部の港で、明朝時代（1368〜1421年）の初期に首都が置かれていた。舵柱は11メートルあった。わか

右：この永楽帝の銅像は、人物の堂々たるたたずまいを表している。永楽帝は鄭和提督の宝艦隊の創設を命じた。銅像は北京の明十三陵のなかにある。

右：この実物大レプリカは、鄭和の宝船としては中型になる。展示されているのは南京鄭和宝船工場。コンクリートに木の外板を張った造りになっている。

っている船の舵柱の長さから推定すると、この舵柱がとりつけられていた船の全長は、150メートル程度はあったことになる。

鄭和の7度の航海

　第1次遠征の宝艦隊が最大の規模だった。1405年、60隻に達するであろう宝船が南京を出帆した。食料などの補給物資を満載した貨物船と軍艦も、数百隻随走していた。軍艦は、戦闘時に最大限の機動性を発揮させるために、艦隊ではもっとも小型で軽量だった。ただしそれでもクリストファー・コロンブスの旗艦サンタ・マリア号とくらべると、全長は2倍あった。宝船の最大の船は、サンタ・マリアの5倍あった。

　総勢317隻の船が、2万7000人以上を乗せてベトナム、シャム（今日のタイ）、ジャワ島、マラッカ海峡、インド西海岸のコーチンをめぐり、最終寄港地のカリカット（現在のコジコード）におちついた。外国の要人への貢ぎ物にするために、宝船には上等な磁器、絹、お茶、漆器がつめこまれていた。その返礼には、スパイスや象牙、真珠、宝石の原石、薬を贈られた。この艦隊が帰国したのは1407年だった。1407年と1409年には、規模を小さくした艦隊が同じ航路をたどった。1413年の第4次遠征では、それ以前より遠くまで足をのばして、ペルシア湾のホルムズまで達した。1417年と1421年の第5次、第6次遠征では、朝貢に訪れていた外国の要人と大使を本国に送っていった。第5次の航海ではアフリカの東海岸を訪れ、それまで中国で姿を見ることがなかったライオンやシマウマなどの珍獣をもち帰った。1431年の最後となる第7次航海では紅海にまで入った。どの航海でも戦争や反

右：明朝の巨大な宝船を描いた壁画。マレーシアのペナン島にある中国寺の本堂で見ることができる。

乱、海賊行為に遭遇したが、この艦隊はかならず平定した。1433年、第7次航海が帰路についたところで、鄭和が死去した。62歳の提督は海に葬られた。三つ編みにした髪は、中国の土に葬るためにもち帰られたと伝えられている。

明の衝撃と畏怖

　これらの大航海は、探検や交易を第1の目的にしていたのではなかった。中国の商人はすでに危険をおかしてインドまたは東アフリカに遠征していた。宝艦隊はむしろ、中国のおそるべき力を見せつけて敵になりそうな相手をひるませようとする、皇帝の決意の一形式だったのである。それが明王朝の「衝撃と畏怖」だった。つまり「われわれがなしえること、建造できる強大な船、自在に駆使できる先進の技術を見よ。手出しをしたらただではすまぬぞ」と伝えたかったのである。遠征には、あちこちの国で先帝である建文帝の手がかりを探す、という秘められた動機もあった。建文帝は謎の失踪をとげていた。宮殿が焼け落ちたとき、死者のなかにそれとわかる遺体はなかった。また建文帝が変装して逃げたといううわさもあった。永楽帝は戻った先帝に王座を奪回されるのをおそれていたが、それまでのところ手がかりはまったくなかった。

　その後中国はまったく唐突に、海上示威行動計画に背を向けてしまった。宝艦隊が送られることは二度となかった。というのも内務のほうが優先度が高く、資金も不足していたからである。永楽帝は南京から北京に遷都したうえに、新たな根城として紫禁城を北京に建設して国庫を逼迫させた。そこに飢饉や洪水、伝染病といった自然災害が続いて大きな被害が出た。中国の陸上の国境ではまた、敵対する部族が

ますます攻撃的になっていた。

　1424年には永楽帝が崩御した。帝位を継いだ息子の洪熙帝は、宝艦隊の廃止を命じた。この帝の治世は9カ月しかもたなかった。続いてその息子が即位して宣徳帝となり、鄭和がもう1度遠征に出るのを許した。これが第7次の航海である。最終的には宝艦隊は莫大な出費に見合うほど国にとって価値はないと判断され、その後の派遣はなかった。小山のような宝船を擁した巨大な船団は、燃やされるか腐るにまかされた。外国との交易は例外なく禁じられ、複数のマストを立てた船で中国の港を出る者は死罪になった。水軍は以前の規模からすると見る影もなく縮小され、ついには全船とり壊しの命令がくだった。儒教を奉じる廷臣や学者は以前から宝艦隊を目の敵にしており、のちの皇帝が再建を思いつかないように全力をあげて公的記録からその存在を抹消した。宝艦隊が存続してもっと遠方まで到達していたら、その後2世紀にわたって世界の果てに植民地を建設したのは、ヨーロッパの列強ではなく中国だったかもしれないと考えると興味深い。

下：韓国のソウルにある戦争記念館で展示されている、亀甲船の縮尺模型。鉄甲の甲板と厚板を張った船体が、船内の乗組員を矢や敵軍から守っていた。

朝鮮の亀甲船

　朝鮮の水軍は、7世紀にまでさかのぼる長い歴史をもっている。なかでももっとも有名な軍艦が亀甲船である。この船は、16世紀に脅威となった日本水軍との戦いを意識して、李舜臣によって設計された。亀甲船はいくつもの甲板をそなえており、漕走も帆走も可能だった。当時の日本水軍は敵船に乗り移る戦術をとっていた。亀甲船の最上甲板は、木材の屋根がかけらたうえに鉄板ととがった錐でおおわれていたので、この戦術は使えなくなった。亀甲船は19世紀まで朝鮮水軍で使用されていた。

鄭和の宝船（帆船）

サンタ・マリア号（カラック船）
SANTA MARÍA

　ヨーロッパ人による新世界の発見とそれに続く植民は、世界史のなかでもきわめて重要な出来事である。クリストファー・コロンブスは、旧世界からアメリカ大陸に到達した最初の探検家ではなかったが、その後の探検と植民の流れを作ったのは、コロンブスの航海だった。

種別　ナオ（カラック船）

進水　1460年、ガリシアのポンテベードラ

全長　約19m

トン数　約108t

船体構造　木造

推進　3本マストとバウスプリットの帆5枚

　1451年生まれのクリストファー・コロンブスは、商船の経験豊富な船員だった。西をめざして航海すれば中国とインドに到達できると確信していたが、それを証明するためには裕福なパトロンの援助が必要だった。支援者を求めてフランスとイングランド、ポルトガルをまわったが当てがはずれたため、コロンブスはスペインに望みを託した。すると、カスティーリャとアラゴンの統治者、フェルナンド王とイザベラ王女が、海外の領地確保になみなみならぬ興味を示してその願いを聞き入れた。3隻の船があたえられた。サンタ・マリア号とニーニャ号（愛称、「女の子」の意）、ピンタ号（同じく「化粧した者＝売春婦」）である。コロンブスが鈍重で最大規模のサンタ・マリアの艦長となり、この船をラ・カピターナ（旗艦）とよんだ。これはスペイン語では「ナオ」（ポルトガル語では「ナウ」）という3本マストのカラック船で、40人程度が乗りこめた。ニーニャとピンタは、やはり3本マストでそれより小型のカラベル船で、20人程度が乗れた

　コロンブスは、15世紀末にしては型破りな航海を提案していた。その当時船が外海に2,300キロ以上出ていくことはまれだった。コロンブスは数千キロにおよぶ航海に出ようとしていたのである。彼は3つの誤解にもとづいて、航海に出て生きて帰れるとしていた。第1に、実際の大きさより世界をかなり小さめに見積もっていた。アジア

カラック船とカラベル船

　カラック船は15世紀に一般的だった貨物船である。横帆をいちばん前のフォアマストとその後ろのメインマストに、最後尾のミズンマストには大三角帆を掲げていた。方形で横向きに張られる横帆はスピードを増し、三角形で縦に張られる大三角帆は機動性を高めた。横帆は船首から斜めにつきだすバウスプリットにもつけられた。カラベル船はカラック船より小型でもともとは漁船だったが、やがて大型化して貨物船に造り替えられた。カラベル船は全長に対する幅の比率が大きいので、カラック船より操船しやすく向きを変えやすい。もともとは大三角帆を艤装していたが（カラベラ・ラティナ）、横帆と大三角帆を組みあわせることも可能だった（カラベラ・レドンダ）。レドンダのほうが順風を受けたときのスピードは速かった。カラック船とカラベル船の舳先と船尾はいずれも高くなっていて、船首楼と船尾楼が形成されていた。

上：クリストファー・コロンブスのちっぽけな艦隊は、大西洋を横断して新世界に向かう歴史的航海に出た。3隻のうち最大の船であるサンタ・マリア号が、コロンブスの旗艦となった。

大陸が実際より東に張りだしているとも考えていた。さらにアジア大陸の東方約2400キロにあるとされていた、ジパングという島に立ちよれるとも信じていた。

アジアを求めて

　1492年8月3日、コロンブスのちっぽけな3隻の船は、スペイン南部のパロスから船出した。途中カナリア諸島のラ・ゴメラに寄港し、最後の修理と遠洋航海のための補給を行なった。ニーニャ号も大三角帆だけの帆を横帆と大三角帆の組みあわせに変えたため、この小艦隊で最速の船になった。9月6日、3隻はラ・ゴメラをあとにした。それから1カ月がたち、乗組員の不安が暴動に発展しそうになるまで高まり、コロンブスが引き返そうとした矢先に、海上に木ぎれや植物が流れてくるようになった。鳥も空ではばたいていた。陸に近づいているにちがいない、という一同の推測はあたっていた。10月12日、ついに遠くに陸地が見えてきた。近づいてみるとそれは小さな島で、浜辺に人の姿があった。コロンブスは、ここはスペインのものであると宣言して、サンサルバドルと命名した。それが正確にどこにあるどの島なのかはわからない。ただ今日バハマ諸島として知られている群島にあったようだ。遠征の最終目的地はアジアだったので、航海は続けられた。水

> 海はだれにでも新たな希望をもたらす。
> 眠りが故郷の夢を運ぶように。
> 　　クリストファー・コロンブス

サンタ・マリア号（カラック船）

アメリカのヴァイキング

クリストファー・コロンブスは、新世界を訪れた初のヨーロッパ人として称賛されている。ところが、先に上陸していたヴァイキングの探検家がいたのである。コロンブスによるカリブ海到達の500年前に、レイフ・エリクソンというヴァイキングがニューファンドランド島にたどり着いていた。この人物の父親は赤毛のエリック［ヴァイキングのグリーンランド植民地の創設者］である。レイフの航海の物語は、親から子に言い伝えられていてさまざまなバリエーションがある。ある物語は、アイスランドからノルウェーに帰る途中に、航路をはずれて偶然北米にたどり着いたと伝えている。別の物語は、その歴史的航海が偶然ではないと主張している。10年前に北米の海岸を見たという、アイスランド人の交易商ビアルニ・ヘルユルフソンの航路をたどったというのだ。エリクソンは発見した土地をヴィンランド（ワインランド）とよんだ。ワイン作りにもってこいのブドウを見つけたからである。彼はここでひと冬を越してから故国に戻った。1960年代には考古学者がニューファンドランド北部のランス・オ・メドーで、ヴァイキング式の入植地の遺跡を発見している。

先案内としてつれてきた現地人7人が、艦隊をキューバに導いたが、コロンブスはそれをアジアの半島だとかんちがいした。ここでは原住民がタバコをふかすのをはじめて目にした。ピンタ号の船長は別行動で探検するために、コロンブスに無断で出帆してしまった。12月5日、それ以外の2隻はイスパニョーラ島に到着した（現在は島がハイチ領とドミニカ共和国領に分かれている）。クリスマス・イヴになって、サンタ・マリア号がイスパニョーラの海岸沿いを航行しているあいだに、コロンブスは自室に下がり、2日間ではじめての睡眠を少しでもとろうとした。天候はとても穏やかだったので、舵取り役の水夫はその仕事をキャビン・ボーイ［高級船員づきの給仕］にまかせた。すると真夜中に船が砂洲にのりあげた。コロンブスは船を砂洲から引き下ろすために、ボートを出して船長に錨を船尾から降ろさせようとした。ところが船長はそのボートでニーニャに逃げてしまった。ただし、ニーニャでは乗組員に乗船を拒否された。コロンブスは船を軽くすれば暗礁から浮きあがるのではないかと思い、マストの切り落としを命じた。だが、それで船は横倒れになり、外殻の外板がぱっくり割れた。サンタ・マリアは難破した。

ニーニャは2隻分の乗組員を乗せるのには小さすぎたので、水夫39人がイスパニョーラ島に置きざりにされた。そこで建設されたビラ・デ・ナビダッド（クリスマス・タウン）の町は、新世界で初のヨーロッパ人の入植地となった。1493年1月の上旬に、ニーニャは祖国をめざして帆を上げた。すると数日後にピンタが合流した。嵐にあったときに互いに姿を見失ったりはしたが、どちらもぶじだった。2月なかばにアゾレス諸島に少し立ちよったあと、コロンブスはひたすら東に

左：北アメリカ本土にはじめて足をふみいれたヨーロッパ人は、おそらくヴァイキングの探検家レイフ・エリクソンだろう。アメリカの10月9日のレイフ・エリクソン・デイは、その出来事を記念して設けられている。

> 岸が見えなくなるのを覚悟
> していなければ、
> 大海を渡ることはできない。
> 　　　クリストファー・コロンブス

上：セバスティアーノ・デル・ピオンボ（別名セバスティアーノ・ルキアーニ）の作によるこの肖像は、クリストファー・コロンブスを描いたものだとされている。ただし制作されたのは、コロンブスの死後数年たってからだった。

進んだ。だがまたもや嵐にみまわれ、ポルトガルのリスボンで難をのがれざるをえなくなった。ようやくスペインに帰港したのは、3月15日だった。

鎖につながれた英雄

　コロンブスはこのあとも新世界への3度の航海に出て、カリブ海と南アメリカの沿岸部を探検した。2度目の航海の艦隊にはスペイン人入植者が混じっていた。置きざりにした乗組員を救出しようとイスパニョーラ島に戻ると、原住民に虐殺されていた。コロンブスは3度目の航海が終わる頃には、失墜の道をたどりはじめる。建設した新しい植民地の経営を誤ったと判断されて、スペインに罪人として送還され、財産没収の処分を受けたのである。

　ようやく自由をとりもどしたコロンブスは、健康をひどく害していたのにもかかわらず、4度目の航海に出発した。船団の船はみな水もれがひどかったため、ジャマイカにさしかかったところで仕方なく海岸にのりあげた。コロンブスと乗組員は救出されるまで、そこで1年間自力で生きのびた。スペインに帰国後も病は体をむしばみつづけ、1年半後の1506年5月20日に、コロンブスはバリャドリードの自宅で息をひきとった。

右：コロンブスが行なった新世界への初の航海は、ヨーロッパ人の探検と征服の新時代の序章となった。コロンブスはアジアへの航路を開拓したといつまでも言い張って、別の大陸を発見したとは絶対に認めなかった。

サンタ・マリア号（カラック船）

メアリー・ローズ（軍艦）
MARY ROSE

　近代の船でまっさきに思い浮かぶのは、イングランド海軍軍艦のメアリー・ローズだろう。その名声をあげたのは海軍での活躍ではない。沈没にまつわる謎と、400年以上海底に沈んでいて陸地に引き上げられたいきさつから、多くの人に知られるようになったのである。この船はまた、新発明の砲門をいちはやくとりいれた軍艦でもあった。難破船から見つかった何千という品物は、考古学者にとって、テューダー王朝時代の船上生活を知るうえで、またとない手がかりになった。

種別　カラック型軍艦

進水　1511年、イングランドのポーツマス

キールの長さ　32m（全長は不明）

排水量　進水時は500t、改装後は700〜800t

船体構造　進水時は外板をよろい張り（重ね張り）、改装後に平張り（カラベル造り）

推進　4本マストとバウスプリットの帆9〜10枚

　イングランドの敵のなかでも、とくにフランスとスペインが海軍力をつけているという現実に直面したヘンリー8世は、国防のために軍艦の艦隊を創設して近代イングランド海軍の基礎を築いた。メアリー・ローズはそうした軍艦の1隻で、海軍で最大級の船艇だった。1510年に起工し、翌年には進水した。2年間フランス相手の戦争に投入されたあとは、1535年まで予備艦として後方に下がっていた。

　この時期、メアリー・ローズには大がかりな改装がほどこされている。船体の外板が、よろい張りから平張りに変更された。そのためにはまず、縁が重ねあわさっている外板をとりはずした。外板の裏側のフレーム（肋骨）には、外板がぴったりはまる溝があるため、それを手斧で削って平らにする。これで外板の縁を重ねない「平張り」（カラベル造り）が可能になった。砲門は船腹に穴をあけて設けた。砲門の導入が必要になったのは、艦砲の大きさと重量が増しつづけたからである。軍艦の安定を保つためには、重量のある砲は船体の低い位置に設置する必要がある。その場合、船腹に開口部を設けないと砲弾は飛んでいかない。砲門が喫水線に近くなったために、必要に応じて扉を閉める構造が必要になった。外板がデコボコのない平張りになったおかげで、砲門に防水ふたをとりつけることが可能になったのである。

フランス軍の攻勢

　ヘンリーは、ローマ教会と決別してイングランド国教会を起こした。

　その後王がおそれていたのは、ヨーロッパのカトリック強国のなかでも、とくにイングランドの積年の敵であるフランスが、攻撃や侵略をしかけてくることだった。1545年7月16日、100隻を超えるフランス軍の艦船が、ワイト島とイングランド本土にはさまれたソレント海峡に入りこんだ。それを待ち受けるイングランド船は80隻あまり。イングランド船のなかには、改装を終えたばかりのメアリー・ローズの姿もあった。

　7月18日、両軍の艦隊がぶつかり、戦闘が開始された。最初の交戦ではどちらの側にもほとんど損害は出なかっ

下：ヘンリー8世は、国防のために誕生まもない「イングランド海軍」を拡張した。メアリー・ローズは、王が最初に発注した「巨船」の1隻だった。

た。翌日は風が凪いでいたために帆船は身動きできなかったが、フランスはオールで漕ぐガレー船を戦力にくわえていた。ガレー船は、無風に苦しむイングランド艦隊に突進すると、砲弾を浴びせはじめた。しばらくすると風が起こり、イングランド船はようやくまともに戦えるようになった。両軍最大の船、アンリ・グラサデューとメアリー・ローズは、艦隊の先頭で戦いに挑んだ。ところがヘンリーがサウスシー城から見守るなかで、メアリー・ローズは突然傾くと沈んでしまった。400人いた乗組員のうち、生存者は25人程度しかいなかった。残りの者は上甲板にかかっていた乗り移り防止の網にはばまれて、逃げられなかったのだ。目撃証言によれば、この船は砲門を開き、攻撃しようとして砲をつきだしていたという。フランス軍の方向に向きを変えようとしたときに、傾いたために水が穴からどっと流れこみ、傾き

アンソニー・ロール

メアリー・ローズの当時の姿を伝える絵は、アンソニー・ロールという文書にしか存在しない。これは1540年代にアンソニー・アンソニーがヘンリー8世に贈るために作成した絵巻で、羊皮紙3本にイングランド海軍船艇58隻が描かれている。

羊皮紙は後世に裁断されて、1冊の本にまとめられた。絵は細部で正確さに欠けるといわれているが、メアリー・ローズをはじめとする、テューダー王朝海軍船艇の有益な便覧となっている。

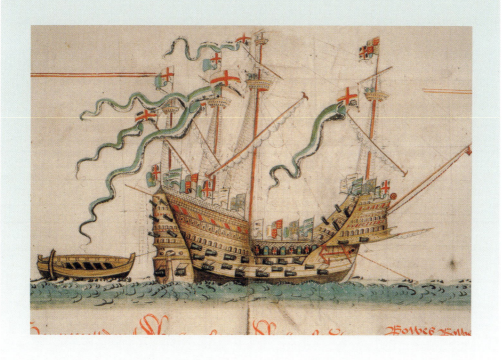

メアリー・ローズ（軍艦）

がますます大きくなって転覆にいたった。一方で戦闘の決着はつかず、フランス軍は引き上げた。

　1540年代の終わり頃に、メアリー・ローズを引き上げようとする試みは何度かあったが、いずれも失敗に終わった。あっというまに沈んだので、この船は右舷側に約60度の角度で傾いたまま、海底の泥にはまりこんでいた。泥に埋まらなかった部分はすべて、少しずつ水生生物に食われていった。そうしてメアリー・ローズは姿を消した。ときたま潮の変化で、泥のなかから木ぎれが顔を出すことはあった。1836年に潜水したチャールズ、ジョンのディーン兄弟が難破船を目撃できたのも、たまたまそのような露出があったためである。この兄弟は潜水ヘルメットの発明者である。兄弟が引き上げた数挺の艦砲から、この難破船がメアリー・ローズであるとわかったが、そのことはまたすぐに忘れられてしまった。

再発見

　その後変化が訪れたのは1965年のことだった。アマチュア・ダイバーのアレグザンダー・マッキー（1918～92年）が、ブリティッシュ・サブアクア・クラブ（British Sub-Aqua Club）サウスシー支部のダイバーに声をかけて、ソレントの難破船の分布図を作成しはじめたのだ。何百年も前に沈んだ木造船は、くずれ落ちてその頃には跡形もなくなっているだろう、というのが大方の見方だった。ところが潜ってみると、18世紀の軍艦、ロイヤル・ジョージとボインの大きな残骸が、海底にまだ横たわっていた。マッキーはメアリー・ローズの残骸が少しでもあるのではないかと考えた。1966年、ダイバーらは

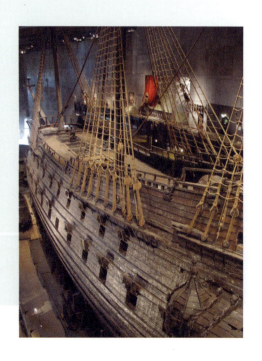

ヴァーサの引き上げ

　近代の軍艦を引き上げた、これに匹敵するプロジェクトは、スウェーデンの戦列艦ヴァーサの例しかない。ヴァーサはメアリー・ローズの誕生から100年あまりすぎた1620年代に建造され、1628年の処女航海で沈没した。沈没の仕方もメアリー・ローズとよく似ている。突風で大きく横倒しになり、砲門に水が流れこんだのだ。引き上げは失敗に終わり、そのまま放置されて難破船の位置はわからなくなった。ところが1950年代になって、ストックホルムの港のすぐ外で再発見され、1961年にほぼ完璧な姿で回収された。

上：海底から引き上げられてから1年もたたないうちに、メアリー・ローズの残存している船体部分が、展示物として公開された。何百万人もの人々が見た船体には、たいてい保存用ワックスの霧が吹きつけられていた。

メアリー・ローズの沈没現場と思われる海底に、陥没した個所を発見した。翌年、その部分をソナーで調査すると、そこに「異質な埋没物」が探知された。

1971年5月、ダイバーらはついに難破船の埋没場所をつきとめ、泥から出すために海底で発掘しはじめた。彼らは木材がどのようなものかを知ろうとした。大きさや角度などから、船の残存部分の規模を計算するためである。それから2、3年間で、600人を超えるボランティアのダイバーが、難破物の引き上げと調査、工芸品の回収に協力した。1979年から1982年にかけて、のべ2万8000回にのぼる潜水が行なわれた。1982年には難破船が全貌を現した。すると考古学者にとって喜ばしいことに、右舷側の大半はそのままの姿で残っていた。空気をふくまない泥におおわれていたため、分解しようとする海洋生物をよせつけなかったのだ。1万9000点以上の小物の発見物とともに、とりはずしできる木材はすべて陸揚げされた。こうしたものの保存はかなりの難題だった。木や革の品物が大量にあり、壊れて復元不能にならないように処置する必要があったからである。

難破船に何もしないで放置すると腐食してしまうので、引き上げが決定された。1982年6月15日、4本足の鋼管の枠が残骸の上にかかるように海底に設置され、船体がワイヤーで枠に固定された。9月28日には、船体の形に合うように作られ、エアバッグを敷きつめた船架が海底に下ろされた。10月の初めには、クレーン船で枠がもちあげられ、それにぶら下がった船体が船架に移された。枠が下ろされると、船体は船架のエアバッグ上に乗せられた。総重量570トンにな

上：運命の沈没の日は、ジョージ・カルー中将がメアリー・ローズの指揮をとっていた。カルーはその日、艦隊の指揮をまかされたばかりだった。

> 今の時点で知るかぎり、キリスト教国の巨大な帆船でこれほどの威容を整えている船はありません。100トンの規模で、速さでかなう船はないでしょう。
>
> エドワード・ハワード提督からヘンリー8世宛ての手紙。書かれたのは1513年（評価の分かれる改装前）の試験航海で、メアリー・ローズの性能を確認したあとだった。

る枠と船架と船体は、はしけの甲板に引き上げられ、ポーツマスのイングランド海軍基地までぶじ曳航された。引き上げの模様はテレビで生中継され、6000万人が見守った。400年以上も前のチュダー王朝時代の軍艦が海から現れるようすは、まさに感動的だった。

船体は展示場に収容され、湿気を保ちバクテリアの繁殖を抑えるために、冷水のスプレーが吹きつけられた。800ほどの木材と甲板張り板が組みなおされ、水に代わって、ワックスの働きをする不活性薬品のポリエチレングリコール（PEG）がかけられた。PEGは徐々に木材に浸透して水分と置き換わる。その後吹きつけられるPEGはさらに高濃度になり、木材に被膜を作った。2013年にはスプレーのスイッチが切られ、乾燥工程がはじまった。

発見物

船の将校が使用していた白目製（ビューター）の皿やタンカード［取っ手とふたのあるジョッキ］、スプーンは、数多く見つかっている。そのなかには「GC」の文字がきざまれたものもあった。艦隊の司令官、ジョージ・カルー中将（1504頃～45年）のものである。ほかの乗組員は木の皿や杯を使っていたのだろう。巨大なレンガ造りの厨房も、特大サイズの鍋とともに見つかった。鍋のそばには、火にくべるための薪も積み上げられていた。サイコロやゲーム盤、ドラム、パイプ、革のブックカバーは、水夫がどのように自由時間をすごしていたかを示している。ナイフを研ぐ砥石や、ヘドルという絨毯（じゅうたん）織りや艤装の修繕に使う道具もあった。

およそ200人の遺体も船内で見つかった。乗組員が身に着けていた革製の帽子やチョッキ、靴は、泥のおかげで保存状態がよかった。毛織物や絹の品物もいくらか残っていた。水夫200人と兵士185人、砲手30人の乗組員

左：メアリー・ローズの残骸からは、さまざまな種類のくしなど、おびただしい数の乗組員の私物が見つかっている。

右：メアリー・ローズには、大小とりまぜて90門以上の艦砲が装備されていた。写真のライオンの頭の装飾がほどこされた、青銅鋳物の艦砲もそのひとつ。

のなかには、派遣された弓兵の部隊も混じっていた。16世紀には、弓矢のかわりに火砲が用いられつつあったが、それでもイングランド軍の大弓の射手は、戦場でおそれられる存在だった。138張の弓とともに3500本以上の矢が発見された。

近年になって、メアリー・ローズの沈没の原因を説明しようとする試みがなされている。なかでももっとも支持されているのが、艦砲を追加した改装のせいで船の安定性が悪くなり、旋回したときに傾きすぎて、新しい砲門から水が流れこんだという説だ。ところが、破壊された船体のなかにフランス軍の御影石の砲弾が見つかったために、フランス軍の攻撃を先導していたガレー船から放たれた1発が、船腹に穴をあけた可能性もある、と指摘する研究者も出てきた。穴から船内にとりこまれた水は、船が向きを変えようとして傾いたときに一方の側に片寄ったのだろう。そのため船の傾きが異常に深くなったところに、砲門から流れこんだ水が追い打ちをかけた。何が起こったかはこの先も正確にはわからないだろうが、メアリー・ローズが沈没せず、また海底の泥にもつっこまなかったら、この船も、こうしてあれこれ推理する材料も手に入ることはなかったはずである。

左：難破物からは船の艤装の一部が、当時そのままの形で発見されている。保存状態のよいロープ・ブロック（巻き上げ機）と滑車もあった。

ビクトリア号(カラック船)
VICTORIA

　おそれを知らない大胆不敵な発見の船旅は、探検だけでなく交易と征服を目的にしていることもあった。最初の世界周航は、交易のためにヨーロッパと香料諸島とを結ぶ航路を探索しようとする試みに端を発していた。この歴史的遠征の指揮官として名を残しているのは、ポルトガル人の海軍軍人フェルディナンド・マゼランだが、マゼランは航海の完遂を見とどけられなかった。航海に出た船のうち、地球を完全に一周して帰国したのは、ビクトリア号ただ1隻だけだった。

種別　カラック船

進水　1519年、スペインのギプスコア

全長　18～21m

トン数　85t

船体構造　木造、外板平張り

推進　フォアマストとメインマストの横帆、ミズンマストの大三角帆

　ポルトガルの軍人フェルディナンド・マゼラン(マジェラン)(1480年頃～1521年)は、インドやマレー半島、モロッコで従軍したあと、ポルトガルから発見されたばかりのモルッカ諸島、つまり香料諸島への新航路を開拓する計画を立てた。が、ポルトガル王からは関心も金銭的援助も引きだせなかったため、スペインに助けを求めた。スペイン王のカルロス1世(のちの神聖ローマ帝国のカール5世)は、マゼランに5隻の船——ビクトリア号、トリニダード号、サン・アントニオ号、コンセプシオン号、サンティアゴ号——で編成される艦隊を預けた。2年分の十分な食料や補給品も供給された。サンティアゴは小型のカラベル船だったが、それ以外はすべてカラック船だった。マゼランは旗艦にトリニダードを選んだ。乗員の数は5隻分を合計して270人ほど。交易品は富豪の商人が提供してくれた。マゼランはこの航海で大きな利益を得ることになった。スペイン王が航海の成功を条件に、大判ぶるまいの約束をしたのだ。航海で出た儲けの1パーセントと1島の所有権、スペインがあらたに領土とするすべて

上：マゼラン艦隊の船は未知の水域に入るにあたり、互いの姿をつねに見失わないようにしていた。世界を一周してスペインへの帰還を果たしたのは、5隻のうちビクトリア号だけだった。

左：マゼランは、大西洋を横断して南米の沿岸部を南下し、その最南端をまわって太平洋に入った。マゼランは太平洋をはじめて横断したヨーロッパ人となった。

の土地での総督の地位をなどは、その最たるものだった。

　1519年8月10日、セビーリャ（セビリア）から出港した艦隊は、グアダルキビル川を南下して河口のサンルカル・デ・バラメダに出た。9月20日、5隻は大西洋の向こうをめざして帆走しはじめた。艦隊の進む方角は、トルデシリャス条約（1494年）によって定められていた。この条約によりヨーロッパ以外のすべての陸地は、ポルトガル（東方の地）とスペイン（西方の地）とのあいだで2分されていた。マゼランがポルトガルの国旗を掲げて航行していたなら、東に向かえただろう。だが条約のために、香料諸島が（スペインの）西半球にあることを願うしかなかった。西へ向かったのにはそのような事情があった。ポルトガル王はマゼランの裏切りに怒り狂って海軍兵力をさしむけてきたが、マゼランはそれをどうにかしてやりすごした。

反乱の勃発

　マゼランの艦隊は、12月13日に現在のリオデジャネイロが面する湾に到着すると、海岸線を南にたどった。そしてアルゼンチンのパタゴニア地方にあるプエルト・サン・フリアンで越冬したが、1520年の3月末に、ここで3隻の乗員による反乱が勃発した。マゼランは暴動を首尾よく制圧した。反逆者は処刑されるか海岸に置きざりにされ、探検の旅は続けられた。そうこうするうちに偵察任務のために海岸線を先に南下していたサンティアゴ号が、嵐で難破した。

　8月24日、艦隊の残りの船は南に向かった。10月21日、一行は南米の先端で大西洋から太平洋に抜ける狭い航路を発見した。この水路は発見者にちなんで、マゼラン海峡と命名された。このときになって、サン・アントニオ号が艦隊から脱走してスペインに戻ってしまっ

ビクトリア号（カラック船）

た。残るトリニダード号、ビクトリア号、コンセプシオン号の3隻は、11月28日に太平洋に入った。この海洋の名づけの親はマゼランである。彼は「Mar Pacífico」(平和の海)とよんでいた。1521年3月、艦隊は太平洋を横断してフィリピン諸島に到達した。ヨーロッパ人としては初めてである。一行は原住民の案内でセブ島により、この島国で船に食料を補充した。マゼランは十字架を立てると島民に洗礼をほどこしはじめた。王と王妃も洗礼を受けた。4月27日、敵対する部族の襲撃があり、マゼランはいわゆるマクタン島の戦いで非業の死をとげた。襲撃者はマゼランの遺体を運びさったきり、返そうとしなかった。その2、3日後、マゼランの後任に選ばれたふたりも殺害された。

帰航

人手が少なすぎて3隻すべてに水兵を配置できなくなったため、指揮官となったジョアン・ロペス・デ・カルバーリョの指示で、生存者はコンセプシオン号に火を放ち、残るビクトリア号とトリニダード号で船出した。目的地のモルッカ諸島に着いたのは、1521年11月8日だった。高価なスパイスを満載して、これから帰路につこうとした矢先に、トリニダードの水もれがひどくなって海に出せな

> 教会は地球が平らだという。だがわたしは月に写った地球の影を見たことがあるので、教会よりは影のほうがはるかに信頼できると思っている。
>
> フェルディナンド・マゼラン

下:フランドル[中世に欧州西部にあった国]人の地図作成者、アブラハム・オルテリウスが、1589年にはじめて作成した太平洋の地図。太平洋を横断するマゼランの船ビクトリア号が描かれている。

左:マゼランは初の世界周航を見とどけていない。1521年にフィリピン諸島で原住民と戦ううちに、竹槍でつかれて殺害されてしまったのだ。

失われた1日

　ビクトリア号が世界周航を終えてスペインに戻ったとき、乗員は9月6日に到着したと思っていた。だが、実際の日付は9月7日だった。正確な航海日誌をつけていたので、当時は1日がなくなった理由は見当もつかなかった。60年近くたって、フランシス・ドレークが世界周航後にイングランドに戻ったときも、同じ1日のロスを経験した。その後オランダ人の探検家らも同様の奇妙な現象を報告した。そしてようやく航海する者は、地球を西進して1周するたびに24時間を失うことを理解したのである。それと同じく東まわりで世界周航をする場合は、そのたびに24時間得をすることになる。ビクトリアの乗員は、国際日付変更線の必要性を見出していた。これは地球上の南北の極地のあいだに引かれた、架空の線である。西に向かって日付変更線を通過するときは、日付を1日進ませる。逆に進むときは1日遅らせる。線は地球上のどこに引いてもよいが、本初子午線、つまり経度0度の地点から見て、地球の裏側にあたる経度180度に定めるのがいちばん都合がよい。本初子午線は、王立グリニッジ天文台の跡地を通って南北の極地を結んでいるので、国際日付変更線はほとんどが太平洋上を通っている。

くなった。カルバーリョと部下は船とともにここに残った。船を修繕してあとから戻るつもりだったのである。一方ホァン・セバスティアン・エルカーノ麾下のビクトリアは、インド洋を横切り喜望峰をまわって、1522年9月初旬にようやくスペインに戻り、地球周航を達成した。トリニダードは太平洋をわたって帰航しようとしたが、ポルトガル艦隊に拿捕された。マゼランの水兵のうち、ビクトリアとともにスペインに帰れたのは18人だけだった。それは6万8000キロにおよぶ旅だった。それ以前も世界の大きさは計算ではわかっていたが、ビクトリアの旅で母なる地球の大きさがはじめて実感されたといえよう。
　スペインはトルデシリャス条約を根拠に、モルッカ諸島がスペインの領土であると判断して、この島を占領するためにビクトリアの指揮官エルカーノと部隊を派遣した。この航海ではエルカーノをはじめ、多くの水兵が飢え死にした。スペインとポルトガルは結局1529年にサラゴサ条約を結んで、モルッカ諸島の領有問題を解決した。モルッカ諸島をポルトガルに、フィリピン諸島をスペインにふり分けたのである。その後はマゼランの照らした明かりを頼りに、足跡をたどる探検家も出てきた。たとえばフランシス・ドレークは、半世紀以上すぎてからマゼランと同じ航路をまわっている。
　ビクトリアの歴史的重要性は認められなかった。修理がすむと売却され、南北アメリカでスペイン帝国の商船として使用された。1570年頃にビクトリアは、アンティル諸島からセビーリャに向かう大西洋上で、乗員とともに海にのみこまれた。

ビクトリア号(カラック船)

メイフラワー号（商船）
MAYFLOWER

　1620年、非国教徒の集団が宗教的不寛容からのがれるために大西洋をわたった。非国教徒とは、イングランド国教会から分離したキリスト教徒である。ピルグリム・ファーザーズとして知られるこの渡航者は、入植地を建設し繁栄させ、アメリカの礎を築いた。ヨーロッパ人による北米の入植地はすでにあったが、彼らの入植地はほかのどこよりもアメリカの民間伝承に織りこまれた。その開拓者が海をわたった船が、メイフラワー号だった。

種別　オランダのフライト型貨物船

進水　1580年頃、イングランドのハリッジの可能性大

全長　約30m

トン数　約180t

船体構造　木造、外板平張り

進水　3本マストとバウスプリットの帆

　1600年代初期のイングランドでは、イングランド国教会の礼拝に出ないと法にそむくことになった。参列をこばむ者は罰金を科せられた。ピューリタン（改革派のプロテスタント）のなかには、新法に同調できると感じる者もいたが、そうでない者もいた。非国教徒のなかで出国するしかないと心を決めた者は、オランダのアムステルダムに向かい、さらにライデンへと移った。ここが運命の分かれ道になった。仕事にありつける者もいたが、異国の言葉や文化に対応するのに苦労する者もいた。後者はまた自由すぎると思えるオランダ人の倫理観に不快感を覚えていた。子どもへの悪影響をおそれて、彼らはこの国も離れることにした。次は新世界にわたって自分らの入植地を作り、好きなように信仰するつもりだった。すでにヴァージニアのジェームズタウンにできている入植地には、移住しないほうが賢明に思われた。そんなことをすれば本国と同じそしりを受けて、のがれようと

している国教会の慣習にまた従うはめになる。体力のある若者が先発し、年配者はあとに続くことになった。1620年7月、ロッテルダム近郊のデルシェーベンから、スピードウェル号という船で第1陣が出発した。もとの名をスウィフトシュアというこの船は、1588年にスペインの無敵艦隊を破った艦隊に属していた。60トンのピンネース［小型帆船］で小さな横帆を艤装しており、退役後は商船となっていた。スピードウェルはイングランドのサウサンプトンに向かい、ここで第2の船メイフラワー号と、新世界への移住を決意した別グループの非国教徒と合流した。

メイフラワーはフライトとよばれる貨物船の1種だった。フライトはオランダで誕生し、建造費用を抑えて長い航海で最大限の貨物を運び、少ない船員で簡単に操船できるように設計されていた。こうしたどの要素も輸送コストを削減したので、16、17世紀の貨物船ではこの種類が人気を集めていた。イギリスの造船会社はすぐさまその長所を見てとって、独自のフライト型船舶を造りはじめた。

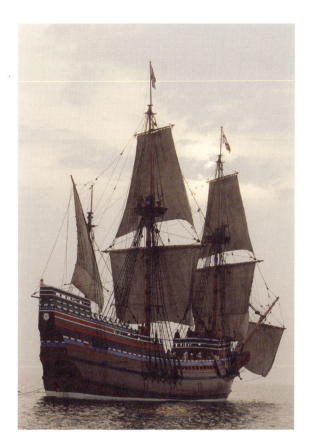

上：メイフラワー号は17世紀の典型的なイギリス商船で、オランダの商船をもとに設計されていた。船首楼と船尾楼が高くなっているので、主甲板にいるとある程度雨風がさえぎられた。

フライトは基本的には貨物船だったが、軍用船として火砲を搭載したこともあった。メイフラワーが建造された場所と日時は確定できないが、英エセックス州ハリッジが誕生地として名のりをあげている。当時の文書が「ハリッジのメイフラワー号」と言及しているほか、船長で船舶共有者でもあるクリストファー・ジョーンズが、ハリッジ出身だったからである。ジョーンズはこのときまでの11年間メイフラワーの船長をつとめており、もっぱらイングランドの羊毛をフランスに輸送し、フランスからワインをもち帰る航路を往復していた。

新世界への出発

スピードウェル号は大西洋横断の航海にそなえて、多少の修繕をする必要があった。2隻の船がようやく出帆したのは1620年8月5日である。スピードウェル号には乗客30人が、メイフラワー号には90人が乗っていた。スピードウェルは港を出た直後に浸水しはじめたので、2隻は修理のためにデヴォン州ダートマスに入港した。再度出発したが、スピードウェルの水もれがまたはじまったので、2隻はプリマスに引き返しスピードウェルを置いていくことにした。メイフラワ

左：1857年、ロバート・ウォルター・ウィア作の絵画「ピルグリムの乗船（Embarkation of the Pilgrims）」。ピルグリムの集団が甲板に集まり、新世界への航海の準備をしている。

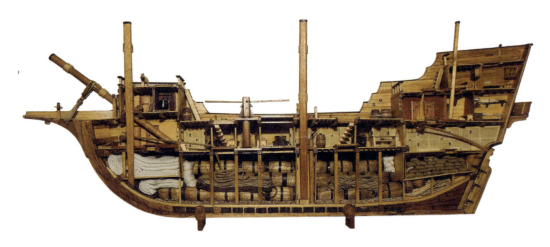

上：メイフラワー号のなかで、ピルグリムの居住スペースはほとんどなかった。船首楼と船尾楼のあいだにある小さな主甲板と「中甲板」[甲板間の場所]、あるいはその下の砲列甲板を除けば、船内には荷物がぎっしりつまっていた。

一単独で行くという決定がくだされ、乗客102人にくわえてこの船の船員30人が乗りこんだ。乗客は、船の砲列甲板にも入りこんだ。縦横が15×7.5メートル、高さが1.5メートルしかない空間である。天気がよいときは主甲板ですごせたが、嵐のときは窮屈な思いをしながら砲列甲板にこもるしかなかった。そこには艦砲10門も収容されていた。

メイフラワーは1620年9月6日にプリマスを離れた。メイフラワーの最後の寄港地は昔からプリマスとされているが、大洋にのりだす前に、真水を積むためにコーンウォール州ニューリンを訪れたという異説もある。目的地はハドソン川河口だったが、嵐に翻弄されながら2カ月あまり続いた航海のすえに、11月11日にたどり着いたのはケープ・コッドだった。ピルグリム・ファーザーズは入植の候補地をあちこちまわったあげく、ようやく気に入った場所を新たな居住地に決めた。この地域には1614年にイギリス人探検家のジョン・スミス大尉が調査に入っており、そのときすでにニュープリマスと命名していた。偶然にもイングランドの出港地と名前が重なったため、入植者は

ピルグリム以前のケープ・コッドの探検

ケープ・コッド周辺にやって来た最初のヨーロッパ人は、ピルグリム・ファーザーズではなかった。ヴァイキングが訪れてから500年後に、北米本土に上陸した最初のヨーロッパ人は、イタリア人探検家のジョヴァンニ・カボット（1450年頃～1500年頃）だった（コロンブスは北米には足をふみいれなかった）。1497年にニューファンドランド島を発見したカボットが、北米大陸東海岸の探検の新時代を切り開いたのである。

フランス人の海洋探検家サミュエル・ド・シャンプラン（1574～1635年）は、ケベック市の基礎を築き、1605年にケープ・コッドを探検した。イングランド軍兵士で探検家のジョン・スミス（1580～1631年）は、ジェームズタウン植民地の建設を助け、1614年にケープ・コッド周辺を探索してニューイングランドと命名した。スミスの1616年の地図には、プリマス植民地の位置が記載されており「ニュープリマス」と表示されている。

この名前をそのまま使うことにした。ピルグリムの上陸地点には、今でもプリマス・ロックの記念物がある。悪天候と病のために、最初の家が建つまで予定より時間を要したが、1月末にはメイフラワーから荷物を下ろせる状態になった。アメリカ先住民からの抵抗がほとんどなかったのは、おもに天然痘のような伝染病によって、原住民の90パーセントが死に絶えていたからである。

イングランドへの帰還

　4月になってメイフラワー号は、イングランドに向かって帆をあげた。出発の前に、植民地の防衛の足しにと大砲4門が下ろされた。1623年、新たな入植者が物資とともに到着したあとに、それまで生き残っていたピルグリムは神に感謝を捧げた。この出来事は現在も合衆国で感謝祭として祝われている。翌年は移住者にくわえてはじめてウシが到着した。1630年にはこの入植地の人口は300人に増え、1691年には約7000人になった。

　メイフラワーは強い西風に押されて、往路の半分の時間でイングランドに戻った。1621年5月6日にロンドン州ロザハイズに到着。クリストファー・ジョーンズ船長はその翌年に死去した。メイフラワーはその後2年間停泊場所につながれていた。それからどうなったかはわからないが、解体されたのであろう。この船の廃材を使ってバッキンガムシャー州のジョーダンズ村で、メイフラワーバーンという建物が建てられたと聞くが、その真偽は確かめられていない。

下：このジョン・C・マクレーの版画「西暦1620年、ピルグリム・ファーザーズのアメリカ上陸 (The Landing of the Pilgrim Fathers, in America, AD 1620)」（原画はチャールズ・ルーシーの絵画）は、メイフラワー号からピルグリムが下船した瞬間を描いている。メイフラワーがその背景に見えている。

メイフラワー号（商船）

エンデヴァー号（調査船）
HMS *ENDEAVOUR*

18世紀のなかばに粗末な石炭輸送船が参加した遠征は、われわれの世界観と太陽系内の地球の位置についての考えを改めさせた。その当時、太陽系の大きさはわかっていなかった。太陽がどれほど離れているかは不明だったのである。この謎は、エンデヴァー号に乗って太平洋に出た科学者の観察によって解明されることになる。この海洋探検の指揮官ジェームズ・クックは、その後密命を果たすべく、ニュージーランドとオーストラリアに向かった。

種別 運炭船の改造船

進水 1764年、イングランドのウィットビー

全長 29.8m

トン数 366t

船体構造 木造（ホワイトオーク、ニレ、マツ）、外板平張り

推進 3本マストとバウスプリットの横帆

エンデヴァー号はまず、運炭船（石炭運搬船）アール・オヴ・ペンブルック号として働きはじめた。建造されたのは、イングランド北東部の沿岸にある、ウィットビーという石炭積込港である。船体はホワイトオークで造られ、竜骨と船尾材にはニレ、マストにはマツとモミが使われた。堅牢な造りで平底だったので、浅い水域で安全な航行が可能なうえに、乾ドックに入れなくても陸に引き上げて修理できた。1768年に金星の太陽面通過があるため、太平洋に観察する遠征隊を出す計画は、前年のうちにジョージ3世によって承認されていた。この遠征を要請した科学者は、天体現象の観察から地球と太陽の距離を

右：キャプテン・クックのエンデヴァーのような堅牢な造りの平底船は、イングランド北東部の石炭貿易でさかんに使用されて、「ウィットビー・キャット」とよばれていた。

上：キャプテン・クックはタヒチによったときに、人が生贄にされるのを目撃した。ほかの島との戦いに加勢してもらうために、タヒチの軍神に捧げるための生贄だった。

> わが野望は、前人未踏の地に行くことにとどまらず、人間にとって可能と思われる極限に到達することである。
>
> ジェームズ・クック

割りだそうとしていた。海軍本部はこの遠征を隠れ蓑に密命をくだした。南方にあるとうわさされてはいるが、いまだに発見にいたらず地図にない大陸を探す、という任務である。

この遠征の指揮官には、ジェームズ・クック（1728〜79年）が選ばれた。クックは精密な測量調査と地図作成で定評があった。海軍本部はアール・オヴ・ペンブルークを購入して、運炭船から科学調査船艇エンデヴァー号に改造した。この改造では、船室用甲板と船倉も増設された。乗員85人のうち12人がイギリス海兵隊員だった。博物学者（ジョーゼフ・バンクス）と天文学者ひとり、画家ふたりも同乗した。攻撃を防御する事態を想定して、4ポンド砲6門と旋回砲12門も積みこまれた。

1768年8月26日、エンデヴァーはプリマスを出港した。クックは翌年の6月までに、広大な太平洋の真ん中に浮かぶタヒチ島に到着しなければならなかった。この小さな島は全長が45キロに満たない。南米最南端のケープホーンには1月なかばに到達した。激しい嵐と潮の流れと戦って、ようやく太平洋に出たのはその3日後だった。バンクスが海岸から植物の標本を収集するために一時停泊したあと、クックは船を大海原に向けた。タヒチには4月に到着した。

乗員は海岸に観測所を作りはじめた。土塁で囲みその上に尖り杭を立て、船から下ろした火砲で防御を固めた。6月3日、金星の通過がはじまった。が、太陽面の縁に接近する金星の縁が不鮮明になったので、接触した時刻を正確に記録するのはむずかしかった。いわゆるブラック・ドロップ効果である。それでもタヒチをふくめたあちこちの観察記録を利用して、地球と太陽の平均的な距離は1億5083万8824キロと計算された。正しい距離は1億4959万7870キロなので、誤差

エンデヴァー号（調査船）

は0.8パーセントでしかない。

未知の南の大陸

　金星の通過が終わったので、クックは予定どおり命令書の封印を解き、未知の南の大陸を探すという密命を受けとった。さっそくニュージーランドに向かい、その海岸線をすべて地図にしたが、それにより広大な南の大陸の一部でないことがわかった。そこでさらに西進し、ヨーロッパ人としてはじめてオーストラリアの東海岸に到達した。ここもまた、南に広がっていると想定されている巨大な大陸の一部ではなかった。クックはこの地をイギリス領と宣言し、ニューサウスウェールズと名づけた。さらに4月29日には、最初の上陸場所をボタニー湾と命名した。ここを出ようとしたとき、エンデヴァー号がグレートバリアリーフで座礁して、船体に穴があいた。この穴は帆でふさいで急場をしのいだ。その後修理に適した場所が見つかったので、岸に引き上げて穴をふさいだ。さらにオランダ領東インドのバタヴィア（現ジャカルタ）に寄港し、物資を補充しがてら、船体の浸水を本格的に修理しようとしたが、損傷は想像をはるかに超えていた。またここでは、大勢の乗員がマラリヤと赤痢で亡くなった。こうした伝染病は、オランダ植民地の全域に野火のように広がっていた。クックは生き残った乗員とともに西進しつづけて、出発から3年後の1771年7月に、1度目の世界周航を達成した。

上：クックの公式肖像画は、ナサニエル・ダンス＝ホランドによって描かれている。そのなかの偉大なる海洋探検家はイギリス海軍大尉の正装に身を包み、自身の作である南氷洋の地図に手を置いている。指差しているのは、オーストラリアの海岸である。

壊血病

　ジェームズ・クックは1769年にエンデヴァーの指揮官として航海に出たときには、すでに20年以上海で暮らしていたので、ふつうの船乗りがどのような生活を送っているかは承知していた。士官になってからは、部下の面倒をよくみた。とくに気を配ったのは食べ物である。彼は食事にかならず、ザワークラウト（キャベツの酢漬け）と、オレンジとレモンのジュースを濃縮したシロップを出させた。水兵には出された食物を平らげるよう命じ、それに従わない者は鞭打ちにした。クックの無理強いは報われた。彼はイギリス海軍指揮官としてはじめて、ビタミンCの欠乏から起こる壊血病から部下を守ったのである。

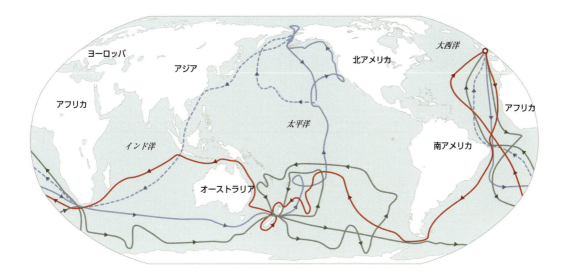

上：クックの3度にわたる探検航海のおかげで、ほとんど知られていなかった太平洋についての膨大な情報が集められた。この地図では第1次航海の航路が赤、第2次が緑、第3次が青の線で示されている。青の点線は、クックの死後に乗員がたどったルートである。

　クックはさらに2度発見の旅に出たが、エンデヴァーには乗らなかった。そのかわりに選んだのは、これもまた運炭船を改造した、イギリス海軍船のレゾルーション号だった。2回目の世界周遊（1772～75年）ではまたもや幻の南の大陸を探した。流氷の塊に出会うまで南下を続けて、南極大陸を1周までしたが、陸地はどこにもなかった。クックは、流氷が南極点までそのままつながっているのではないかと考えた。

北西航路

　1776年にクックが出発した遠征には、太平洋側から北米の北側を通って、太平洋と大西洋を結ぶ北西航路を見出すという目的があった。クックはその途中でハワイ諸島を発見し、ベーリング海峡で流氷の塊に遭遇したあとはハワイに引き返してきた。ところがその滞在中に、ボートが1隻盗まれるという事件があった。そこで族長を人質にとってボートをとりもどそうとしたが、小競りあいのなかでクックが襲われ呆気なく殺されてしまった。海兵隊員4人も殺害された。それは1779年2月14日のことだった。原住民はクックの遺体をもちさったが、あとでその一部が返還されて水葬に付された。

　一方、エンデヴァーは海軍の輸送船として使われたあと、1775年に民間に払い下げられた。その直後に航海に耐えないと判断され、大がかりな修繕をほどこされたあと、兵員輸送船、囚人船としての用途を見出された。いまやロード・サンドイッチと改名されたこの船は、1778年、ロードアイランドのイギリス植民地に迫るフランス海軍の攻撃をはばむために、海軍と民間の多くの船とともに、ナラガンセット湾に沈められた。

エンデヴァー号（調査船）

ヴィクトリー（戦艦）
HMS *VICTORY*

　1805年のトラファルガーの海戦は、イギリス史でもっとも有名な海戦のひとつであり、イギリス艦隊司令長官ホレーショ・ネルソンは、もっとも有名なイギリス軍人のひとりである。トラファルガーでのネルソンの旗艦はヴィクトリーだった。この海戦でフランスの侵攻脅威をついに払拭したイギリスは、世界に君臨する海軍国の地位を確立した。ヴィクトリーはいまでもイギリス海軍に籍があり、世界最古の現役の海軍艦艇となっている。

種別　1等戦列艦

進水　1765年、イギリスのケント州チャタム海軍工廠

全長　69.3m

排水量　3556t

船体構造　オーク材、外板平張り

推進　3本マストとバウスプリットの横帆

　ヴィクトリーは七年戦争の最中にイギリス海軍によって発注された。七年戦争は、イギリスとフランスをそれぞれ旗頭にする同盟国間の紛争だった。ヴィクトリーの建造は、ケント州のメドウェイ川に面したチャタム海軍工廠で行なわれた。起工は1759年7月23日である。この船を建造するために、林から切りだされた6000本ほどの木は、そのほとんどがオークだった。1765年の進水時には戦争は終結していたので、未完成のまま「非役」（予備艦）としてドックに置かれた。ようやく完成したのは、アメリカ独立戦争勃発後の1778年だった。104門の艦砲で武装して、「1等」戦列艦となったヴィクトリーは、第1次、第2次のウェサン島の海戦でフランスと戦った。1782年には封鎖されたジブラルタルを解放するために、スパルテル岬の海戦で、フランスとスペインの連合艦隊と交戦した。さらに1797年には、スペイン相手のサン・ヴィセンテ岬の海戦で、ジョン・ジャーヴィス

右：1805年のトラファルガーの海戦で、ネルソンが後甲板を歩きまわっていたとき、ヴィクトリーはすでに40年間運用されつづけた老船だった。

世界史を変えた50の船

1等戦列艦

ヴィクトリーが造られた頃のイギリス軍艦は、規模と搭載される艦砲の数によって、「等」で区切る6グループに分けられていた。ヴィクトリーのような1等艦は、最大の規模と火力をもつ。1隻で100門以上の艦砲を甲板にならべて、将兵合わせて800人以上が乗りこんでいた。こうした船はよく艦隊司令官の本部、つまり旗艦となった。旗艦とよばれるのは、その存在を示すために特別な旗が掲げられたからである。

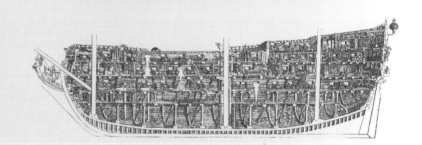

右：ヴィクトリーはその時代の究極の海軍の戦闘マシン、つまりイギリス海軍の1等戦列艦だった。この『百科事典(Cyclopaedia)』(1728年)に掲載されたイラストは、3等戦列艦（上）とヴィクトリーのような1等戦列艦を比較している。

艦隊司令官の旗艦をつとめた。

その頃にはヴィクトリーも、かなりガタが来ていた。病院船として改装され、その後は囚人（牢獄）船となった。次は廃船になるしかなかった。ところが戦艦インプレグナブルが1799年に沈没したために、ヴィクトリーが現役に返り咲くことになり、海軍の最新の基準に沿った更新が行なわれた。フナクイムシから木材を守るために、船体は銅板3923枚でおおわれた。最大口径の42ポンド砲は、それより小口径の32ポンド砲に換装されて、装填と連射のスピードの向上が図られた。船体もこのときに、トレードマークの黒と黄色のストライプに塗り替えられた。

ヴィクトリー（戦艦）

トラファルガー

　1805年、ヴィクトリーの栄光のときが訪れた。フランス皇帝のナポレオン・ボナパルトはすでにイギリス侵攻の野望をすてていたが、麾下のフランス船とスペイン船の艦隊が脅威であるのは変わらなかった。イギリスはこの脅威に立ち向かう決断をして、ネルソン中将（1758〜1805年）にその任務を託した。ネルソンはスペインのカディズ港の近くでイギリス艦隊と合流した。カディズ港には敵の艦船が集まっていた。10月21日、フランスとスペインの船が出帆したので、イギリス艦隊はそのあとをついて外海に出て行き、トラファルガー岬の沖合で攻撃を開始した。戦闘の前にネルソンは艦隊に次のような有名な信号を送っている。「イギリスは諸君がおのおのの義務を果たすことを期待する」

　イギリス船27隻に対しフランス・スペイン船は33隻。数でおとるのを承知しているネルソンは、「戦列突破」なる戦術に賭けた。その当時、軍艦はたいてい横1列にならび、敵味方が平行に向かう形で戦っていた。舷側を敵に向けて砲撃で粉砕するためである。ネルソンはそれとは違う方法をとった。艦隊を2手に分け、一方を敵の戦列の中央に真向からつっこませ、もう一方を戦列の後方に突入させて、敵を小グループに分断したのである。敵に接近しているあいだイギリス船は、砲撃を受けるばかりだった。ようやく艦砲の照準を標的に合わせられたときは、接近開始からほぼ1時間が経過していた。ネルソンは、敵の砲手に実戦経験が不足していて命中精度に欠けると見て、勝算を見出していた。一方イギリス軍の砲手は、ナイル川とコペンハーゲンの海戦で勝利をあげたばかりだった。はたして戦況は計算どおりになった。当時のイギリス海軍砲手は練度が高く経験豊富だったために、90秒に1発の連射が可能だった。他国の砲手の2倍以上の速さである。敵の戦列を突破したイギリス船は、ついに敵を1隻ずつ撃破できる態勢になった。ヴィクトリーはまっ先に、フランス艦隊司令官の旗艦ビュサントールの息の根を止めた。ネルソンの賭けとすぐれたイギリス軍の砲術がまさったのである。その日の戦闘で、拿捕または破壊された敵の艦船は19隻にのぼった。その後さらに4隻が拿捕され、残りの軍艦もほぼ難破船として漂流する運命をたどった。対するイギリス軍は1隻の損失も出していない。

下：ネルソンのもっとも有名な肖像画は、1800年にレミュエル・フランシス・アボットによって描かれた。ネルソンの腕の通っていない右袖は左胸のあたりにとめられており、1797年にテネリフェ島で右腕を失っていることを思い起こさせる。

> イギリスは諸君がおのおのの義務を果たすことを期待する。
> 　トラファルガーの海戦前にホレーショ・ネルソンがイギリス艦隊に送った信号

トラファルガーのヴィクトリー

1805年のトラファルガーの海戦で、ヴィクトリーは821人の乗組員を乗せていた。そのうち500人以上が船を動かす水兵だった。また水兵のなかでも289人ほどは志願兵だった。残りの200人を超える水兵は強制的に徴集されていた。海軍が人員を必要としているのに十分な数の志願兵が集まらない場合は、強制徴募隊が適切な人材を強制的に徴用する権限をもっていた。それにくわえて、ヴィクトリーには150人程度の海兵隊員がいた。残りの乗組員は、この船の将校と軍医のような専門員だった。乗組員の約40パーセントは24歳未満だった。最年少はまだ12歳だったが、ネルソンはこの年には海軍に入隊していた。最年長は67歳の主計官だった。

上：ニコラス・ポコクは、海戦からわずか2年後の1807年にこの絵を完成させた。1805年10月21日の午後5時に、戦闘が収束しつつある場面を描いている。

ネルソンの最期

軍艦の上甲板にいる水兵は、敵の砲撃や狙撃の犠牲になる危険性がある。船尾楼甲板［船室の屋根もかねる船尾の甲板］と後甲板［船尾からミズンマストまでの上甲板］はとくに、船の上級将校が集まるために標的にされた。後甲板にあるヴィクトリーの舵輪は、砲撃でこなごなになったので、甲板下の舵柄［舵輪についている棒］で舵をとるありさまだった。ネルソンは後甲板に出ているときに銃撃を受けた。フランスの軍艦ルドゥタブルの艤装から、狙撃兵がマスケット銃［ライフリングのない先込め銃］をかまえていたのである。2隻の旗艦は数十センチの近さに迫っていた。銃弾はネルソンの右肩から入り、背骨を貫通した。ヴィクトリーの艦長トマス・ハーディーは、ネルソンが撃たれたと見ると助けようとしてかけよった。ネルソンは最下甲板に下ろされ、後部の准士官用居室に寝かされた。戦闘中は軍医の手あてを受けるために、負傷者がここに運びこまれていた。ネルソンは軍医に告げた。「何をやってもむだだ。わたしはもう長くない。弾が背中を貫通しているのだ」ハーディーがようすを見に降りてくると、ネルソンはあの有名な言葉を口にした。「ハーディー、キスしてくれ」。軍医

右：デニス・ダイトン「ネルソンの最期（The Fall of Nelson）」（1825年）。トラファルガーの海戦でネルソンが接近した船の狙撃兵に撃たれ、将校らがかけ寄る瞬間がとらえられている。

が見守るなか、ハーディーはネルソンの頬と額にキスをした。ネルソンは衰弱してゆき、被弾から3時間後の午後4時半に亡くなった。

　ヴィクトリーは戦闘で激しい砲撃を受けたうえに、嵐にみまわれた。船は大きな損傷を受けていたが、乗組員は指揮官を故国につれて戻る権利を主張した。ネルソンの遺体はブランデーの樽のなかに保存された。ヴィクトリーは損傷があまりにも深刻だったために、ジブラルタルまで曳航されて修理を受けてから、ふたたび曳航されてイギリスに帰還した。ネルソンは国葬され、遺体はロンドンにあるセント・ポール大聖堂で、ドーム下の墓に安置された。

ネルソンの生涯

　ネルソンは、1758年9月29日にイギリスのノーフォーク州バーナム・ソープで生まれた。海軍にはわずか12歳で入隊した。船酔いに苦しみながらもまたたくまに昇進し、20歳で艦長（キャプテン）となった。西インド諸島に派遣されたあとは、イングランドに戻って5年間次の辞令を待ちながらすごし、1793年についに戦列艦アガメムノンの艦長を命じられた。コルシカ島では右目の視力を失い、その後イギリス戦列艦キャプテンの指揮をまかされた。サン・ヴィセンテ岬の海戦（1797年）では重要な役割を果たし、その戦功を認められてナイトの爵位をあたえられ少将に昇進した。が、その後同年のうちに、テネリフェ島の海戦で右腕を失った。1798年、ネルソンが指揮するイギリス艦隊は、ナイルの海戦でフランス軍を破った。

　ネルソンは自分のやり方がよいと思うと、命令を黙殺する傾向があった。コペンハーゲンの海戦（1801年）で撤退するよう命じられたとき、望遠鏡を見えないほうの目にあてて、信号旗が見えなかったとうそぶいた話は有名である。コペンハーゲンの勝利後に、ネルソンは子爵に叙せられ、艦隊司令官に昇進した。

右：今日のヴィクトリーの砲列甲板は、おちついていて整理されているが、うねる海で戦闘がピークに達したときは、百戦錬磨の軍人の職人技が発揮される一方で、身のすくむような轟音や煙、臭いが充満していた。

現代のヴィクトリー

ヴィクトリーには大規模な改装がほどこされた。その後、半島戦争に臨みバルト海に配備されたが、1812年に退役になりポーツマスで係留されていた。1920年代になると、海軍歴史家がこれ以上ヴィクトリーを放置して腐らせれば、じきにとりもどしのつかないことになるだろうと警告した。ある程度の復旧

作業は行なわれたが、第2次世界大戦中に爆撃を受けて深刻な損傷を受けた。1970年代には緊急の修理が必要になった。現役のあいだ、この船は何度も武装と艤装、外観を変えていた。そこで1805年のトラファルガーで戦ったときの状態に復元することが決定された。造船当初の部分は現在20パーセント程度しか残っていないが、それでも3層ある砲列甲板のうち最下層と、ネルソンが息絶えた最下甲板は、ほぼ当時のまま残っている。

調査と復元は今現在も続けられている。ごく最近では、研究者がトラファルガーの海戦当時の塗料の正確な色あいを発見した。考えられていたような黒と明るい黄色ではなく、濃いめのグレーと薄いオレンジがかった黄色だった。再塗装は4カ月かかり、2015年10月に完了した。

下：トラファルガーの海戦時に塗られていた、やや明るめの色あいに戻す前のヴィクトリー。この船はイギリスの南海岸にあるポーツマス歴史工廠（Portsmouth Historic Dockyard）で、訪問者を魅了しつづけている。

ヴィクトリー（戦艦）

シリウス号（軍艦）
HMS *SIRIUS*

　1788年、第1次囚人移民船団がボタニー湾に到着して、オーストラリアにヨーロッパ人が移民する道筋がつけられた。この船団の旗艦は商船を改造したシリウス号だった。ニューサウスウェールズの初代から3代までの総督は、すべてシリウスの上級将校がつとめていた。

種別　商船を改造した軍艦、艦砲10門搭載

進水　1780年、イギリスのロザハイズ

全長　33.7m

トン数　512t

船体構造　木造、外板平張り

推進　3本マストの横帆

　イングランドは、17世紀の初めから有罪になった犯罪者の一部を南北アメリカに追放していたが、アメリカが独立して植民地が失われるとこのルートは閉ざされた。イギリスの監獄はまたたくまに通常を上まわる過密状態になった。そこで苦肉の策で老朽船が浮かぶ「牢獄船」として使用された。こうした船が満杯になると、海外の新たな流刑地が早急に必要になった。ちょうどその2、3年前にキャプテン・ジェームズ・クックが、まったく新しい大陸、オーストラリアを発見していた。1785年、イギリス政府は囚人を世界の裏側の新しい土地に移送することを決定した。

　1787年5月13日、のちに第1次囚人移民船団として知られることになる船団は、オーストラリアで初のイギリス流刑植民地を建設するために、ポーツマスを出帆した。この船団には11隻がつらなっていた。イギリス海軍艦艇2隻と貯蔵船3隻、それに囚人輸送船6隻である。船団の総指揮官はアーサー・フィリップ大将（1738～1814年）で、その旗艦であるシリウス号の艦長は、ジョン・ハンターがつとめていた。フィリップはまた、ジェームズ・クックがイギリス領であると宣言した、ニューサウスウェールズの総督に任命されることが決まっていた。船団で運ばれた囚人の正確な数については諸説があるが、

右：第1次囚人移民船団がボタニー湾の沖合に到着したようす。ロバート・クレヴェリーの絵をトマス・メドランドが版画にしたもの。船団到着からちょうど1年後の1789年に制作された。

右：1788年1月26日、シドニー入り江でイギリスの国旗が掲揚されるのを見守るアーサー・フィリップ総督。1937年のアルジャノン・タルメージによる油絵。湾に錨を下ろしているシリウス号が見える。

成人男女と子どもを合わせて750人ほどだった。その大半が強盗や窃盗で有罪になった者である。

ベリック号からシリウス号へ

　進水した当時のシリウス号は、ベリックという名の商船だった。船火事に遭ってひどく焼け焦げたあとにイギリス海軍に購入され、デットフォード海軍工廠で軍用船に改装された。このときは、艦砲10門の搭載と、木材を海洋生物から守るために船体を銅板でおおう改装などが行なわれた。1782年からアメリカ独立戦争の終結までは、アメリカの海域でイギリス軍艦ベリックとして活動し、その後は西インド諸島に配備されて、1785年の初めに「支払いずみ」（乗組員に給料を全額支払って、一線からしりぞかせる状態）になった。がその翌年には、第1次囚人移民船団の船に選ばれて、現役復帰にそなえた。1786年10月12日、この船はシリウスと改名された。南半球の星座である大犬座の明るい星にちなんだ名である。

> 秩序と有用な配置ができるようすを思うことほど、大きな楽しみはない。
> 　　アーサー・フィリップ

　シリウスは6月初旬にカナリア諸島に立ちよって補給を終えると、8月の初めにリオデジャネイロに着いた。そして1カ月後には、オーストラリア到着の前最後の寄港地である喜望峰に向かって出発した。罪人の置かれていた環境は、かなり不快で不潔だった。罪人は航海中ほとんど甲板に出るのを許されなかった。衣服はシラミやノミだらけになった。数人の罪人は病気になって命を落とした。

　1788年1月18日、船団の船がボタニー湾に続々と到着しはじめた。ここまで252日間かけて2万4000キロの航海をしたことになる。入植者が湾を探索しているあいだに、フランス船2隻が到着した。フラ

シリウス号（軍艦）

61

右：1788年、イギリスからの8カ月の航海をへて、第1次囚人移民船団の船からボタニー湾の海岸にはじめて上陸する罪人。

ンス人は世界周遊の旅をしていた。キャプテン・クックの地図を確認して完成させ、太平洋で新たな貿易関係を確立させることがその目的だった。イギリス船のほうがヨーロッパに先に戻る予定だったので、フランス人は書類や手紙、海図をイギリス人に託した。フランス船は3月10日に出発するとそれっきり消息を絶った。面白いことに、このフランスの海洋探検の参加希望者のなかにはナポレオン・ボナパルトというコルシカ島出身の若者がいた。もしこの若者が採用されてほかの水夫とともに海の藻屑となっていたら、ヨーロッパ史は劇的に変わっていただろう。

　一方、ボタニー湾は流刑植民地には適さないと判断された。風雨を和らげる遮蔽物が港になく、水深が浅すぎて船が海岸近くに錨を下ろせないのである。フランス船が出発すると、シリウスが北方でもっと条件のよい場所を見つけて一行を案内した。入植地として選ばれたのはポートジャクソンだった。この地名の名づけ親はキャプテン・クックである。船団が投錨していた入り江は、アーサー・フィリップによって、イギリス内務大臣シドニー卿にちなみシドニーと名づけられた。現在シドニー・オペラハウスがある場所は、かつてはキャトル・ポイントとよばれていた。第1次囚人移民船団がつれてきたウシ（キャトル）やウマを、ここに囲っておいたからである。この入り江には真水の水源があり、土壌はボタニー湾より肥えていた。

　入植者がぶじ上陸して最初の家が建てられたのを見とどけて、1788年10月2日、シリウスは物資を補給するために喜望峰に向けて出発した。7カ月以上たって戻ってくると、入植者は餓死寸前になっていた。イギリスから補給物資を積んでやって来

下：1790年3月19日、シリウス号はノーフォーク島の沖合で、暗礁にのりあげて沈没した。

世界史を変えた50の船

経度の問題

　地球上の地点はどこも、2種類の数字、すなわち緯度（赤道からの北もしくは南の角度）と経度（本初子午線からの東もしくは西の角度）がわかれば特定できる。船乗りは緯度を正午の太陽の水平線からの高さを測って判断したが、経度の計測はそう簡単には行かなかった。現地時間とグリニッジ天文台が通る本初子午線での時間とのズレを知る必要があったからである。またそのためには、海に出て縦横にゆれる船の上で、何週間も何カ月も正確な時をきざむ高精度の時計が必要だった。シリウス号ではK1海時計という、非常に正確な計時器（クロノメーター）が使われていたとされている。ジェームズ・クックも、これと同じ計時器を2度目と3度目の航海で携帯していた。K1はジョン・ハリソン（1693～1776年）が作製したクロノメーターの複製だった。ハリソンは正確な海時計を製作して、イギリス政府の懸賞金を獲得した。彼は40年間にわたり、精度を増した計時器を次々と完成させて、ついには海上での経度測定の問題をうち破った。

　るはずの船が到着できなかったために、深刻な状態におちいっていたのだ。船団がオーストラリアに到着した直後に、ポートジャクソン植民地の負担を軽減するために、罪人の一部はノーフォーク島に送られて、ここで小さな村を作っていた。1790年3月19日、この島にさらに罪人と海兵隊員を運んできたシリウスが、風で暗礁に流されて沈没した。乗員はなんとか島にたどり着いたがそのまま置きざりにされ、1年後にやっと救出されてイギリスに帰国した。ノーフォーク島に罪人を移住させたのには先見の明があった。補給船が到着するまで、ポートジャクソンがもちこたえる時間稼ぎができたからである。ノーフォーク島のシリウスの残骸は、第1次囚人移民船団で唯一現存する遺物となっている。

　1790年と1791年に囚人移民船団が到着したあと、1793年には初の自由民移住者がやって来た。ニューサウスウェールズは1823年まで流刑植民地だった。1868年にウェスタンオーストラリアに最後の囚人輸送船が着いた頃には、イギリスから806隻の船によって罪人16万2000人が輸送されていた。当時のオーストラリア植民地の総人口は、100万人規模になっていた。

右：ラーコム・ケンドルのK1海時計（経線儀）は、シリウス号にももちこまれて船の現在位置を精密に計測した。K1はジョン・ハリソンのH4クロノメーターの複製だった。

シリウス号（軍艦）

クラーモント号（ノース・リヴァー・スティームボート号、蒸気船）
CLERMONT NORTH RIVER STEAMBOAT

ロバート・フルトンのクラーモント号は、世界ではじめて商業的に成功した蒸気船である。最初に完成した蒸気船ではなかったが、蒸気動力が実用に耐えて、船やボートの推進技術として商業的に成功することを証明したのがこの船だった。これにより、船は風に依存しなくてもよくなり、海運の世界に変革がもたらされた。

種別	蒸気船
進水	1807年、ニューヨーク
全長	43m
排水量	121t
船体構造	木造、外板平張り
推進	蒸気駆動の外輪と帆

ロバート・フルトンは1765年に、米ペンシルヴェニア州リトル・ブリテン群区の農場で生まれた。少年時代は蒸気機関に興味をもっていたが、いちばん心を惹かれたのは美術だった。フィラデルフィアで6年間画家として働き、母親のために農場を買えるほど成功した。

フルトンは1786年にイギリスにわたり、ここで絵を描きながら10年間すごしたが、機械に対する興味は失われていなかった。第3代ブリッジウォーター公爵（1736～1803年）が所有する運河で使用するために、実験的な蒸気船を造ったが、船の外輪が運河の粘土の覆工（ライニング）を損なう心配があったため、この計画は断念された。覆工は運河の漏水や陥没を防いでいた。フルトンは1797年にパリに移った。ここでは14年前にジュフロワ・ダバン公爵（1751～1832年）が、ソーヌ川で蒸気船を15分間だけ走らせていた。アメリカのジョン・フィッチ（1743～98年）は、それより完成度の高い蒸気船を造り、1787年にデラウェア川で試運転を成功させた。

成功を生んだ協力関係

フルトンはフランス滞在中に、世界初の実用的な潜水艦であるノーティラス号を設計し完成させた。その後彼は駐仏アメリカ大使のロバート・R・リヴィングストン（1746～1813年）に出会った。リヴィングストンもフルトンと同じく、蒸気船の実験をしていた。このふたりは協力関係を結び、乗客を乗せてハドソン川を往復できる蒸気船を造ることを目標に定めた。最初にできあがった船は期待はずれだった。フルトンはイギリスに戻ると、イギリス海軍のために魚雷を発明し、2隻目の潜水艦の建造にとりかかった。ところがネルソンがトラファルガーの海戦で勝利をおさめて、フランスがさしせまった脅威でなくなったため、海軍はそうした兵器開発を必要としなくなった。1806年、フルトンはアメリカに戻

右：画家から発明家に転身したロバート・フルトンは、はじめて商業化に成功した蒸気船と実用に耐える潜水艦を完成させた。

上：1909年に造られたクラーモント号の実物大レプリカ。数年間博物船として使用されたあと、朽ちるままに放置され、1936年に解体されてスクラップになった。

シャーロット・ダンダス号

　蒸気船で初の実用化に成功したのは、ウィリアム・サイミントン（1764～1831年）が完成させたシャーロット・ダンダス号である。この全長17メートルの船は、1802年にスコットランドフォース・アンド・クライド運河ではしけを曳航するタグボートとして造られた。7.5キロワット（10馬力）の蒸気機関で船尾の外輪1個をまわすことにより推進して、試験航行では70トンのはしけ2艘を引きながら、6時間かけて31キロを航行してみせた。ただし商業的には失敗だった。外輪がたてる波で運河の堤が壊れるのではないかとおそれて、買い手がつかなかったからである。

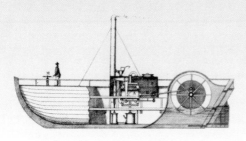

り、リヴィングストンの姪と式をあげた。
　フルトンはイギリスのボールトン・アンド・ワット製の蒸気機関を船便でアメリカにとりよせ、リヴィングストンはハドソン川で蒸気船による運輸業を行なう独占免許をとった。当時の最先端を行くイギリス製の蒸気機関を組みこんで、歴史を変える蒸気船が完成した。それは全長43メートル、全幅4.3メートルの木造船だった。蒸気機関は船体中央部に搭載されて、船の両舷に1個ずつついている外輪をまわした。外輪の直径は4.6メートル、外輪幅は1.2メートル。エンジンの燃料には大量のマツの薪を使用した。
　この船は今日クラーモント号として知られているが、フルトンの時代はそのような名称ではなく、たまたままちがってクラーモントとされたのである。クラーモントというのはじつは、ハドソン川に面していたリヴィングストンの屋敷の名前だった。1817年に出版されたフルトンについての本で誤りがあり、この名前が定着してしまったのだ。運賃をとって旅客輸送をはじめた頃は、ノース・リヴァー・スティームボート号として宣伝されていた。たまたまその建造のようすを見た者は失敗すると決めつけて、「フルトンの愚挙」とよんでいた。

クラーモント号（ノース・リヴァー・スティームボート号、蒸気船）

フルトンのノーティラス号

　ロバート・フルトンは1800年に、世界初となる実用的な潜水艦ノーティラス号を造りあげた。全長は6.5メートルで、鉄製のフレームに銅板をかぶせた構造になっていた。浮上時には帆走する。中空になっている竜骨に水を満たして潜水し、水中ではプロペラを乗組員が手でまわした。ノーティラスは、曳航した水雷を敵船に接触させる軍用船として設計された。1800年には、フランスのセーヌ川とルアーヴル港の海中で実験に成功した。それでもフランス海軍が、乗組員の危険が大きすぎて軍用船として採用できないと判断したので、解体処分になった。

左：フルトンのノーティラス号のレプリカ。フランスのシェルブールにあるシテ・ド・ラ・メール（海の博物館）で、帆をあげた状態で展示されている。

処女航海

　新しい蒸気船は1807年8月17日に進水し、初の試運転に挑んだ。フルトンの癇にさわったことに、リヴィングストンは実験段階のテストを、招待客の見守る公開実験に変更してしまった。観客の蒸気船への不信感は、始動したとたんにエンジンが止まって裏づけられたかのように思われた。フルトンが手早く調節してエンジンを再スタートすると、それ以降トラブルは起こらなかった。蒸気船はエンジン音をとどろかせながら、マンハッタンからオールバニーにいたるハドソン川を240キロさかのぼった。所要時間はひと晩の停泊をふくめて32時間だった。帆船が最長で6日かかる航路である。エンジンの騒音がひどいというのは、全員の一致した感想だった。「スカウ船（平底のはしけ）に山奥の製材用のこぎりをのせて、火をつけた」ようなものだという記述もある。リヴィングストンの屋敷前で停船したときは、エンジン音がうるさくて当主が何を言っているのか聞こえなかった。船がそのまま進みつづけると、通過する蒸気船を見物する人垣が岸辺にできた。だが、乗客の多くが炎と煙を吐くエンジンが爆発するのではないかとおそれたせいで、ニューヨークへの復路まで残ったのはたったのふたりだけだった。

　試運転が成功したあと、旅客輸送に向けて蒸気船の準備が整えられた。わずか2週間で客室

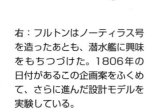

右：フルトンはノーティラス号を造ったあとも、潜水艦に興味をもちつづけた。1806年の日付があるこの企画案をふくめて、さらに進んだ設計モデルを実験している。

上：1909年のノース・リヴァー・スティームボート号のレプリカの甲板。船体の両側に外輪があり、それを動かす蒸気機関が船の中央部にすえられている。

が追加され、エンジンカバーが設置されて、外輪からはね上げる水しぶきを抑えるためのガードがかけられた。1807年9月4日、定期旅客輸送が開始された。オールバニーまでの往復運航を4日おきに行ない、最大100人の乗客を輸送したが、冬期は浮氷で川が危険になるために運休した。蒸気船の成功のうわさが広まると、フルトンのもとに、東海岸の沿岸部を航行させる同様の船の受注が舞いこむようになった。

ノース・リヴァー・スティームボート号は1814年に引退し、その後の運命は知られていない。フルトンはさらにアメリカ海軍のために、世界初の汽走軍艦デモロゴスを設計した。完成は1815年だったが、フルトンはその前に49歳で急逝した。氷のように冷たい水に浸かって肺炎を起こし、さらに肺結核を発症したのが原因だった。ハドソン川に張った氷を踏みやぶって川に転落した友人を、救助したのが災いしたのだ。軍艦の名は設計者に敬意を表して、フルトンに改名された。

> 蒸気船でのオールバニーへの往復の旅は、予想以上に順調だった。
> ロバート・フルトン（自分の開発した蒸気船の1807年の処女航海について）

クラーモント号（ノース・リヴァー・スティームボート号、蒸気船）

サヴァンナ号（汽帆船）
SS *SAVANNAH*

　1800年代の初めになると、河川や沿岸部で忙しく仕事に励む蒸気船がにわかに増えた。蒸気船は、都合のよい方角に風が十分な強さで吹くのを待たなくても、好きなときに好きな場所に移動できる点が帆船より優れており、スケジュールどおりの運航が可能だった。だが大西洋を横断した蒸気船はそれまでになく、アメリカのある船長が大胆な空想をするまでは、絶対に実現しないだろうと考える人々もいた。

種別　汽帆船（帆船と舷側外輪蒸気船のハイブリッド船）

進水　1818年、ニューヨーク

全長　33m

トン数　320t

船体構造　木造、外板平張り

推進　3本マストとバウスプリットの全帆装（横帆）、蒸気機関駆動の外輪2個

　サヴァンナ号は帆走式の小型通船、つまり郵便物を運ぶ船として設計されたが、すでに進水前から、歴史的航海に出るために蒸気船に改造されていた。コネティカットの出色の船長モーゼス・ロジャーズは、ジョージア州サヴァンナの金まわりのよい船会社を説得してこの船を購入させ、蒸気機関を搭載して蒸気動力による初の大西洋横断を試みようとしていた。サヴァンナは18世紀初期のアメリカでは有数な港だったので、ロジャーズはこの歴史的偉業を何としてもまっさきにここで達成したいと思っていた。この港なら、貨物や旅客の大西洋横断運送を開始して儲けられる見こみがあった。この船には母港にちなんだ名前がつけられることになった。

　ロジャーズは、1807年にフルトンのノース・リヴァー・スティームボート号の初の航行をまのあたりにしていた。その2年後にロジャーズは、純アメリカ産の蒸気船として初の実用化に成功した、フェニックス号の船長をつとめていた。ニューヨークからフィラデルフィアに向かって東海岸沿いを南下したとき、フェニックスははじめて外洋に出た蒸気船となった。ロジャーズは1817年には蒸気船チャールストン号の船長とな

上：19世紀のサヴァンナ川は往来の激しい輸送路で、海と内陸を結んでいた。蒸気船のサヴァンナ号は、貿易の可能性を大西洋にまで広げることを目的に造られた。

左：初期の蒸気船の多くがそうであるように、サヴァンナ号には帆と蒸気の両方の推進手段があった。帆がなくなるのは、船員と乗客が蒸気推進の安全性をもっと確信し、信頼できるようになってからである。

り、チャールストンとサヴァンナのあいだで乗客を輸送した。

船の改造

　サヴァンナの改造作業は徹底していた。蒸気機関は船体中央部に設置された。この蒸気機関で駆動される両舷の側外輪は直径4.9メートルの錬鉄製で、折りたたみができるので船が帆走しているときははずして甲板に引き上げられた。エンジンから出た煙は、ユニークな5.2メートルの曲がった排煙管から排出され、この煙突は風向に応じて向きを変えられた。船の乗客用の宿泊施設は豪華な装飾がほどこされ、マホガニーの羽目板と輸入物の絨毯があしらわれた。男女別の区画に分かれて、2段ベッドの個室が16あった。社交室は3ヵ所用意された。鏡がいたるところにかけられて、空間を広く見せていた。

　蒸気動力の海上での性能と安全性に不信感があったせいで、乗客係はなかなか集まらなかった。船が造られたニューヨークでの募集は失敗したが、その後ロジャーズの故郷コネティカット州ニューロンドンでは手応えがあった。建造と改造の作業が完了した船は、サヴァンナに移送された。

　1819年5月11日、ジェームズ・モンロー大統領がサヴァンナ港を訪れ、申し出を受けてサヴァンナ号での短い周遊を楽しんだ。大統領はいたく感銘を受けて、この船をワシントンにまわして議会に見せたらどうかと提案した。カリブ海の海賊対策に役立つとみて、政府が購入を検討するかもしれないと思ったのだ。ところが船会社にはすくなくとも当面のあいだは、別の計画があったのである。

大海原の横断

　大西洋横断の旅に、乗客を魅了する試みは実を結ばなかった。大洋のまっただなかで沈没する可能性が高いと思われていたので、「蒸気棺桶」なるニックネームまで頂戴した。そのため5月24日午前5時にサヴァンナ号が出港して外洋に向かったとき、乗っていたのは船員だけだった。船長はモーゼス・ロジャーズだった。燃料は石炭68トンと木材25コード。コードは体積を表す古い単位である。1コードの木材は、おおよそで長さ2.4×幅1.2×高さ1.2メートルの束になる。

　サヴァンナは、帆と蒸気機関の両方を推力とした状態で出発した。この航海のあいだに、すくなくとも2隻以上の船に排煙管からもくもくと上がる黒煙を目撃された。大西洋を蒸気船が航行したことはなか

サヴァンナ号（汽帆船）

右：縮尺1/48のサヴァンナ号のモデル。ユニークな排煙管と側外輪がついている。蒸気補助機関をもつ汽帆船として建造された。

下：このスケッチの舷側にある外輪は、サヴァンナ号にとって小さすぎるように見えるが、風がなくて帆走できないときだけしか使用されなかった。

ったので、帆船が火事になったとかんちがいされたが、救助しようにも追いつけなかった。アイルランドのコーク沿岸を通過したところで燃料はつき、6月20日午後6時にイギリスのリヴァプールに到着した。この横断中に蒸気機関を使用したのは、合計で80時間だった。

サヴァンナはリヴァプールではたいへんなよびものになり、何千人もの見物人が押しかけた。それから1カ月近くたって、この船はデンマークとスウェーデンを経由してロシアに向かう航海に出た。スウェーデンでは乗客第1号が乗り、スウェーデン政府から買いとりの申し出を受けたが、ロジャーズは断わった。ロシアのサンクトペテルブルクでドック入りしたときは、リヴァプールのときと同じくらい興味をそそられた見物人が集まった。皇帝はロジャーズに、ロシアの全水域で独占的に蒸気船を航行する権利をあたえよう、と提案した。気前のよい申し出だったが、ロジャーズはどうしても帰国したかったので辞退した。サヴァンナは9月29日にロシアを離れ、デンマークとノルウェーに寄港してから、帰りの大西洋横断をして11月30日にサヴァンナ港に到着した。

歴史的航海が成功したのにもかかわらず、サヴァンナは大西洋横断の定期便を実現するほど、十分な数の乗客と貨物を集められなかった。船会社はモンロー大統領の購入の申し出を受けようとした。ところがその頃には政府は興味を失っていた。1820年の1月には、サヴァンナのダウンタウンのほとんどが大火で焼け落ちてしまい、船会社の財政問題に追い打ちをかけた。サヴ

ァンナは帆だけの姿に逆戻りした。蒸気機関を下ろしたので、運搬できる貨物の量が増えた。その後はしばらく帆走式の小型通船としてニューヨークとサヴァンナを往復していたが、1821年11月5日にロングアイランドで座礁して大破した。

　サヴァンナのような小型船は、汽走だけで大西洋を横断できる量の燃料を積載できなかった。またエンジンも大きい割には燃費が悪かったので、大量の燃料を必要とした。だがこれより大型で燃費がアップした船がまもなく登場して、大西洋横断の海の旅の新時代が到来するのである。

だれが最初か

　歴史には、サヴァンナ号が1819年に蒸気船として初の大西洋横断をしたと記されているが、これに異議を唱える者がいる。サヴァンナが航海時に蒸気動力で走っていたのは、ほんのわずかな時間で、実体は補助の蒸気機関を搭載した帆船で、蒸気船ではなかった、というのがその論拠である。かわりにこの名誉にふさわしいとされているのは、イギリスで建造され、オランダ人に所有されていたキュラソー号である。この船は、1827年にオランダから大西洋をわたってカリブ海のキュラソー島に到達した。もう1隻はカナダの蒸気船ロイヤル・ウィリアム号である。1833年に船主がこの船を売ろうとしたとき、買い手を探すためにカナダのノヴァスコシアからイギリスまで移動した。

下：この外輪式蒸気船キュラソー号は、1820年代に大西洋横断の定期運航を開始したが、たった3回横断しただけで、定期便は廃止された。

サヴァンナ号（汽帆船）

ビーグル号（調査船）
HMS *BEAGLE*

　南米の測量調査と地図作成を行なうイギリス船に、無名の博物学者が同行を誘われたとき、そのことが世界をゆるがす結果になるとはだれも想像できなかった。その博物学者とはチャールズ・ダーウィン、彼を乗せた船はビーグル号。ダーウィンはこの旅行の先々での観察をもとに、革新的理論である進化論を導きだした。

船種　チェロキー級ブリッグ型スループから改造されたバーク船

進水　1820年、英ウーリッジ王立造船所

全長　27.5m

排水量　235t（２度目の航海時は242t）

船体構造　木造、外板平張り

推進　３本マストとバウスプリットの横帆

上：1834年、サルミエント山が見下ろすなか、チャールズ・ダーウィンを乗せて歴史に名をきざんだ測量船ビーグル号が、マゼラン海峡に入っていく。この絵は、ダーウィンの『ビーグル号航海記』（1839年）の口絵として描かれた。

　ビーグル号は、ブリッグ型スループという、２本マストの小型戦艦として建造された。ブリッグ型スループ艦にはふたつの級がある。18門の砲を擁するクルーザー級と10門艦のチェロキー級である。ビーグルは、10門艦のチェロキー級ブリッグ型スループだった。同型の戦艦はイギリス海軍で100隻以上造られた。が、あいにくその多くが遭難や沈没の憂き目にあったために、「棺桶ブリッグ」と称されるようになった。造船された107隻のうち、26隻が海の藻屑となった。

　ビーグルは1820年に進水したが、海軍で必要とされなかったためにその後５年間は「非役」（予備艦）にまわされ、マストも艤装も装備されなかった。1825年には水路局に移管され、測量艦に改装された。水路局は世界中に船を派遣して、海洋や島、沿岸部の調査とその正確な地図作りを行なっていた。ビーグルは改装の際に、船尾寄りにミズンマストをくわえてバーク船に改造された。バーク船は３本以上のマストがある帆船で、メインマストと最前列のフォアマストには横帆が、最後尾のミズンマストには縦帆が張られる［横帆は船の向きに直角に、縦帆は船の向きと同じ方向に張られる］。武装である砲も10門から６門に減らされた。また船室が増やされ、前部上甲板が設けられた。

ビーグル号の航海

　ビーグル号の調査船としての初の遠洋航海は悲劇に終わった。出帆は1826年、艦長はプリングル・ストークス（1793〜1828年）で、南米のパタゴニアとティエラデルフエゴ諸島の調査がこのときの任務だった。イギリスが南米との貿易関係を進展しつつあったので、この地域の沿岸部や水域を正確な地図にすることが必要になったのである。1828年になってケープホーンに達した頃に、ストークス艦長が職務の重圧に耐えきれず深いうつ状態になった。艦長は拳銃自殺をはかり、その後まもなく帰らぬ人となった。残された船員がビーグルをモンテヴィデオに着けると、ここでロバート・フィッツロイ大尉（1805〜65年）が指揮を引き継いだ。

　イギリスに戻ったビーグルは、お役御免になり予備艦になるはずだった。ところが南米への次の遠征のために確保されていたブリッグ型スループの戦艦シャンティクリアが、思いのほか悪い状態だったので、ビーグルがよびもどされた。とはいってもビーグルもかなり傷みがひどかったために、出航前に2度目の改装をしなければならなかった。このときは主甲板を20センチ上げて、船体をあらたに外板と銅板でおおい、避雷針をとりつけた。フィッツロイはふたたび船の指揮を任じられた。この遠征でビーグルは南米に引き返して、最初の遠征で中断された測量を完了し、その後地球を一周する。経度を確かめながら地球をまるまる一周することも目的にあったので、正確なナビゲーションがなによりも重要だった。フィッツロイは鉄製の砲を青銅砲に変えて、磁石への磁気の影響を防ぎたいと考えたが、海軍本部はそのための出費をこばんだ。そこでフィッツロイは、新しい砲のために思いきって自腹を切った。正確な経度を割りだすために、22個のクロノメーター［精密な時計で、経度の測定に使用される］も積みこんだ。

　フィッツロイは、この遠征にそれ以上の科学的可能性があるのを見抜いていた。とくに世界の知られざる最果ての地から、動植物の標本を採取することはできそうだった。となるとその作業をする博物学者が必要になる。適当な人物はいないかとあたったところ、チャールズ・ダーウィン（1809〜82年）という青年の名があがった。ところがダーウィンの父親の猛反対に遭った。この遠征で息子が脇道にそれれば、腰をおちつけて本来やるべきことに邁進するのが遅れてしまうというのだ。それでも最後に

下：ビーグル号の指揮をとったロバート・フィッツロイ艦長は先進的な気象学者で、天候を予測する「forecast」（予報）という用語を考案した。

> ビーグル号ほど、あたえられた任務や乗員の健康と快適さのために改装し、準備を整えてイギリスを後にした船はないだろう。
> 　ロバート・フィッツロイ艦長（チャールズ・ダーウィンが同行した2度目の航海直前の言葉）

上：ビーグル号に乗船していたダーウィンのメモには、パタゴニアの先住民など、出会った土着の人々についての記述がある。フィッツロイの航海記にも、このようなパタゴニア人の挿絵が用いられた。

右：40歳のダーウィン。ビーグル号への乗船を誘われたときは弱冠22歳の青年だった。

は父親も折れて、遠征への参加に同意した。

ビーグルは1831年の末にプリマスから2度出航したが、いずれの場合も嵐にみまわれて港に戻ってきた。ようやく順調に船出したのは12月27日だった。ダーウィンはそのとたんに船酔いに苦しめられた。西アフリカ海上のカボヴェルデ諸島に到着すると、ダーウィンは自由に体の色を変えられるイカに目を奪われた。海抜15メートルたらずの場所に、貝殻がふくまれている地層も見つけた。このあたりは昔海中にあったのではないかと思われたが、それがどのようにして出現したのかは謎だった。ビーグルは2月にはブラジルに到達した。ここでビーグルが海岸の測量調査をしているあいだに、ダーウィンは熱帯雨林のなかをあちこち歩きまわって、植物や昆虫、動物の標本を採取した。パタゴニアでは巨大な骨の化石を発見した。その大部分が当時まったく知られていなかった動物の骨だった。

ビーグルは12月にはケープホーンに達し、その後フォークランド諸島に立ちよった。ダーウィンは、この島々で発見した化石と大陸のものとの違いに気がついた。これをきっかけに、彼はさまざまな場所で発見したものをすべて比較研究することになる。この重大な判断がなければ、のちの進化にかんする研究は生まれなかっただろう。ビーグルは南米の沿岸部を北上しつづけ、ダーウィンはことあるたびに上陸して標本の採取にいそしんだ。たまった標本は可能なかぎり船便でイギリスに送りかえした。1832年10月に4度目に出した船荷の中身は、動物の皮、ネズミ、魚、無数の昆虫、岩、種子、大量の化石など、200点におよ

> ビーグル号での航海は、これまでのわたしの人生のなかでもっとも重要な出来事だった。
> チャールズ・ダーウィン

上：パタゴニアのサンタ・クルーズ川の河口では、干潮を利用してビーグル号を陸揚げし、船体の損傷具合を点検した。次の満潮でふたたび浮上させたあと、先の航海が続けられた。

下：ビーグル号の有名な2度目の遠洋航海では、ナビゲーションのために22個のクロノメーターが用意された。そのなかには、写真のようなヒュー・ペニントン作のモデルもあった。

ぶ標本だった。

　再度南米の沿岸部を南下し、フォークランド諸島をまわったあと、4月13日にはサンタ・クルーズ川の河口でビーグルを岸に引き上げて、船体の点検を行なった。船が陸にあるあいだ、フィッツロイとダーウィン、その他の乗員は、サンタ・クルーズ川流域の探検に出かけた。銃が凍てつくほど寒い気候だった。ダーウィンは崖肌にはっきりとした地層が形成されているのを見てとった。地球上の生物が、たとえどんなにゆっくりとした速度でも変化しつづけているという、ダーウィンの説を裏づける証拠である。だがそれは、地上は神の創造物であるがゆえに完璧であり、時間がたっても変化の入りこむ余地はない、とする一般的な見識とは矛盾していた。

　ビーグルの乗員は、5月にマゼラン海峡を測量調査すると、6月には太平洋に向けて舵を切った。6月から8月にかけては、沿岸部を徐々に北上したので、ダーウィンは何度か内陸部へと足をのばした。チリでは強い地震を経験し、地面がつきあげられて、波を受けない高所にちらばった貝とともに海岸が隆起した原因について洞察を得るにいたった。

　その後起こった出来事で、この遠征でダーウィンにとってもっとも重要な行程があやうくはばかれそうになった。海軍本部との意見のくい違いから、フィッツロイ艦長が辞任すると言いだしたのだ。海軍本部はそれに対し、新しい指揮官を任命して遠征を切り上げ、ビーグルをイギリスへ帰国させようとした。そのような事態になったら、ダーウィンはガラパゴス諸島を訪れていなかったろう。幸いフィッツロイは、艦長を辞めずに

ビーグル号（調査船）

遠征を続けることにしぶしぶ同意した。

　ビーグルはチリとペルーの海岸を行ったり来たりして測量調査を完了し、1835年9月にガラパゴス諸島に向けて針路をとった。ビーグルと小型ボートが島々の周囲をぬうように進んで海岸を測量しているあいだに、ダーウィンはいくつかの島を探検して、巨大なカメとイグアナに出会った。島ごとに変種・亜種のトカゲやカメ、鳥類、植物がいることにも気がついた。なかでも目を引いたのは、それぞれの島で小型のフィンチのくちばしの形状が異なって見えることだった。あたかも「同一種類から変形して、異なった結果になった」かのように［チャールズ・ダーウィン『ビーグル号航海記 下』（島地威雄訳、岩波書店、p.19）より訳文引用］。

　1836年1月12日、ビーグルはオーストラリアのポートジャクソン湾に到着した。ここでダーウィンはおかしな生物を見つけてぎょっとした。ビーグルはオーストラリアの南海岸をまわると、3月13日には祖国をめざして出発した。6月にケープタウンに到達、その後はアフリカの西海岸を北上した。フィッツロイは、サンサルバドルでの測量をまちがえたのではないかと思い、南アフリカの東海岸に迂回して結果を確かめるよう命じた。ビーグルは1836年10月2日、出航から5年近くをへてようやくイギリスのファルマス港に帰還した。

　ダーウィンは、本や論文で地質学にかんする観察記録や考察を発表したが、進化論についての出版はさしひかえた。友人とこの理論について議論したとき、納得させることはできなかった。その頃にはダーウィンも、敬虔なクリスチャンであるエマと結婚していた。妻の機嫌をそこねる気にもならず、世間の反応を心配したダーウィンは、自分の死後に出版してほしいというメモをそえて、進化について書いた5万字の原稿を私文書といっしょにしまいこんだ。

　ところが、アルフレッド・ラッセル・ウォレス（1823〜1913年）が、独自のアプローチから進化論にたどり着いて1855年に科学論文を発表すると、状況は一変した。ダーウィンに気にするようすはなかったが、友人のなかに、ウォレスがそれ以上に完成された理論を先に発表して、名誉を独り占めにするのではないかと気をもんだ者がいたのだ。1858年、ウォレスはまさにそのような小論文を書きあげるとダーウィンに送ってきた。

上：ガラパゴス諸島の異なる島で、フィンチのくちばしの形状に差異が認められたために、ダーウィンは、同じ種が異なる条件に適合して変化した可能性があると考えるようになった。

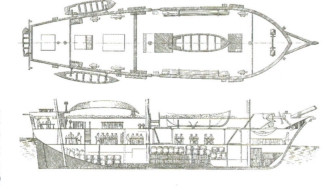

上：ビーグル号の測量のための遠洋航海は２年の予定だった。だが、イギリスに帰還した頃には、５年近い年月が経過していた。

A　プリマス
B　テネリフェ島
C　カーボヴェルデ
D　バイア
E　リオデジャネイロ
F　モンテヴィデオ
G　フォークランド諸島
H　ヴァルパライソ
I　カヤオ／リマ
J　ガラパゴス諸島
K　タヒチ
L　ニュージーランド
M　シドニー
N　ホバート
O　キング・ジョージ・サウンド
P　ココス（キーリング）諸島
Q　モーリシャス島
R　ケープタウン
S　バイア
T　アゾレス諸島

左：ウーリッジ造船所（ヘンリー８世によって1512年に創設）は、1869年に閉鎖されており、チェロキー級ブリッグ式スループのイギリス戦艦ビーグルは、その閉鎖が迫った頃に建造された。

ダーウィンはその内容に衝撃を受けた。ウォレスの理論があまりにも自分の理論と似ていたからである。ところがその直後にダーウィンは、息子を猩紅熱で亡くすという悲劇にみまわれた。このときは友人が仲介役を申し出て、ウォレスの小論文にダーウィン自身の進化論をくわえた共同論文として出版することを提案した。ダーウィンは気をとりなおして仕事に復帰すると、『種の起源』を執筆した。ウォレスがいなかったら、この本は絶対に書きあげられなかっただろう。

ビーグル号の最後の日

　ビーグル号は1837年から1845年にかけて、３度目となる科学調査の旅に出た。この時向かったオーストラリアでははじめて、海岸の測量調査を完了させた。イギリスに帰還すると、マストと艤装をはずされて、エセックス州の沼地を流れるヘーブンゴア川に係留された。そしてWV7（＝Watch Vessel、第７監視船）の名をあたえられ、密輸を取り締まる沿岸警備隊の固定監視所になった。その近くに警備隊を収容する家屋ができるとWV7はお払い箱になり、1870年にスクラップとして売却された。それ以降のこの船にかんする記録はないが、船体の一部が残っている可能性はある。エセックス州の沼地で地中レーダーの探査をした考古学者が、埋没したドックを発見したのである。レーダーの画像には、深さ3.6メートルの泥のなかに埋まっている船の形が映っていた。考古学者は、それがビーグルの残骸である可能性もあるとしている。

　ダーウィンは、1882年４月19日に死去した。葬儀はロンドンのウェストミンスター寺院でとり行なわれ、亡骸は寺院の地下に葬られた。隣には天文学者のジョン・ハーシャル（1792〜1871年）が、また近くにはアイザック・ニュートン（1642〜1727年）が眠っている。

アミスタッド号（奴隷船）
AMISTAD

　1830年代に、この船で運ばれていた奴隷の一団が反乱を起こして船をのっとった。この事件を受けて行なわれた裁判は国際的な関心を集めた。またその波紋でアメリカとスペインの関係は10年ほど険悪になり、奴隷廃止運動がおしすすめられる結果となった。

種別　2本マスト型スクーナー

進水　1836年頃、米メリーランド州ボルティモア

全長　37m

トン数　不明

船体構造　木造、外板平張り

推進　2本マストとバウスプリットのガフ艤装の帆［マストの上方で船尾方向につけた支柱をガフという。これで帆の上部を固定する］

　1839年8月26日、アメリカ税関監視船ワシントン号の船員が偶然怪しげなものを発見した。場所はニューヨーク州ロングアイランドの東端、発見したのは停泊中の黒いスクーナーだった。船の近くの海岸には人影も見えた。臨検のために、ワシントンから武装した職員の一団がボートで送られた。不審な船に乗っていた者の大半はアフリカ人だったが、船に入った職員はそこでふたりの白人、スペイン人のペドロ・モンテスとホセ・ルイスを発見した。彼らはワシントンの役人を見つけると即座に保護を求めた。アフリカ人のシンケという者が、逃走をはかったものの捕らえられた。

　不審船はアミスタッド号だった。これは1836年頃にフレンドシップの名で建造されたスクーナーで、スペイン人の船主が買ったときにスペイン語で「友情」を意味するアミスタッドに改名された。こうしたタイプのスクーナーはボルティモア・クリッパーとよばれていた。アメリカの沿岸部やカリブ海周辺で交易に使われた小型の高速帆船で、通常運んでいたのは高価で日持ちがせず、いそいで送りとどけなければならないものだった。アミスタッドはカリブ海のキューバなどの島々をまわり、おもに砂糖業界の積み荷を運んでいた。ときには奴隷を運ぶこともあった。

　アミスタッドはワシントンに曳航されて、コネティカット州ニューロンドンに到着した。船内の貨物はアメリカ政府に差し押さえられた。貨物には53人の奴隷もふくまれていた。奴隷は貨物の一部とみなされ、アメリカ政府の救出財産とされたのだ。それからまもなく奴隷が反乱を起こして船をのっとったことが判明し、奴隷は海賊行為と船長殺害の罪で投獄された。

左：アミスタッド号の反乱を率いた、「シンケ」ことジョーゼフ・シンクェス。奴隷が船をのっとったとき、彼はこう言ったと伝えられている。「白人の奴隷になるくらいなら、わたしは死を選ぶ」

反乱と投獄

この事件の審理はアンドルー・T・ジャドソン地方裁判官が担当し、モンテスとルイスが事件の経緯を説明した。それによると、キューバのハバナで奴隷53人を乗せたアミスタッド号は、同じキューバのプエルト・プリンシペ港に向けて出航した。航海4日目の夜に奴隷たちは鎖をはずすのに成功すると甲板に登り、船長のラモン・フェレールを殺害した。船員のうちふたりがボートで脱出し、別のふたりのモンテスとルイスは操船に必要だったために殺されずにすんだ。ふたりはアフリカへと向かうように指示された。そこで昼間は東に向けて航海したが、夜になると船の向きを変えて西へ航海した。こうして東海岸を6週間にわたってジグザグに進み、最終的にロングアイランドにたどり着いたのである。

判事は巡回裁判所で審理を行なうことにした。当時、連邦刑事事件はすべて巡回裁判所で公判が行なわれていたのである。「アミスタッズ」とよばれる奴隷がニューヘヴンの刑務所に収監されると、数千人もの人々が彼らをめあてに刑務所へおしよせた。看守は集まった一般人から見世物料を徴収した。

上：アミスタッド号のレプリカであるフリーダム・スクーナー・アミスタッド号。いわゆるボルティモア・クリッパーの2本マスト型高速スクーナーに分類される。こうした貨物船がアメリカ東海岸でよく使われた。

アミスタッズについて耳にした奴隷廃止運動家は、彼らを裁判で弁護するために協会を設立した。スペイン政府は裁判のことを知ると、アミスタッドはスペイン人の所有物であり、奴隷はキューバ（当時はスペイン領）を原産とすることから、アメリカに管轄権はないと主張し、船を所有者に返還するとともに奴隷をキューバに戻すように要求した。アメリカ大統領のマーティン・ヴァン・ビューレンはスペインに同情的だった。

審理は1839年9月14日にハートフォードではじまった。地方検事は担当裁判官のスミス・トンプソンに対し、本件は国際的な側面もあるので大統領に判断をゆだねるように求めた。弁護側のロジャー・ボールドウィンは、アメリカが他国政府の「奴隷捕獲人」になるべきではないと論じた。トンプソン裁判官は告訴された犯罪行為が公海で発生したことから、同法廷に管轄権はないとの判決をくだし、奴隷の所有権を決定するために審理を地方裁判所に差し戻した。このときに奴隷に質問するのに必要な通訳が見つかり、奴隷側の話が伝わると裁判の流れは一変することになった。

上：アミスタッド号の反乱とそれに続く裁判は、当時の新聞で大々的に報道され、ときには空想まじりのセンセーショナルなイラストが掲載されることもあった。

下：アメリカ大統領のマーティン・ヴァン・ビューレンは、アミスタッドとその積み荷の所有権を主張するスペインに同情的だったが、裁判所は大統領の意に反した判決をくだした。上訴するたびに同じ判決がくりかえされた。

奴隷か自由民か

　被告はつい最近アフリカで捕らえられ、そこからキューバまでつれてこられたと語った。1839年にはアメリカへの奴隷輸入は非合法となっていたが、国内の奴隷制度は維持されていた。スペイン領内への奴隷輸入も国際条約によって禁止されていた。ところが奴隷商人は偽造書類を使い、役人に賄賂を渡して見逃してもらうなどして、奴隷の密輸入を違法に続けていた。奴隷がひとたびアメリカやスペインの領内に入ったら、売るのも買うのも合法だった。

　アミスタッズはメンディランド（現在のシエラレオネ）でアフリカ人の奴隷売りに捕まり、ロンボコとよばれる奴隷の集積所につれていかれて、ポルトガル人奴隷商に売られたという。この奴隷商は奴隷をテコラ号という、奴隷を運ぶためだけに作られた悪名高き船に、ひどいときでも600人載せていた。奴隷は裸のまま手錠をかけられ、鎖でつながれてぎゅうづめにされた。船内の環境はおそろしく劣悪だったために、キューバへ向かう途中で3分の1近くが命を落とした。食事をこばんで死のうとした奴隷は、むちで打たれて服従を強いられた。航海を生きのびた者は奴隷市場でモンテスとルイスに買われ、その一部がアミスタッド号にのせられた。そして最初にみずからのくびきを解いて自由への戦いをはじめたのが、ロングアイランドで脱走をはかったシンケだったのである。

　奴隷の所有権を決める民事裁判が、1839年11月19日にハートフォードではじまった。自分に有利な評決が出ると信じて疑わないヴァン・ビューレン大統領は、控訴される前にアミスタッズをキューバへ追いはらえるように、ニューヘヴンにスクーナーのグランパス号を待機させておいた。しかしながら、アフリカから不法につれてこられたという被告の主張を裏づける証言を聴取したジャドソン裁判官は、この者たちが自由民として生まれ、国際法に反して誘拐されたとの判決をくだした。ヴァン・ビューレン大統領はこの評決を「はなはだ不服」とし、政府として巡回裁判所に控訴した。だがふたたび敗訴したため

世界史を変えた50の船

もう1度上告することになった。今度は最高裁判所で裁判が行なわれることから、政府は勝訴を確信した。というのも9人いる最高裁裁判官の過半数が、当時あるいはかつての奴隷所有者だったからである。

ジョン・クインジー・アダムズ元大統領が、アミスタッズの側に立って口頭弁論を引き受けた。1841年3月9日に最高裁判所はアミスタッズの主張を支持し、彼らが拉致されたアフリカ人であり、自由を認めるとの判決をくだした。スペイン政府は憤慨し、アミスタッドとその積み荷の損失補償を20年にわたって求めた（だが失敗に終わる）。ようやく請求をあきらめたのは、エイブラハム・リンカーンが大統領に選ばれたときだった。11月にはチャーターされたジェントルマン号という船で、生き残っていた35人のアミスタッズがアフリカへ里帰りした。

裁判後、18ヵ月間ニューロンドンに係留されていたアミスタッドは競売にかけられた。ジョージ・ハーフォード船長が落札し、アイオンと改名して果物、野菜、家畜を運搬するのに使った。1844年に売却されたが、その後のこの船とその運命にかんする記録はいっさい残っていない。

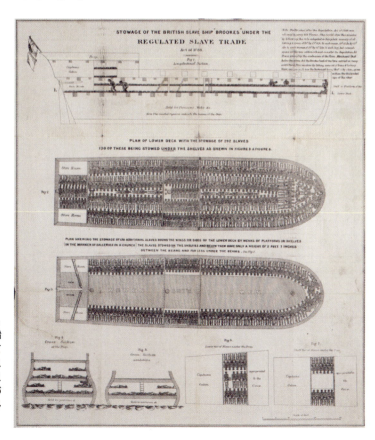

右：アミスタッド号の奴隷は、テコラ号という悪名高い奴隷船に乗せられてカリブ海につれてこられた。奴隷はこのイギリスの奴隷船ブルックス号のイラストが示すように、船内にすしづめにされたために、航海中に多くの者が命を落とした。

アミスタッド号（奴隷船）

グレート・ブリテン号（定期船）
SS *GREAT BRITAIN*

　造船技術の大きな飛躍を象徴する1隻にグレート・ブリテン号がある。1843年に進水した当時は、史上最大の鉄船にして世界初の大型スクリュー推進船であり、はじめて定期運行を前提として設計された渡洋船、つまり世界初の遠洋定期船だった。この船は大型木造船が終焉へと向かう転換点となった。

種別　旅客蒸気船

進水　1843年、イギリスのブリストル

全長　98m

排水トン数　3066t

船体構造　錬鉄フレームに錬鉄板をリベット接合

推進　蒸気機関1基（750kW＝1000馬力）でプロペラ1軸を駆動、最大6本のマストに張られた帆

　1843年7月19日、ヴィクトリア女王の夫であるアルバート王配殿下によってグレート・ブリテン号の進水が行なわれた。だがこれは船主がもともと建造しようとしていた船とは違っていた。グレート・ウェスタン汽船会社（Great Western Steamship Company）の幹部が考えていたのは、左右両舷にとりつけた外輪で進む大型木造船、グレート・ウェスタン号の姉妹船だった。ところが建造計画の責任者にして19世紀におけるもっとも革新的な技術者のひとり、イザンバード・キングダム・ブルーネルが最新の造船技術を盛りこんだ結果、設計は当初のものとがらりと変わってしまったのである。

　この船の建造は、イギリスのエイヴォン川のほとりにある都市ブリストルで行なわれることになった。ブルーネルはある鉄製船体でできた船がブリストルに寄港したとき、ふたりの同僚を調査に向かわせた。そして彼らの報告からグレート・ブリテンの船体を鉄製にすると決めた。さらにプロペラ船のアーキミーディズ（アルキメデス）号がブリストルにやって来て、その性能を確かめるチャンスを得ると、グレート・ブリテンに外輪ではなくプロペラを装備することを決定し

グレート・ウェスタン号

　グレート・ブリテン号に先駆けて建造されたグレート・ウェスタン号は、1838年の進水当時は世界最大の客船だった。設計者のイザンバード・キングダム・ブルーネルはグレート・ウェスタン鉄道を築いた人物で、大西洋を超えてニューヨークまで航路をのばすべきだと同社に提案し、そのための大型客船を設計した。グレート・ウェスタン号はその第1号だった。この船の構造は、オーク材の船体に4本のマストがそびえる外輪汽船という、当時としてはごくありふれたものだった。客船として成功をおさめ、1856年に引退して解体された。

上：ブルーネルのグレート・ブリテン号は、鉄製船体とスクリュープロペラの両方を有する最初の大型航洋船だった。

た。

　両方の変更には技術的にもっともな理由があった。鉄製船体は木造船体にくらべて安上がりで軽く、頑丈で、腐食やフナクイムシにも強い。そして木造船体より強度があるので、建造する船体のいっそうの大型化も可能だった。スクリュープロペラは外輪にくらべて小型かつ軽量なので、燃費がよくなり、乗客と貨物を積載するスペースを増やせる。さらに荒れた海での走航性が外輪よりすぐれ、機関を船体下部に設置するので、傾きからの復原性もよくなる。ブルーネルは1840年末には、グレート・ウェスタン汽船会社の幹部を説き伏せて設計変更を認めさせた。それには船体の大々的な大型化もふくまれていた。

　こうしてグレート・ブリテンは、鉄製船体とスクリュー推進を組みあわせた最初の大型船となった。6本の鉄製マストには帆も装備された。マストにはちょうつがいがつけられ、汽走するときは空気抵抗を減らすために倒せるようになっていた。船内には2層の乗客甲板とその下に2層の貨物積載甲板が設けられたが、船体中央部に鎮座する大きな機関とボイラーによって前部と後部にへだてられていた。

立ち往生

　進水したグレート・ブリテン号は、艤装工事のためにテムズ川へ曳航されることになっていた。だが船体があまりにも大きすぎてドックとブリストル運河のあいだにある水門を通れず、立ち往生してしまった。水門から出るためには港湾当局を説得して高額な改修を行なってもらう必要があった。だが改修後もなお、水門のひとつでつかえてしまった。最後は石造りの水門の一部を撤去して、ようやくエイヴォン

グレート・ブリテン号（定期船）

上：19世紀を代表する多才かつ大胆にして腕の立つ技術者、イザムバード・キングダム・ブルーネル。みずからが設計した別の巨大船、グレート・イースタン号の進水用の鎖の前で撮影された。

川とその先の海へ出られるようになった。

進水から2年後の1845年7月26日、この巨船はリヴァプールからニューヨークへの処女航海に旅立った。旅客定員は360人だったが、このときは数十人しか乗船していなかった。航海中には次々と技術面および性能面の問題がもちあがった。期待はずれの速力しか出せず、大西洋を横断するのに14日ほどを要した。ブルーネルは速力を引き上げるべくプロペラに手をくわえたが、次の渡洋航海で6枚あったプロペラの羽根のうち3枚が失われた。修理が行なわれたが、帰りの航海では4枚の羽根がなくなった。穏やかな天気のときでさえ船の横ゆれはひどく、乗客と乗員もこれには閉口した。プロペラと艤装があらためられ、安定性の問題を解決するためにビルジキール［船首から船尾まで船底の湾曲部に沿って設置する竜骨］が追加された。さらに6本あったマストのうち1本がとりはらわれた。船会社は改装工事の負担を強いられただけにとどまらず、就航できないせいで収益も得られなかった。改装後、今度こそは順調に行くかと思われたが、アイルランド北東岸のダンドラム湾で座礁してしまい、離礁させるのに1年近くを要した。そのあいだに船会社はこれ以上資金を投入できないと判断し、安値でたたき売ってしまった。

新しい船主は改装を行ない、船体の強度を高めた。機関は前より小さくて近代的なものに換装され、ボイラーも小型化した高圧タイプになった。5本あったマストはさらに減らされて4本になった。だが1度大西洋を横断しただけでふたたび売却された。次の船主はイギリスからオーストラリアへの航路に使うことを考えていた。そこで乗客の

右：グレート・ブリテン号の船首はイギリス王家の紋章で飾られ、その一方の側面にはライオン、もう一方の側面にはユニコーンがあしらわれている。

グレート・イースタン号

　グレート・ウェスタン号とグレート・ブリテン号に続いて、ブルーネルはグレート・イースタン号を設計した。この船は当時最大級とされたどの船より6倍も大きい、まさに怪物だった。推進機構としては帆、外輪、スクリュープロペラをそなえていた。1857年11月4日の進水式は大失敗に終わった。船体があまりにも長くて横向きに進水するしかなかったが、それでも船台の上で止まってしまい、どうしても水に滑りこまなかったのだ。蒸気ウィンチと水撃ポンプを使っても動かすことができず、進水させるのに3カ月を要した。4000人の乗客を乗せられるように設計されたものの、実際に乗った客数はそれに遠くおよばなかった。売却後に改造され、当時成長を続けていた国際電信用のケーブルを敷設する船になった。定期客船に戻す再改造が試みられたがうまく行かず、最後は1889年から翌年にかけて解体された。

上：ブルーネルのグレート・イースタン号は規模も重量も圧倒的で、これに匹敵する船は数十年間現れなかった。ブルーネルはこの船を「グレート・ベイブ」（大きな坊や）とよんだといわれている。

定員数を360人から730人に増やし、4本あったマストを3本に減らした。オーストラリアに到着したグレート・ブリテンは一大旋風をまきおこし、何千人という人々が見物料を支払って見学した。それから30年にわたってこの船はオーストラリア航路で使われつづけた。例外はクリミア戦争と1857年のインド大反乱のときに、兵員輸送船として徴用された2度だけである。オーストラリア航路時代にもっとも長く船長をつとめたのはジョン・グレーだが、最後には不可解な状況で消息不明となった。1872年にオーストラリアからの復路を航行中に、船から姿を消したのだ。グレーは、乗員と乗客にたいそう人気がある船長だった。

里帰り

　1882年にグレート・ブリテン号は石炭運搬船に改造された。4年後に嵐による損傷を受けてフォークランド諸島のポートスタンリーに入港したが、修理は費用がかかりすぎてむりなことがわかり、そこにとどまって石炭庫として使われた。だが1930年代になると、浅瀬に沈められ放置された。最終的には1970年に、この偉大な船はポンツーン［浮揚函］にのせられて故郷のブリストルにあるグレート・ウェスタン造船所まで曳航されて戻り、そこで修復が行なわれて一般公開された。

ラトラー号（スクリュー蒸気船）
HMS *RATTLER*

　海軍で蒸気動力の採用が遅れたのは、初期の蒸気船の推進装置であった外輪が戦闘でいとも簡単に損傷をこうむり、とりつければ艦砲を搭載するスペースを狭めてしまうからだった。そこで発明家や技術者によって船舶の新たな推進方式が考案された。それがスクリュープロペラである。

種別　スクリュー・スループ
［スループは、1本マストに縦帆1枚をつけた小型帆船］

進水　1843年、イギリスのシェアーネス海軍工廠

全長　56.4m

排水量　894t

船体構造　木造、外板平張り

推進　バーケンティン帆装、蒸気機関1基（150kW＝200馬力）で、スクリュープロペラ1軸を駆動

下：ラトラー号がスクリュープロペラによる航行を試すはるか前に、デヴィッド・ブシュネルは自作の潜水艇タートル号にプロペラをとりつけていた。

　イギリス海軍は蒸気動力の性能面における利点を認識していた。だが大型艦には不向きだったことから、蒸気機関はほかの艦船と交戦しない補助艦や小型砲艦だけにしか搭載しなかった。そんな海軍も、フランシス・ペティット・スミスの設計したフランシス・スミス号という実験用小型蒸気船が、蒸気機関で外輪でなくスクリュープロペラをまわすのだと知ると、ついに軍艦への蒸気動力の採用を考えはじめた。
　スクリューの形をした装置を推進に使うというのは、19世紀にはじめて登場したアイディアではない。その源流は、500年以上前にレオナルド・ダ・ヴィンチが設計したヘリコプターのような装置、エアスクリュー（空気ねじ）までさかのぼる。19世紀以前からさまざまな発明家、科学者、技術者が、スクリュー型プロペラを水中で使うアイディアを提案していた。1776年にブシュネルが製作した初期の潜水艇であるタートル号は、クランクを手でまわすスクリュープロペラで推進や潜水深度の調整を行なっていた。1790年代にはロバート・フルトンがプロペラの実験をしている。1800年代前半に入ると、プロペラ設計関連の特許出願書が山のように提出されるようになった。そのひとつがフランシス・ペティット・スミスの出願したものだった。外輪汽船にとってはむずかしい嵐のなかでの航行もスミスの船なら可能なことから、海軍の蒸気動力への関心はふたたび高まった。

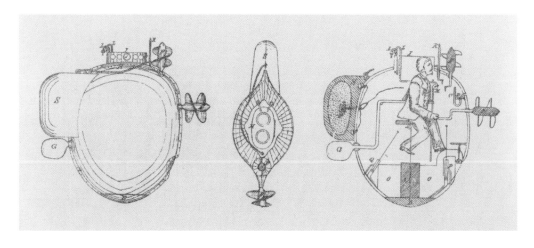

上：ラトラー号とアレクト号は、1845年に世界でもっとも有名な綱引きを行なって、スクリュープロペラと外輪の性能を競った。

イギリス海軍本部は、スミスに技術試験用として大型船の建造を求めた。そうして完成したのがアーキミーディズ（アルキメデス）号である。初めこそボイラーの爆発やクランク軸の破損といった技術的問題が多少あったが、その後海軍本部がアーキミーディズを最速の外輪艦と競わせてみたところ、すくなくとも性能は互角だとわかった。続いてはイギリス周辺をめぐる航海に出して、海軍将校がさまざまな気象条件でテストを行なった。こうした試験のあと、グレート・ウェスタン汽船会社がアーキミーディズを借りて試験を行なった。イザムバード・キングダム・ブルーネルはアーキミーディズに触発されて、自分の開発するグレート・ブリテン号にスクリュープロペラを採用した。一方、海軍も最初のスクリュー推進艦を建造した。もともとはアーデントという名の通常の帆走軍艦にする計画だったが、建造の途中で海軍本部がスクリュープロペラへの変更を命じ、艦名もラトラーにあらためた。

プロペラVS外輪

ラトラー号は、150キロワット（200馬力）の蒸気機関がプロペラ1軸を駆動する9門スループで、180人の士官と水兵が乗りこんだ。1843年4月13日にシェアーネス海軍工廠で進水すると、それに続く2年間が試験についやされた。海軍は形状や大きさの異なるプロペラをいろいろと試して、もっとも効率的なプロペラ設計を探った。ラトラーの海上試験でもっとも有名なのは1845年3月から4月にかけて行なわれた、外輪汽船の軍艦アレクト号との競争である。

この2隻は大きさ、重量、機関出力において同等だった。最初にラトラーはアレクトと速さを競った。その結果、イギリス東岸沖の130キロのコースをアレクトより23分早い8時間34分で完走した。

上：アーキミーディズ号にとりつけられた最初のプロペラは、近代的な多翼プロペラというより、短いスクリューポンプ（アルキメデスの螺旋）のような見た目をしている。

ラトラー号（スクリュー蒸気船）

続いて強風と荒海に立ち向かう100キロのコースを40分リードして走り終えた。試験は12回実施され、最後の試験では2隻が互いに背を向ける形で艦尾と艦尾をつないで、綱引きが行なわれた。このとき、先に最大出力に達したアレクトが数分間にわたってラトラーをひっぱった。しかしその後、ラトラーの蒸気動力が最大出力に到達するとアレクトの進みが鈍くなって止まり、やがて最大時速4.6キロで後ろへひきずられた。試験の勝者はまぎれもなくラトラーであり、以後イギリス海軍艦のすべてにプロペラが装備されることになった。さらに1846年に外輪汽船バシリスク号とスクリュー推進船のニジェール号で行なわれた試験も、同じような結果に終わった。

試験を終えたラトラーは海軍の実験戦隊に配属された。この部隊は、海軍で使われる新型の船体形状、推進機関、兵装などを試験することを任務としていた。ラトラーは配属されてまもなく、北極海の航路開拓を目的とするフランクリン遠征隊の最初の行程で、調査船のエレバス号とテラー号の2隻をオークニー諸島まで曳航している。その後、遠征隊はカナダの北極圏で消息を絶った。1849年10月3日には西アフリカ沖で、奴隷船を取り締まる哨戒中にブラジルの奴隷を運ぶブリガンティン型[2本マストの帆船。前のマストに横帆、後ろに縦帆をつけている]のアレピジ号を拿捕した。また1852年から翌年にかけて第2次英緬戦争[イギリスが下ビルマを併合した戦い]に従事し、1855年には国際貿易を行なう商船を狙った、中国人の海賊を鎮圧した。そしてついに1856年11月26日に解体処分された。

一方、アメリカでは…

スクリュー推進の開発に励んでいたのはフランシス・ペティット・スミスだけではなく、この点で重要な意味をもつ船はラトラー号だけではなかった。スミスが1836年にプロペラの特許を取得した6週間後には、もうひとりの発明家のジョン・エリクソンが、プロペラの特許を出願した。エリクソンは小型模型を使ったいくつかの実験をへて、スクリュープロペラ2軸で駆動する12メートルのボートを建造し、テムズ川での航行試験を成功させた。しかしながらこの段階で海軍本部はまだ、軍艦にプロペラを用いることに懐疑的だった。そこでエリクソンは

ジョン・エリクソン

スクリュープロペラの発明者のひとり、ジョン・エリクソンの人生は波瀾万丈だった。1803年にスウェーデンで生まれ、スウェーデン軍に入隊してしばらく軍務に服したあとは、自分で設計した熱機関を売りこみたいという大きな夢に胸に、1826年にイギリスにわたった。けれども彼の熱機関は木材を燃料としていたために、当時のイギリスの主力燃料だった石炭を使用すると実力を発揮できなかった。それにもめげずにエリクソンは蒸気機関の改良をなしとげて、いくつかの機関車を製作した。ただし商業的には成功せず、またこうした開発で大金をすったために、債務者刑務所に一時入れられていた。その後はプロペラの開発にのりだし、その縁でアメリカへ移住して軍艦プリンストンを建造した。以来最初の鉄製汽船（アイアン・ウィッチ号）を建造、続いて熱気機関を発明し、さらに鉄製装甲艦モニター（102～105ページを参照）を設計した。エリクソンは1889年3月8日にニューヨークで死去し、85年の波瀾万丈な人生を終えた。

右：軍艦プリンストンには、エリクソンが設計したプロペラが搭載されていたが、艦砲が爆発して数人の来賓が死亡したため、プリンストンの成功はだいなしになった。

1839年にアメリカへ渡り、アメリカ海軍初のプロペラ駆動の軍艦を建造した。この軍艦はプリンストンの名で1843年9月に進水した。ラトラーより進水が数カ月後になったものの、就役では先を越したので、最初のスクリュープロペラを装備した軍艦と名のる権利はある。

だがあいにくプリンストンのほうが、大事故を起こしたために強い印象を残す結果になった。それは、大統領をはじめとする閣僚数名が乗艦して、兵装の実演を行なうべく艦砲を発射したときのことだった。艦砲のひとつが爆発し、海軍長官と大統領の従者をふくむ6人が死亡し、20人が負傷した。この事故を受けて、艦砲の製造方法が見なおされることになった。

プリンストンはアメリカ海軍で運用されつづけたが、1849年になって船のフレーム材の状態が劣悪であることが判明し、退役して解体された。スミスとエリクソンの先駆的な研究が功を奏して、スクリュープロペラはまたたくまに海軍艦船の標準的な推進方式になった。1850年にはフランス初の蒸気駆動によるスクリュー推進艦ナポレオンが進水し、ほかの海軍もいそいでこれにならった。

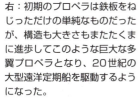

右：初期のプロペラは鉄板をねじっただけの単純なものだったが、構造も大きさもまたたくまに進歩してこのような巨大な多翼プロペラとなり、20世紀の大型遠洋定期船を駆動するようになった。

ラトラー号（スクリュー蒸気船）

アメリカ号（ヨット）
AMERICA

　19世紀、貿易船や軍艦としての帆船がすたれていくなか、帆船での航海を娯楽としてとらえる考え方が広がっていった。1851年にはじめて、本格的な国際ヨットレースがイギリスの南岸沖で開催された。この時優勝したアメリカ号の名は、レースとトロフィーの名に冠された。それが現代まで受け継がれているアメリカズカップである。1851年の第1回に優勝したヨットが、以後何年にもわたってヨットの設計に影響をあたえたように、現在もアメリカズカップのヨットは、設計者をヨット技術の限界へと挑ませつづけている。

種別　ガフスクーナー

進水　1851年、ニューヨーク

全長　31m

トン数　100t

船体構造　木造（ホワイトオーク、ニセアカシア、スギ、クリ）

推進　帆

　1851年、イギリスのヨットクラブであるロイヤルヨット隊が、ワイト島をまわるレースの優勝者に「ワンハンドレッド・ソヴリン・カップ」（100ソヴリン金貨杯）を授与することにした。ワイト島は、イングランド南岸沖の大きな島である。同じ頃、アメリカではジョン・コックス・スティーヴンス准将とニューヨーク・ヨットクラブの友人グループが、イギリスに遠征してレースの賞金を勝ちとるためのヨットを建造していた。

　ヨット建造のために彼らが選んだ設計者は、ジェームズ・リッチ・スティアーズとジョージの兄弟だった。兄弟が設計した船体はクリッパーに似た形状で、船首は従来のレースヨットよりとがっていて、船首下の凹み（コンケーヴ）がきつくなっており、船体のもっとも幅の広い部分がかなり後ろに下がっていた。帆装はスクーナー型で、傾斜の大きなマストを装備していた。港ではこのようなパイロットボート（水先艇）がわれ先にと渡洋船を出迎えては、水先人を乗りこませて大型船の出入りを誘導していた。いちばん足の速いボートがいちばん多く仕事をとれる。船長や乗員は、浅瀬や海岸近くの運河でスピードを出しながら縦横に動く技術に長けていた。そうした者のひとり、リチャード・ブラウン船長がアメリカ号を率いる者として選ばれた。

右：1851年の「国際レース」で優勝した競技用ヨット、アメリカ号を描いたフィッツ・ヒュー・レーンの油彩画。このときに獲得されたトロフィーは、このヨットにちなんでアメリカズカップとよばれた。

世界史を変えた50の船

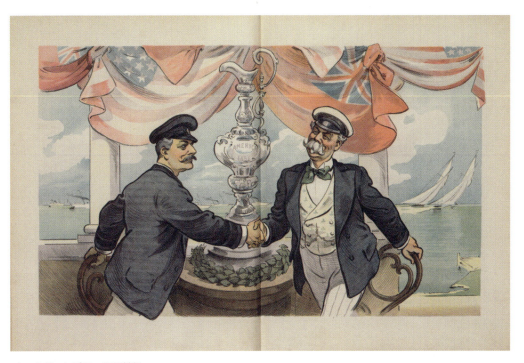

上：ウド・ケプラーの風刺画。アメリカズカップに挑戦するトマス・リプトン卿とアメリカ人ヨットマンが挨拶している。リプトンは紅茶ブランドの創始者で、風刺画にはもともとアメリカ人の台詞がついていた。「トマス卿とカップがてんびんにかかっているなら、カップを奪われるほうがましです」現実は完全に逆になった。

出走準備

　1851年7月、アメリカ号はフランスのノルマンディ地方のルアーヴルに到着すると、ワイト島へ向かう前の化粧直しをした。アメリカの著名な新聞編集者であり下院議員のホラス・グリーリーは、ヨットの船主らに、イギリスのレースに出場しても負けるのに決まっておりアメリカの恥になるのだから、出場をやめるようにと強く勧めた。だが船主らのレースに挑戦する意志は固かった。イギリス人はアメリカの新しいヨットをキワモノのように扱い、イギリスのヨットとずいぶん違うのでまともな競争相手になるはずはないと考えていた。イラストレイテッド・ロンドン・ニューズ誌は「芸術的である。だがもっといえば造船工学の古くからある鉄則に反している」と形容した。ヨットの船主らはレースの相手を見つけられずに四苦八苦した。対戦を求めても相手にされなかった。ようやくヨットレースに招かれたのは、その最終日だった。その日に催されたレースは従来会員のみが対象だったが、アメリカの出場を受け入れるためにすべての国のヨットクラブが参加を認められた。ヨットの船主をひとりとする規則もアメリカのために一時停止され、帆の「ブームアウト」が認められた。これは追い風を受けて航行しているときに、ポールを使って帆をのばして風を目一杯はらませるテクニックである。

　1851年8月22日、ヴィクトリア女王が王室ヨットから見守るなか、15隻のスクーナー［2本以上のマストの下部にすべて縦帆を張った帆船］とカッター［1本マストの前後に縦帆を張った帆船］が、98キロのレースに向けてスタートラインにならんだ。アメリカ号はアンカーが故障してスタートでもたついた。ようやく出走できたときにはほかのボートにかなり後れをとっ

> 芸術的である。だがもっといえば造船工学の古くからある鉄則に反している。
> 　　イラストレイテッド・ロンドン・ニューズ誌

上：1891年に撮影されたアメリカ号の写真。もともとの1851年当時の競技用艤装は変更されているものの、この上品で優雅な船形はまちがえようがない。

ていたが、すぐに追いついた。ワイト島の東端に到達したヨットはみな、ナブ・ロックス岩礁の位置を知らせる灯台船の海側を通って島をまわるのが慣例だった。しかし島と岩礁のあいだには近道ながら危険な航路があり、そこを通ってはならないという規則はどこにも書かれていなかった。これこそまさにアメリカがとったコースで、おかげでほかのヨットを追い越して首位に立つことができた。ジブブーム［バウスプリットの先の棒材］が壊れてとり換えることになっても、首位をゆずることはなかった。

　スタートから8時間半後、アメリカはもっとも接近していたオーロラ号よりも8分早くレースを終えた。アメリカがナブ・ロックスでとった航路に抗議が申し立てられたが、抗議は認められなかった。「キワモノ」といわれたアメリカが、レース初挑戦でイギリス最高峰のヨットを地元の海でうち負かした。翌日にこのヨットは、女王とアルバート殿下の訪問を受けた。当時の解説者はアメリカの活躍に、ヨットレースでの勝利以上のものを見た。ロンドンのマーチャント紙は「海洋帝国の座を、まもなくアメリカに明け渡さねばならない」と書いた。

　アメリカの建造者はトロフィーを国にもち帰ると、ニューヨーク・ヨットクラブに寄贈した。その際寄贈の条件としたのは、国同士の友好的なレースを促進するためにチャレンジ・トロフィーにすることだった。このトロフィーはそれを勝ちとったヨットに敬意を表して、アメリカズカップとよばれた。以後132年間にわたってアメリカのチームがこのカップを守ってきたが、1983年にはじめてアメリカ以外のチームが優勝した。優勝したヨットは、オーストラリア・チームのオーストラリアⅡ号だった。

凋落

　1851年のレースから10日後、アメリカ号は船主らの手によって売却され、その後数年にわたってイギリス人のあいだで何度か売買された。アメリカの優勝はイギリスのヨットとヨット設計者に影響をあたえた。それは以後のアメリカズカップのヨットに見ることができる。アメリカは改装されてカミラと名をあらため、その後アメリカ南部連邦に売却されて、南北戦争で封鎖突破船として使われた。ジャクソンヴィルが北軍に攻めおとされると、ニューオーリンズの北に位置するダンズ・クリークで自沈処分となった。がその後、北軍に引き上げられてアメリカの名をとりもどし、南北戦

宇宙時代のヨット

アメリカズカップの最新鋭のヨットは、1851年のレースに参加したアメリカ号やそのライバルからすれば別世界の代物である。ヨットの設計を規定する規則は素材や技術の進歩を反映すべく、数年に1度の間隔でくりかえし変更され、ヨットを白熱するレースにふさわしい仕様にしている。時代の最先端を行く最新のヨットは、ハイドロフォイルとよばれる水中翼に乗って、水の上を文字どおり「飛ぶ」。ヨットに使われている宇宙時代の素材と、船体や帆、フォイルの流線形状がきわめて重要なことから、ヨットの開発チームは航空機やF1レーシングカーの設計者と協力して仕事を進めることが少なくない。

争に投入された。この競技専用にしか作られていなかったヨットにも、12ポンド砲1門と24ポンド砲2門、合計3門の艦砲が搭載された。南北戦争後は、アメリカ海軍士官学校の練習艦として使われた。1870年、ふたたびアメリカズカップに参加して4位になった。1873年、海軍から払い下げられて2年後に改装がすむと、レースやレクリエーションに使われていたが、1901年にはあまりかえりみられなくなって荒れ放題になった。1921年、アメリカ海軍士官学校に寄付されたが、必要とされる大規模な修復は行なわれなかった。1940年代には早急に修復しないととり返しのつかない危機的な状態におちいった。1942年、アメリカを保管していた小屋が倒壊し、それから3年後にはついに解体されて焼却処分になった。

下:2013年のアメリカズカップで、波の上を飛ぶように進む2隻のヨット。こうした一流の競技用マシンのスピードは時速80キロを超える。

アメリカ号（ヨット）

チャレンジャー号（調査船）
HMS *CHALLENGER*

　チャールズ・ダーウィンのビーグル号での航海から40年後に、改造されたイギリス軍艦チャレンジャー号が、世界規模の科学的な海洋研究をはじめて行なった。これにより、海洋学という新たな科学分野の礎が築かれた。

種別　　パール級コルヴェット艦
進水　　1858年、英ウーリッジ王立造船所
全長　　68.7m
排水量　2171t
船体構造　木造、外板平張り
推進　　横帆の全帆装、蒸気機関1基（895kW＝1200馬力）でスクリュープロペラ1軸を駆動

　1860年代まで科学者は、深い海の底には光はまったくとどかないので生物はいないと考えていた。ところが米英の海岸地帯で海底をさらうと、かなりの深さでも豊富な海洋生物が見つかってこの説はくつがえされた。科学者は、海底に生物の新たな世界があり、発見を待ち受けていることを知った。チャレンジャー号による海洋探検も、そうした認識を反映したものだった。この航海を発案したのは、エディンバラ大学の自然史教授、チャールズ・ワイヴィル・トムソンだった。教授の提案でイギリス学士院が、イギリス政府に海洋調査船の調達を要望した。政府は海洋探検を承認して、そのためにチャレンジャーを用意した。

　チャレンジャーは蒸気補助機関をもつ帆船で、パール級コルヴェット艦だった。コルヴェット艦は当時もいまも小型の戦艦である。フリゲートよりは小型で、一般的に沿岸パトロール、艦隊支援および高速攻撃作戦に従事する。1670年代に小型軍艦をコルヴェット艦と最初

右：チャレンジャー号は、1874年の2月いっぱいをかけて南下し南極圏に達した。乗員は山のような高波と氷山、流氷の塊と戦わなくてはならなかった。

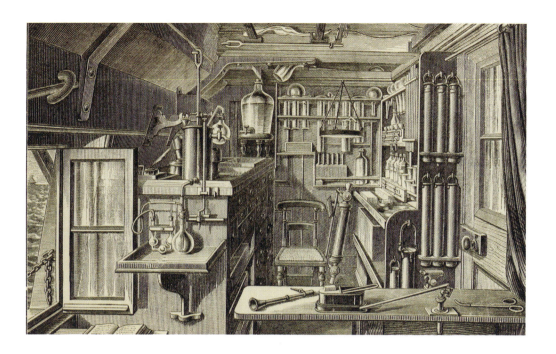

上：チャレンジャーの化学実験室は、3×1.5メートルしかない小部屋だった。装備品はすべて動かないように固定する必要があった。

下：海洋探検の発案者であるイギリスの博物学者、チャールズ・ワイヴィル・トムソン。科学者のリーダーをつとめた。

によんだのはフランス海軍だった。この言葉は古いオランダ語で小船を表す「corf」が変化したものと考えられている。1850年代に造られたパール級コルヴェット艦は、チャレンジャー以外にも9隻あった。チャレンジャーは1860年代初めに南北アメリカで作戦行動にくわわり、その後オーストラリアにおもむいた。1870年には、のちにチャレンジャー海洋探検として知られることになる、科学調査のための船に選ばれた。この任務の準備では、装備品を置くスペースを作るために艦砲の一部が下ろされた。船室も増設され、同時に浚渫(しゅんせつ)台も設けられた。深海から採取した海底の泥と生物はこの台に上げられる。2カ所の実験室には、科学者が必要とするあらゆる道具がそろえられた。

1872年12月にチャレンジャーがイギリスを発ったときは、将校、乗員、科学者を合わせて243人が乗りこんでいた。艦長はジョージ・ネアズ大佐だった。チャールズ・ワイヴィル・トムソンは科学者の責任者となった。チャレンジャーは南下して赤道を越え、南大西洋に入ると喜望峰をまわって、インド洋南部に達した。1874年2月16日には、蒸気船としてはじめて南極圏を通過した。とはいっても、実質的にはほとんど帆走していたのだが。蒸気機関が使われたのは、たいてい天気が穏やかすぎて帆走できないときだった。南極海の冷たい海水をすくってみると400種類ほどの海洋生物が入っていた。そのうち4分の3以上が未知の生物だった。チャレンジャーは氷にそなえて船体の補強をしていなかったため、南に進むのには限界があった。そこでオーストラリアとニュージーランドに針路を変え、さらに北に舵を切

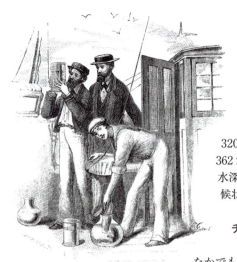

上：チャレンジャー号の3人の乗務員が、深海から上がった海洋生物の標本を調べている。この標本はクラゲだった。

って西太平洋をつっきり、ハワイ諸島に到達した。そこからケープホーンに向かい、最後に大西洋を北進してイギリスに戻った。ポーツマスに帰着したのは1876年5月24日だった。

　チャレンジャーは大洋を縦横に進みながらも、だいたい320キロごとに停船して標本を採取し観察結果を記録した。362カ所のどの場所でも、水深を測って海底の標本を採集した。水深別に水温を計測し、海水標本の採取を行なった。詳しい天候状況とともに海流の速さと海面での方向も記録した。

チャレンジャー海淵

　水深測量を行なった場所は、全部で492カ所にのぼった。なかでも西太平洋のパラオ諸島とグアム諸島のあいだにある225番目のサンプリング地点は、途方もない深さであることが判明した。このときの測深記録は8184メートルだった。実のところそこは、知られているなかでもっとも深い海溝の一部で、その最深部はのちに水深1万994メートルと計測された。チャレンジャー号の測量箇所は海洋探検にちなみ、チャレンジャー海淵と名づけられた。この水深測量で、海底のおおまかな地形がはじめて明らかになった。たとえば大西洋の中央部は隆起している。のちに大西洋中央海嶺とされる場所に、最初に気づいたのはこのときだった。この海底山脈は地球上で最長の山脈で、断裂帯に沿ってのびており、ここを境にふたつの構造プレートが分離しつつある。

　3年半の調査が終わる頃には、チャレンジャーは12万7580キロを走破していた。すべての標本と観察記録が船から下ろされると、100人を超える科学者がその研究に熱心に取り組んだ。それにより、世界のどの海洋の深海にも海洋生物は確実に存在すると結論づけられた。研究結果を発表するために、科学者が23年かけて作成した研究報告書は、全2万9500ページ、50巻のぶ厚い書物にまとめられた。あらたに発見された動植物は4700種におよんだ。

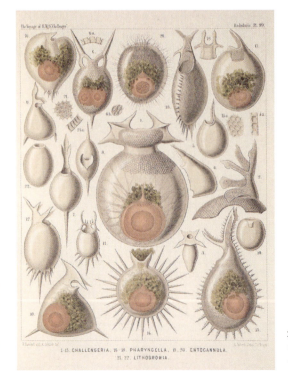

左：チャレンジャー号の科学者は大量のメモとスケッチで、航海中に集めた標本を詳細に記録した。そうした発見は50巻の書物になった。

メテオール号の海洋探検

　チャレンジャーの海洋探検後、多くの国が科学的な調査や測量を目的とする海洋探検隊を続々と送りこんだ。そのたびに海洋や海流、海底、海底火山、海洋生物にかんする事実が少しずつ明らかになった。音響測深には、第1次世界大戦中に潜水艦を探知するために開発されたソナーが応用された。音響測深とは、海底に音波を反射させて、海洋の深さを測量する方法である。それまで船は測量地点でいちいち停船して、重りを海底に降ろす方法で水深を測っていた。音響測深はそれほど時間も手間もかからない。ドイツの海洋測量船メテオール号による海洋探検（1925～27年）では、初期のソナー装置を積載して、6万7000カ所の水深測量を行なった。それに対してチャレンジャー号の測量は500カ所にも満たなかった。メテオールは、チャレンジャーの科学者によって発見された大西洋中央部の隆起が、実際には長く続く山脈であることを証明した。

チャレンジャー号の最期

　歴史的航海を終えたチャレンジャー号は、イングランド東海岸のハリッジで、沿岸警備隊と海軍予備艦隊の訓練艦として使用された。1878～1883年には予備艦となり、その後は「新兵収容艦」に改造された。新兵収容艦とは、徴集されたばかりの新兵が配属先の船が決まるまで待機する船である。その当時、水兵のなかにはまだ意に反して強制徴兵された者がいたので、海軍は新兵がぶじ海に出るまで、監禁して脱走を防がなくてはならなかった。その対策として用いられたのが新兵収容艦だった。また近くの陸地に病院がない場合はとくに、新兵収容艦を病院船として使用した例もあった。チャレンジャーはメドウェイ川での新兵収容艦としての役割を終えると、1921年に船舶解体業者に売却された。船首像だけは現在も残っている。

　チャレンジャー海洋探検で多くの発見があったことに刺激されて、ほかの国々も海洋の調査を開始した。最近ではNASAのスペースシャトル軌道船が、この船と乗員の科学的功績をたたえてチャレンジャーと命名されている。

左：1925年、母港を出るドイツ船のメテオール号。このときから2年間におよぶ大西洋の海洋探検が始まった。

チャレンジャー号（調査船）

グロワール（鉄甲艦）
GLOIRE

　19世紀なかばに艦砲の開発が進むと、軍艦の設計に千年間でもっとも革新的な変化が現れた。ヨーロッパの海軍大国フランスはいちはやく、この新しい特徴を大型軍艦グロワールにとりいれた。この軍艦の登場は戦艦の軍拡競争の幕開けとなった。

種別　グロワール級鉄製装甲艦（鉄甲艦）

進水　1859年、フランスのトゥーロン

全長　77.9m

排水量　5720t

船体構造　錬鉄板で木材を被覆

推進　帆、蒸気機関1基（1900kW＝2500馬力）

　1853年11月30日、クリミア戦争中に展開されたシノープの海戦で、ロシアの軍艦はトルコ艦隊を殲滅した。ロシア船は炸裂弾を発射する艦砲で武装していた。この砲弾は敵の木造船体をつき破りながら爆発し、火災を発生させて船全体を喫水線まで焼きつくした。ヨーロッパの大国は、それが自国にとって意味することをすぐさま読みとった。木造船をそろえた巨大海軍がその瞬間に時代遅れになったのである。

　この脅威に対しまっさきに行動を起こしたのはフランスだった。この戦争中に英仏両国は、装甲をほどこした浮き砲台を投入していた。ここでフランスは同じ技術を軍艦に適用させることにして、鉄製装甲艦4隻の建造を命じた。装甲の重量がくわわり、それを推進するためにより大型の蒸気機関が必要になるため、新しい船は必然的にそれ以前の軍艦より大型化した。試作第1号のグロワール（栄光）は、1859年11月24日に進水し、翌年に就役した。世界初の航洋鉄甲艦である。船体は、厚さ66センチの木材を最大で厚さ120ミリの鉄板の装甲でおおう構造になっていた。装甲は喫水線の約1.8メートル下まで張られていた。このように、甲板から喫水線のすぐ下まで装甲をかぶせるが船体全体はおおわない装甲を「装甲帯」とよぶ。砲弾や魚雷にとくに弱い船体部分を防護するための設計だった。

左：シノープの海戦でトルコ軍の船は、ロシア軍艦が放った炸裂弾で木っ端みじんになり炎上した。木造船体の船の脆弱性がすぐさま明らかになり、装甲艦の開発が進められた。

上：フランスの鉄製装甲艦グロワールは、新世代の軍艦の先駆けだった。ライバル国の海軍は、すぐに自国の鉄甲艦を造りはじめた。

船体の防護

　各国の海軍は、装甲船体は木造船体より整備が必要なことを知った。鉄は海水に浸かると短時間で腐食し、海洋生物がびっしりついてスピードを落とす原因になる。それ以前の百年間は、木造の船体をフナクイムシなどの海洋生物から守るために銅板が用いられていたが、鉄製の船体には使用できなかった。イギリスが1761年にフリゲート〔戦列艦より小型・高速・軽武装の船〕のアラームを銅板でおおったときは、銅と接触した鉄釘が溶けてしまった。銅と鉄が接触していない場所では、鉄に腐食はなかった。この異種金属の接触によって起こる現象は電食とよばれ、現在でも問題になりうる。アメリカ海軍の沿岸戦闘艦インディペンデンスには2008年に進水して以来、エンジンの鋼鉄製の部品とアルミニウム製の船体との電食のために、深刻な腐食が起こっていると伝えられている。

帆と蒸気

　19世紀の軍艦の例にもれず、グロワールは帆と蒸気動力の両方を使う汽帆船だった。船体には1900キロワット（2500馬力）の蒸気機関が収容されていた。ボイラーは8基で、そこからふんだんな蒸気がエンジンに送られ、スクリュープロペラ1軸をまわす動力となった。艤装を表す帆装図は、短い現役期間のあいだにたびたび変更された。もともとは3本マストのバーケンティン型艤装で、いちばん前のフォアマストに横帆、その後ろのメインマストとミズンマストに縦帆をつけていた。あとになり全マストを横帆に、最終的には全マストを縦帆に変更した。

　グロワール級で次に完成したアンヴァンシブルとノルマンディーは、グロワールと同じ構造だった。4隻目のクーロンヌは違っていた。フランスで最初の全船体を鉄の装甲でおおった鉄甲艦だったのだ。クーロンヌの船体は、装甲の下にクッション材になる厚さ100ミリのチーク材と鉄格子が重ねられ、最後に厚さ300ミリのチーク材が鉄製の船体にとりつけられている。この複雑な複合船体の構造は、それ以前の単純な船体より、防御にすぐれていることが証明されたので、フランスでは全戦艦がこの構造で建造されようになった。

グロワール（鉄甲艦）

99

鉄製のウォーリア

17世紀末からイギリス海軍は世界最強の海軍であり、その座をほかにゆずり渡すつもりはなかった。フランスの鉄甲艦グロワールへの対抗手段は、ウォーリアだった。1860年に進水したウォーリアは、グロワールの規模と重量をはるかに上まわっていた。スピードも武装も凌駕していた。しかも構造が異なっていた。グロワールが基本的に木造の船体に鉄板を被覆したのに対し、ウォーリアは鉄製の船体に木材をクッションとして用いたのである。ウォーリアは、鉄製船体に装甲をほどこした初の軍艦となった。厚さ114ミリの鉄製の装甲板の下には、45センチのチーク材が重ねられ、この2層が厚さ25ミリの鉄製船体にボルトでとりつけられた。ウォーリアとその姉妹船のブラック・プリンスは、またたくまに世界最強の軍艦となった。この2隻があまりにも無敵だったので、イギリス海軍は木造船体の軍艦を造らなくなったほどである。合衆国海軍もあわててそれにならい、1863年にアメリカ初の鉄製船体の軍艦、ミシガンを進水させた。1870年代には鉄製船体から、軽量で強度のある鋼鉄製船体への移行が急速に進んだ。このときもフランスは、1876年のルドゥタブルで世界に先んじた。

上：世界最速で最大、最強の軍艦ウォーリアは、1860年に進水した。この船によりイギリスは海の覇権を維持する姿勢を示した。

左：19世紀の木造船体の船は、一般的に32ポンド砲で武装していたが、ウォーリアは砲列甲板を、重砲の68ポンド砲と110ポンドアームストロング砲で固めていた。

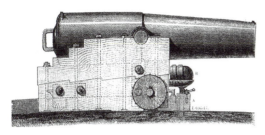

上：威力の増した新世代の艦砲は、フランスの砲兵将校アンリ＝ジョゼフ・ペクサンによって発明された。この砲がきっかけになり、各国の海軍は大型化と重装甲化を進めた軍艦を建造しはじめた。

下：イギリスのウォーリアの装甲は、厚さ60センチの複合構造で、鉄板の下にチーク材の層があり、それが船体の鉄板に接合している。船体の鉄板はさらにチーク材の背材で支えられていた。

イタチごっこ

　鉄製装甲艦が導入されたので、装甲板を貫通するためにより大きく、威力のある艦砲を開発する必要が出てきた。艦砲はじきに重くなりすぎて、水夫が船内で装填のたびにひきもどすのはむずかしくなった。もうひとつの改良点は、砲身がただの筒である滑空砲が、砲身内にライフリングをほどこしたライフル砲に換装されたことである。らせん状の溝が砲身内にきざまれると砲弾が回転する。すると弾道が安定して命中精度が上がり、砲弾の貫通力もアップする。ただしその場合は砲口から砲弾を装填する前装はむりになる。その結果前装砲は、砲尾から装填する後装砲に徐々に入れ替えられた。艦砲が威力を増すと、装甲を厚くして大型化した戦艦が開発され、さらに大砲の改良が進み、というイタチごっこが20世紀に入っても続いた。

　グロワールの兵装のなかには、ペクサン砲もいくらか混じっていた。フランスの少将で砲兵将校のアンリ＝ジョゼフ・ペクサンが1823年に発明したこの砲は、炸裂弾の発射用に設計された初の艦砲だった。平射カノン砲（canons-obusiers）ともよばれる。地上戦で使われる炸裂弾は、ふつう空中高く撃ちあげて敵めがけて落下させる。艦砲で必要なのは、強力な火砲で弾体をそれより速く、そして直線的な弾道で敵船の腹に撃ちこむことだった。砲弾を発射する艦砲は何百年ものあいだこの仕事をきちんとやりこなしていた。爆発のタイミングが早まることがあるため、艦砲で炸裂弾を撃つのは危険すぎた。ところがペクサンが信管を開発して、標的にぶつかるまで起爆しないようにするとその問題は解決した。シノープの海戦でロシア軍が使用していたのがペクサン砲で、これをきっかけにグロワールやその後続となる鉄甲艦が開発されたのである。

　グロワールには先端の技術が組みこまれたが、成功例とはいえなかった。海上での横ゆれがひどかったのが、水中に大きく沈下する船にとっては、重大な欠点だった。砲列甲板から喫水線までは2メートルもなかった。グロワールは1879年に海軍の戦力リストから抹消された。完成後19年しかたっておらず、同年のうちに解体された。

グロワール（鉄甲艦）

101

モニター（鉄甲艦）
USS *MONITOR*

　2隻の鉄製装甲艦が一騎打ちする状況が、南北戦争中にはじめて出現した。1862年のハンプトン・ローズの海戦で、北軍のモニターと南軍のヴァージニアが砲火を浴びせあったのだ。この出来事は国際的な注目を集めた。そしてこれを契機に、木造船体の艦船から鉄甲艦もしくは鉄製船体の艦船への移行が急速に進んだのである。モニターはまた、後続の軍艦の兵装にも影響をおよぼした。

種別　モニター級軍艦

進水　1862年、ニューヨーク・シティのブルックリン

全長　54.6m

排水量　1003t

船体構造　鉄製

推進　振動レバー蒸気機関で、プロペラ1軸を駆動

　連合国海軍（南軍）が鉄甲艦1隻を建造しつつあることを知った合衆国海軍（北軍）は、迷うことなく鉄甲艦1隻を発注した。いやそれどころか、17種類の設計案のうち3隻を建造したのである。それがガリーナ、ニュー・アイアンサイズ、モニターだった。ガリーナとニュー・アイアンサイズは「舷側砲門艦」とよばれる従来型の艦船だった。船体は木造軍艦そのままで鉄板の装甲をまとわせ、艦砲は舷側にある砲門から発射する。モニターはそれとはまったく違っていた。

　モニターの設計は、ふたりのアイディアの成果だった。セオドア・ラグレス・ティンビーは、1840年代に回転砲塔を発明していたが、南北戦争が起こるまでは政府も軍も関心を示さなかった。ティンビーがこの戦争中にリンカーン下の合衆国上層部にあらためて提案したときに、偶然にもジョン・エリクソンが手がけた新型鉄甲艦の革新的設計が到着した。エリクソンはスクリュープロペラの発明者のひとりである。このふたつの設計が組みあわされて、モニターはできあがった。

　モニターは奇抜な形をしているが、これはきわめて機能的な形状だった。上部は装甲をほどこした木造のいかだで、逆台形型に張りだした形にして、その下の船体部分とプロペラを敵の砲撃や衝角攻撃から守っている。甲板は厚さ約25ミリの錬鉄装甲で守られていた。舷側は装甲が厚く、最大13センチの鉄板を76センチ以上の厚みの木材にかぶせていた。フリーボード（喫水線から甲板までの高さ）がたったの35センチしかなかったのは、敵の標的になる部分をできるだけ小さくするためである。このようにフリーボードが小さい場合のデメリ

下：モニターの設計図。上部の平らな形状と砲塔、プロペラと船体下部を防護するために張りだしている甲板の形がよくわかる。

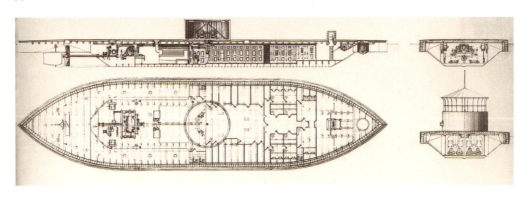

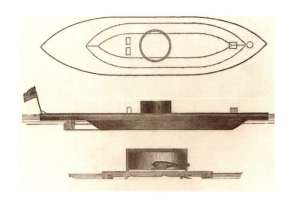

上：モニターの船体は水面すれすれに浮かぶので、敵が砲撃できるものはほとんどない。

下：モニターは交戦で直撃を受けても深刻なダメージを受けなかったが、同様に堅牢なヴァージニアにも決定的な1撃をもたらすことはできなかった。

ットは、海が穏やかな状態でないと、甲板口が開いているときは水が船内にどっと流れこんでくることだ。甲板の上にあるのは、ティンビーの砲塔だけだった。この砲塔のおかげで、方向転換がむずかしい狭い場所でもモニターは有利に戦える。従来型の軍艦の場合、標的に艦砲を向けるためには船自体が旋回しなければならなかった。ところがモニターの砲塔は、回転してほぼどんな方向にも向けられたのである。

メリマックからヴァージニアへ

ハンプトン・ローズの海戦で、モニターの敵となる南軍のヴァージニアは、もともとは木造の汽帆フリゲートとして建造され、メリマックという名だった。1861年4月にヴァージニア州が合衆国から脱退すると、合衆国海軍はメリマックを同州のノーフォーク海軍工廠から奪回しようとしたが、退路をふさがれた。船を運びだせないと知ると、北軍は船に火を放ってのがれた。メリマックは喫水線まで焼け落ちて沈没した。

南軍は船が喉から手が出るほどほしかったので、メリマックを引き上げて再建した。喫水線より上は何も残っていなかったため、いずれにせよ再建は白紙からのスタートとなった。そこで鉄甲艦に改造する

モニター（鉄甲艦）

上：鉄甲艦ヴァージニアから撃ちこまれた砲弾で、砲塔の装甲に生じた陥没を調べるモニターの将校。2門あるダールグレン式滑腔砲のうち1門の砲口が見えている。

下：ハーパーズ・ウィークリー紙に掲載された版画。ハッテラス岬沖で嵐にあい、沈没する直前のモニターから乗組員を救助しようとしているようすが描かれている。後ろに北軍の外輪式輸送船ロードアイランドが見える。

ことが決定された。だが選ばれた設計は、砲艦でも舷側砲門艦でもなく、「砲郭」［艦砲を防護する装甲障壁］型鉄甲艦という第3のタイプだった。艦砲が置かれている主甲板は、鉄板の装甲ですっぽり包まれており、直撃の衝撃を弱めるために舷側は傾斜していた。モニターと同様、この船のフリーボードもわずかだった。

鉄甲艦の対決

　モニターがハンプトン・ローズに到着したのは、1862年3月9日、海戦の初日が終わってからだった。モニターは夜陰にまぎれて、錨を下ろした北軍のミネソタの横に滑りこんだ。翌日、南軍の鉄甲艦ヴァージニアが、ミネソタに向かってきてとどめを刺すべく砲撃を開始すると、モニターが背後から現れて応射した。この鉄甲艦同士の砲撃戦は4時間あまり続いた。モニターの蒸気駆動の砲塔はこの交戦のあいだに故障した。乗組員は砲塔の向きをいちいち変えて、ヴァージニアに砲口が合ったときに発射するしかなかった。どちらの船も相手に直撃弾をくらわせ、あまりにも肉薄していたのでまわりこもうとしたときに衝突することすらあった。それでもどちらにも深刻な損傷はなかった。優劣がつかないまま、両者は引き下がった。

　モニターはさらにドゥルーリーズ・ブラフの戦いにも参加して、ジェームズ川から連合国の首都であるヴァージニア州リッチモンドに達して、砲撃しようとした。ところが川が封鎖されていたので、攻撃は不発に終わった。1862年10月にはエンジンの修理のために、ワシントン海軍工廠に入れられた。リンカーン大統領をはじめとする何千人もの人々が、この船を見にやって来た。ここでの修理と改良は11月には完了した。モニターの乗組員は、ノースカロライナに向かってチャールストン港の封鎖にくわわるよう命じられた。そこでノースカロライナのハッテラス岬の沖合で曳航されていると、突然嵐になった。フリーボードが小さいため、荒波が甲板を洗い開口部に流れこんだ。船長は曳船索を切断するよう命じた。ふたり

> **いかだにのったチーズ**
> 北軍のモニターをはじめて見た南軍水兵の感想

がその役をかって出たが、甲板から押し流されて溺死した。曳船索はようやく切断され、エンジンを全開して排水ポンプをまわしたが、効果はなかった。水面下の船内の水位は上がりつづけ、この船にとどまった16人の命とともにモニターは沈んでいった。先に船を脱出していた47人は、曳航船ロードアイランドからの救命ボートにひろわれた。

発見と再発見

　1940年代と1950年代に何度か、沈没したモニターを発見しようとする試みはあったが、実を結ばなかった。ついに見つかったのは1973年である。モニターはハッテラス岬灯台から南南東に26キロほど行った、水深67メートルの海底に横たわっていた。この難破船と周辺地域は、アメリカ初の海洋自然保護区に指定された。そのためこのモニター国立海洋自然保護区は、ダイバーやサルベージ会社にわずらわされることはない。船体の損傷が大きいので、船全体を引き上げるのは現実的選択ではなかった。ただしエンジンやプロペラ、艦砲、砲塔の回収は決定された。2002年に浮上させた砲塔内には、ふたりの遺体があったが身元は特定できなかった。

モニターの遺産

　モニターが戦闘での無敵ぶりを見せつけたために、同タイプの鉄甲艦が続々と造られた。その多くが、ミシシッピ川やジェームズ川での内水域の戦いに投入された。モニターの設計者ジョン・エリクソンは、さらにパセーイク級モニター艦という、新しい等級を生みだした。そうした船はモニターより大きく、甲板の張りだしを少なくする改良がくわえられた。イギリス海軍も鉄甲艦を開発した。いわゆる「ブレストワーク」モニター艦は、装甲をほどこした低い上部構造（ブレストワーク）が甲板より高い位置にすえつけられている。これで甲板を洗う波に押し流される危険性はなくなった。他国の海軍もこの設計をとりいれて、ブレストワーク・モニター艦を建造した。そのひとつ、豪州植民地海軍のサーベラス（この型の初号艦）は、1920年代までオーストラリア海軍の現役艦だった。

左：ブレストワーク・モニター艦の1例に、グラットンがある。1871年に英チャタム海軍工廠で建造され、進水した。1903年に大破するまで、イギリス海軍の戦力となっていた。

カティーサーク号（クリッパー）
CUTTY SARK

　19世紀のクリッパーは、その時代の船の中でも最高の気品と優雅さをそなえていた。海事業界の二枚目俳優だったのである。設計はスピード重視で、細長く流線形の船体に大量の帆をつけていた。この優美なクリッパーの頂点に立つのがカティーサーク号である。同時代で最速の船だったこの船は、オーストラリアから高品質の羊毛をイギリスに届けて、10年間にわたり市場を制しつづけた。

種別　鉄骨木皮クリッパー

進水　1869年、イギリス、スコットランドのダンバートン

全長　85.4m

登録総トン数　963t

船体構造　鉄製フレームに東インド産のチーク材とアメリカ産ニレ材の外板

推進　3本マストとバウスプリットの帆32枚（1870年：すべて横帆のシップ型帆装、1916年：バーケンティン型帆装）

　船の種類のよび名にはじめて「クリッパー」という言葉が使われたのは、18世紀のボルティモア・クリッパーである。この小型快速船は、アメリカの大西洋沿岸部とカリブ海で積み荷をせっせと運んでいた。19世紀になるとそれが、大型化した航洋クリッパーへと進化していく。その第1号といえるのは、アン・マッキム号という1830年代初期にボルティモアで建造された船だろう。この船はボルティモア・クリッパーより船体が長く、ボルティモア・クリッパーの縦帆ではなく横帆をつけていた。これに続いて大型のレインボー号（1845年）とシー・ウィッチ号（1846年）が登場して、その後の船の設計に影響をおよぼした。クリッパーは最速記録を次々と塗り替えた。ジェームズ・ベインズ号は、1854年9月にボストンからリヴァプールへの航路を12日間で走り抜けて、大西洋横断の最短記録を打ち立てた（帆走記録として今日も有効）。同年にはライトニング号が1日帆走距離800キロをマークし、フライング・クラウド号は、ケープホーンを経由するニューヨークからサンフランシスコまでを89日間で走破した。この記録は135年間破られなかった。

　ゴールドラッシュのあいだクリッパーは、カリフォルニアへの到着を急ぐ人々の思いにこたえた。オーストラリアで金が発見されると、このときも一攫千金を狙う者を運んだ。イギリスとインド、中国間のアヘン貿易でも使用され、南北戦争では北軍の封鎖を破る役割を果たしたが、その本領をいかんなく発揮したのは、中国からその年最初の茶葉をイギリスに運ぶ競争だった。1番に到着した船の茶葉に最高値がついたので、えりすぐりの船長と船員が集められた。新聞はそうした競争をとりあげ、勝敗は賭け事の対象になった。

世界史を変えた50の船

上：ブレイゼンデール・カネリーの描いた中国海岸沖のカティーサーク号。ジャンク（戎克）船が小さくみえる。32枚の帆を総帆展帆（そうはんてんぱん）したカティーサークが、波を切り全速力で進んでいる。複雑な帆装だったため、必要なロープの長さは18キロにおよんだ。

左：満帆に吹きすさぶ強風を受けるクリッパーの姿は壮観である。この絵は1913年に、アントニオ・ヤコブセンがアメリカのクリッパー、フライング・クラウド号を描いたもの。

帆船が追いついてきて、われわれを追い越していった！

P&O社の蒸気船ブリタニア号の航海日誌から。これを書いた船員は、1889年7月25日に自分の船が時速28キロで疾走しているのに、カティーサークに追い越されてショックを受けている

茶葉輸送から羊毛輸送へ

1869年にスエズ運河が開通するとやがて、茶葉輸送（ティー・ラン）の需要はおとろえていった。この運河のおかげで、中国からの航路は6000キロ以上縮まった。ところが新しい運河を通る風が帆走に向かなかったため、クリッパーは従来どおり喜望峰を経由する長い航路をまわって、貿易風を利用して帆走した。

皮肉なことに、もっとも有名なクリッパーが造られたのがまさにこの時期だった。カティーサークという名は、ロバート・バーンズの詩「シャンタのタム」の登場人物の仇名に由来する。この船は、鉄製のフレームに木の外板をとりつけて建造された。このような鉄骨木皮構造にすると船体の強度が増して、ほかのクリッパーより多くの帆を掲げられる。するとスピードが上がり船員は極限の走りを追求できた。この船の最高速度は時速32キロだった。

1870年にはじめて上海の茶葉をもち帰ったときから、カティーサークは蒸気船と競合することになった。中国へのこうした航海は8度行なった。行きはワインや蒸留酒、ビールを積んでいき、茶葉に積み換えて帰るのだ。1877年に最後の茶葉を運んだあとは、アメリカ、日本、中国、インド、オーストラリア間でさまざまな積み荷を運んだ。1880年には、船員のあいだでジェームズ・ウォレス船長に対する不満が高まり、ストライキが起こる騒ぎがあった。船長はジャワ海のサメが

カティーサーク号（クリッパー）

上：カティーサーク号のようなクリッパーが、オーストラリアからイギリスまでの羊毛運搬で使用していた航路。地球上最強の暴風圏も通過していた。

左：1920年代には、快速貨物船としてのカティーサーク号の時代は終わった。写真のようにファルマス沖で錨を降ろして、一般公開され、航海訓練用の帆船として使用された。

うようよいる水のなかに身を投げて行方不明になった。次の船長になったウィリアム・ブルースは無能な飲んだくれだったので船から下ろされ、F・ムーアが新たな船長に任命された。

1880年代には、カティーサークの業務はオーストラリアからの「羊毛輸送（ウール・ラン）」に切り換えられた。オーストラリアからイギリスまではたったの83日しかかからなかった。ほかの船とくらべると3、4週間速い。1885年には、ムーアに代わってリチャード・ウジェットが船長になった。ウジェットは、この船にほかの船より大きく南下した航路をたどらせ、「吠える40度」とよばれる強い偏西風を利用して最短航行時間をたたきだした。これは危険な賭けだった。氷山にぶつかるおそれのある水域に入るからである。ウジェットはオーストラリア・イギリス間の航行時間をわずか73日間に縮め、その後10年間、羊毛貿易航路をカティーサークの天下にした。だがその座を蒸気船に奪われるのにそう時間はかからなかった。1895年、カティーサークはポルトガルの会社に売却され、フェレイラと改名された。1916年頃には、シケのためにマストを折らざるをえない事態にな

世界史を変えた50の船

サーモピレー号

　カティーサーク号の好敵手に、クリッパーのサーモピレー号がいた。この船は1868年に建造されると、処女航海でイギリスからオーストラリアのメルボルンまで、63日間で到達するという新記録を樹立した。1872年にはこのクリッパー2隻が、上海からロンドンをめざししのぎを削った。出発はいずれも7月17日。8月15日、640キロリードしていたカティーサークが、喜望峰の沖合で嵐にあい舵を失った。船員は不可能を可能にした。1週間もしないうちに海上で新しい舵を作ってとりつけたのである。このとり換えた舵も流れてしまったので、また同じ作業のやりなおしになった。サーモピレーは、ライバルの不運に乗じてリードを奪った。カティーサークは10月19日にロンドンに到着した。サーモピレーの7日遅れだった。カティーサークは現在も保存されているが、サーモピレーはポルトガル海軍の訓練船として最後を迎えた。1907年、この船はカシュカイシュ沖で同海軍によって沈められた。

下：クリッパーのサーモピレー号。1872年にカティーサーク号を相手に、上海からロンドンをめざして名レースを展開した。

った。折も折、第1次世界大戦中で物資不足だったため、横帆の全帆装から縦帆のバーケンティン型艤装に改造された。1922年には別のポルトガル人に売られ、あらたにマリア・ド・アンパーロと名づけられた。その後同年のうちに、イギリス人ウィルフレッド・ドーマンの手にわたり、カティーサークの名が復活されて、コーンウォール州で訓練船として使用されるようになった。ドーマンが1936年に死去すると、未亡人によってこの船はテムズ海事訓練学校（Thames Nautical Training College）に寄贈され、海軍の士官候補生の訓練船として使用された。1954年にファルマスからコーンウォール、ロンドンへ向かった旅が、船齢を重ねたこの船最後の航海となった。これをもってカティーサークはついに現役生活に幕を閉じ、ロンドンのグリニッジで特設乾ドックに入れられて、常設展示物となった。

災禍をのりこえて

　カティーサークがいまだにあるのは、ちょっとした奇跡である。2007年5月21日、この歴史的な船が激しい炎に包まれるおそろしい光景が、テレビで中継された。あとから火災の原因は、スイッチを切り忘れられた産業用掃除機の過熱によるものだと判明した。すべてが灰になったかのように思われた。ところが、船のほとんどの木材は保存作業のために撤去されていて、そこにはなかったのである。また鉄製のフレームは修理が可能だった。カティーサークは完全に修復され、2012年にふたたび公開された。その2年後、2度目の火災で甲板が焼けたが、燃え広がる前に感知されて火は消し止められた。嵐や氷山、腐食、反乱、火災といった災禍が降りかかっても、カティーサークはそれをのりこえてロンドンで一、二を争う人気の観光資源となり、クリッパーの時代をいまに伝える偉大な大使となっている。

フラム号（スクーナー）
FRAM

　1800年代後半から1900年代前半にかけて、地球最後の未開の大地である極地方の横断を目的に、海洋探検が次々と行なわれた。そうした極地探検では、船が海氷に閉じこめられる危険がともなう。いったんそうなったら氷の圧力で船体は押しつぶされてしまう。そこである設計者が考案したのは、氷につぶされるどころかむしろ逆手にとって利用する船だった。

種別　トップスル・スクーナー［いちばん前のフォアマストにのみ横帆をつけるスクーナー］

進水　1892年、ノルウェーのラルヴィク

全長　38.9m

登録総トン数　402t

船体構造　オーク材のフレーム（肋骨）にグリーンハート材の外殻とマツの内殻

推進　3本マストとバウスプリットの帆、3段膨張式［高中低圧のシリンダー3種類で蒸気を膨張させる方式］蒸気機関1基（165kW＝220馬力、1910年からはディーゼルエンジン）で、スクリュープロペラ1軸を駆動

　ノルウェーの探検家、フリッチョフ・ナンセン（1861～1930年）は、グリーンランドの海岸に漂流物がうち上げられたという雑誌記事を読んだときに、北極点に到達する奇抜な方法を思いついた。だがそれにはこれまで造られたことがなかったような船が必要だった。そうした発想から生まれたフラム（前進）号は、極地探検の歴史に残る3度の航海に出た。

　グリーンランドに上がった漂流物は、ジャネット号という船の難破物だった。この船は1879年9月に流氷群に閉じこめられた。そして氷とともに965キロをただよい、ノヴォシビルスク諸島の近くで氷に押しつぶされて沈没した。ジャネットが氷に囲まれて移動した距離と漂流物が流れた経路から、ナンセンは海流が北極を横断しているのではないかと考えた。それならその海流を利用して北極点に到達もしくは近づくことができる。もし適切な地点で船を意図的に流氷群のあいだに割りこませたら、その海流が氷と船を北極まで運んでくれるだろう。この計画がうまく行くとしたら、特殊な船が必要になりそうだった。ジャネットの船体は極地の氷にそなえて強化されていたが、それでもつぶされてしまった。ナンセンは、氷の圧力で船体がつぶされる

右：1909年、ノルウェー人写真家アンネシュ・ベーア・ウィルセが撮影したフラム号。3度目の遠征で初の南極探検に旅立つ直前だった。

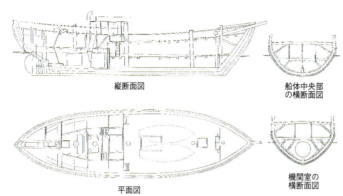

縦断面図
船体中央部
の横断面図
平面図
機関室の
横断面図

上：フラム号の設計図。船体構造が堅牢で船体中央部が半円形になっている。海氷に押し潰されるのではなく、その上に乗れるように設計されていた。

のではなく、押し上げられるような形をイメージした。

スコットランド系ノルウェー人の造船技師、コリン・アーチャーが造った船は、美しさを追求してはいなかった。船首と船尾はとがっておらず、船体の横断面はお椀型で角がなかった。氷にぶつかるような突起物はなかった。舵とスクリューは、損傷を避けるために引っこめて船底に格納できるようになっていた。船に周囲の氷の圧力がまともにかかるような状況にはならないと思われたが、アーチャーは万が一を考えてとてつもない強度に仕上げた。船体は4層構造になっていた。オーク材のフレーム（肋骨）と肋材の内側には、厚さ10センチのリギダマツの板が張られた［肋材が集まって肋骨を構成する］。肋骨と肋材の外側は、オーク材の2層の外板でおおわれていた。それらがさらにグリーンハート材で被覆された。この木は入手できるなかでもっとも硬い部類の木材で、氷に引きはがされるようなことがあっても、その下の船体を傷つけないためにとりつけられていた。船首と船尾に鉄製の突起物を装着して船体の構造は完成した。内部の居住区画には、暖かさを保つために厚い断熱材が入れられた。

氷のなかへ

1893年6月24日、ナンセンは北極をめざしてフラム号で出港した。食料と補給物資は6年間たっぷりまにあう量を積みこんだ。その直後から、お椀型で角のない船体はひどく横ゆれがした。途中ノルウェーで最後の補給物資を積み、シベリアでそりイヌ34頭を乗せた。流氷群には1893年9月25日に到達し、閉じこめられるのを目的に、氷のあいだにわざと入りこんだはじめての船になった。乗

左：フラム号は流氷群に囲まれたまま3年間ぶじにすごし、船として最北端に到達した。そしてふたたび無傷で、氷のなかから開けた海に走りだした。

------ 予定されたルート
——— ナンセンがたどったルート
------ フラム号の帰還ルート

フラム号（スクーナー）

上：フラム号の乗員が危険をかえりみずに氷に降りている。後ろに見えるのがフラム。漂流する氷が船を西に運ぶあいだ、乗員は毎日天気を読んで、現在位置の計算をしていた。

員にはフラムが氷から解放されるという確信はなかった。そんなことをした者はだれもいなかったからである。エンジンはその先必要なかったので、とりはずされてしまいこまれた。直径3.6メートルの風車が設置されて発電機をまわし、照明用の電気をまかなった。イヌは船から下ろして氷上生活をさせていたが、ホッキョクグマに2頭食われたために回収せざるをえなくなった。フラムは設計の意図と寸分違わぬ挙動をした。氷が万力のようにぐいぐいしめつけてくると、船はつるつるした丸い豆が指に強くはさまれたときのように、押し上げられたのである。

ナンセンが予言したように、船は氷とともに北上しはじめた。1年後、移動距離は304キロに達した。1895年3月には、ナンセンとイェルマー・ヨハンセンが氷上に下りてイヌぞりで先を進む決断をしたが、流氷がつねに動きつづけていたために北極点には到達できなかった。フラムはその後18カ月間氷に囲まれて漂流し、1896年8月13日、ついにノルウェーのスヴァールバル諸島の西側近くに姿を現した。フラムは流氷群のなかで凍りついても、押しつぶされずに脱出できた最初の船となった。一方氷上で越冬していたナンセンとヨハンセンは、その後たまたま遭遇したイギリス人探検家のF・G・ジャクソンに救出されて、ノルウェーに送りとどけられた。

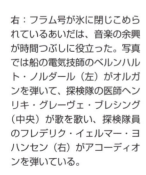

右：フラム号が氷に閉じこめられているあいだは、音楽の余興が時間つぶしに役立った。写真では船の電気技師のベルンハルト・ノルダール（左）がオルガンを弾いて、探検隊の医師ヘンリキ・グレーヴェ・ブレシング（中央）が歌を歌い、探検隊員のフレデリク・イェルマー・ヨハンセン（右）がアコーディオンを弾いている。

1898年、フラムはふたたび出航した。このときは張りつけキールを足して、海上での安定性を向上させていた。居住区間を拡張するために甲板も増設された。この航海で船長となり海洋探検隊隊長をつとめたのは、オットー・スヴェルドルップ（1854〜1930年）だった。前回のナンセンの探検にも参加し、ナンセンが船を去ったあとにフラムの船長をつとめた人物である。4年がかりの探検でスヴェルドルップは、エルズミア島のフィヨルドを探索し、イヌぞりで内陸に入って膨大な量の科学的データを収集した。

最後の探検

　1910年、フラム号の出番がふたたびやって来た。このときは極地探検用の船としてはじめて、蒸気機関をディーゼルエンジンに換装した。3度目の海洋探検では、世界のもうひとつの端を制覇するべく南極に向かった。このときの探検家は、ロアルド・アムンゼン（1872〜1928年）だった。アムンゼンはナンセンと同じ方法でフラムを利用して北極点に挑戦したいと思っていたが、ロバート・ピアリー（1856〜1920年）にすでに先を越されたと聞いたので、南極に関心を切り替えていた。

　乗員に目的地の変更を告げたのは、なんとすでに海上に出てからだった。イギリス人探検家のロバート・ファルコン・スコット（1868〜1912年）より先に南極圏に到達できたのも、こ

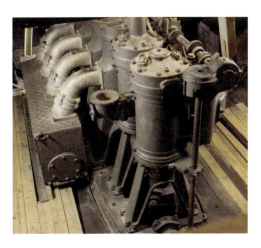

上：1910年の3度目の海洋探検に先立って、フラム号の蒸気機関は、この135キロワット（180馬力）のスウェーデン製船舶用ディーゼルエンジンに換装された。蒸気機関にくらべてこちらのほうが小型で高出力で、操作もしやすかった。

のようにして計画をもらさなかったからだった。スコットも南極点へのアタックを計画していた。アムンゼンは1911年1月に南極大陸に到着するとキャンプを張って、南極点奪取のいちばん早い機会である、翌年の春を待ち受けた。アムンゼンとアタック隊員4人は、1911年12月14日に南極点に到達した。スコットの到達はその5週間遅れだった。スコットはベース・キャンプに戻る途中で、4人の仲間とともに遭難死した。一方アムンゼンが氷上にいるあいだ、フラムは南極海を探索していた。

　フラムは3度の海洋探検で合わせて10万キロを航行し、どの船よりも北と南の果てに到達した。第1次世界大戦中は極地探検が中断されたので、数年間ノルウェーのホーテンに錨を下ろした。1920年代には、船体の状態が解体寸前になるまで悪化した。ここで探検隊隊長をつとめたオットー・スヴェルドルップが立ち上がり、この歴史的な船の保存運動を展開した。1935月5月スヴェルドルップの死後に、フラムはようやくオスロの海から引き上げられて、専用の博物館に移設された。

フラム号（スクーナー）

スプレー号（帆船）
SPRAY

　マリーン・スポーツでヨットを楽しむといっても、短距離レース派もいれば、航続距離をのばして自然と戦おうとする人々もいる。そうした耐久レース派の究極のゴールは、単独での世界周航だった。多くの人がそんなことはできはしないと思っていた。1898年、これをはじめて達成したのは、由緒のある専用船ではなく改造された漁船だった。

種別　ガフ艤装のスループ［1本マストに縦帆1枚をつけた小型帆船］、のちに2本マストのヨールに再艤装

進水　不明

全長　12m

トン数　12.7t

船体構造　木造、外板平張り

推進　帆

　ジョシュア・スローカム（1844〜1909年）は、子どもの頃から海の男だった。生家はカナダのノヴァスコシアにあり、ファンディ湾のすばらしい景色をの見ながら育った。ジョシュア少年は何度か家出に失敗したあと、14歳のときやっと成功して海に出た。そのときは漁船でキャビン・ボーイ［船長などの給仕］やコックとして働いた。2年後には、商船の一人前の船員として雇われた。18歳になると2等航海士の資格をとり、またたくまに1等航海士に昇格した。

　ジョシュア・スローカムは、勇敢で才覚のある船乗りであることを身をもって示している。乗船していたワシントン号がアラスカで、強風によって座礁しバラバラになりかけたとき、自分の妻や船員を救っただけでなく、貨物の大半を船の小型ボートに移し換えて陸揚げまでした。

　フィリピンで船主の都合で乗る船がなくなったときは、造船の仕事を請負い、その対価として90トンのスクーナー、パト号を手に入れた。これが最初の持ち船となった。スローカムはそれを使って運送業を立ち上げ、アメリカ本土の西海岸沿いと、ハワイとのあいだで貨物を運搬した。それでさらに船を購入できた。1887年には、その1隻であるアクイドネック号がブラジルの海岸で難破した。だがスローカムは不運をものともせずに、難破船からできるかぎり廃材を引き上げると、それで新しくリベルダデ号を造りあげ、このカヌーもどきの小型船で帰国した。スローカムの著書『リベルダデ号の冒険（Voyage of the Liberdade）』にはその顛末が綴られている。スローカムは1893年に2冊目の本を出している。水もれが止まらない蒸気魚雷艇デストロイヤーをニューヨークからブラジルまで届けるという、これもまたスリリングな航海の冒険譚だった。

スプレー号の修復

　1892年スローカムは、友人から多少修理が必要だという古い船をゆずり受けた。それはスプレー号というカキ漁船だった。半分腐りかけた状態だったので、7年間陸に揚げられたままになっていた。修理どころかほとんど全部造りなおす必要があった。スローカムはこれを引きとると、

下：55歳のジョシュア・スローカムの写真。ヨットのスプレー号で世界周航に成功してから1年後の1899年9月に、センチュリー・マガジン誌に掲載された。

右：単独世界周航の偉業はスローカムの名声を高めた。この航海でスローカムは3度大西洋を横断し、数々の冒険に出会った。こうした冒険譚は、ベストセラーになった航海記に紡がれている。

上：スローカムの著書『スプレー号世界周航記』に掲載された写真。スプレー号がオーストラリアの海を帆走している。舳先にスローカムが見える。

ひとりで修復にとりかかった。腐った木材を入れ替えて新しいマストを立て、航海に耐えられるようにするまでに1年以上を要した。スローカムは、スプレーで世界周航をしようと決心した。

　1895年4月24日、スローカムはボストン港を出ると東海岸を北上し、故郷のノヴァスコシアに立ちよった。7月3日、大西洋に向けていよいよ出航。まずはジブラルタルに到達した。ところがここでイギリス海軍の将校に、海賊が出没しているので地中海には抜けないほうがよいと言われた。その忠告に従い180度方向転換して、東ではなく西に向かった。11月5日、リオデジャネイロに到着。この頃、スローカムはバウスプリット［船首から前方につきだしている棒］とブーム［帆を下に張る支柱］を切りつめて、船尾に短いミズンマストと帆を追加し、船自体をスループからヨールに改造している。さらにケープホーンをめざして南米の沿岸部を南下。このルートでは嵐にみまわれ帆を引き裂かれた。またパタゴニアの原住民がスプレーに乗りこもうとしてきたので、威嚇射撃する事態にもなった。ようやくケープホーンをまわったときは、1896年4月13日になっていた。

　スプレーにはコースをはずれずに進む工夫をしていたので、スローカムは長いあいだ舵輪を触らなくても太平洋を横断することができた。彼はほとんど推測航法で針路を決めていたが、その道具は1ドルで買ったブリキの時計だった。オーストラリアでしばらくすごしたあとは南アフリカに向かい、それから復路の大西洋横断にかかった。1898年5月8日、大西洋のみずからの往路を通過し、航海日誌に世

スプレー号（帆船）

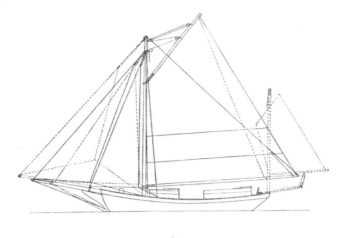

> 船は白鳥のように
> 水に浮かんだ。
> 修復したスプレー号をはじめて水に浮かべたときのジョシュア・スローカムの言葉

界周航達成を記録した。1898年6月27日、米ロードアイランド州ニューポートに入港。7万4000キロにおよぶ航海を達成した。

1899年に航海記『スプレー号世界周航記』[高橋泰邦訳、中央公論]が出版されると、スローカムは世界的な有名人になった。本と、冒険についての多くの講演で得た収入で、マサチューセッツ州のマーサズヴィニャード島に小さな農場を買ったが、そこにはおちつけなかった。スローカムはスプレーとともに海に戻った。冬はカリブ海をめぐり、毎年夏になるとニューイングランドに戻ってくる。1909年には、本と講演の収入が落ちこんできたので、別の金を生む計画が必要になった。この頃は南米のオリノコ川、ネグロ川、アマゾン川の探検を考えていたという。

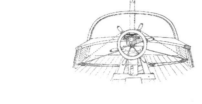

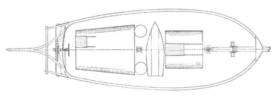

上：実線は、航海開始時のスプレー号の帆装図。点線は、南米の海域でスローカムによって変更されたヨール型の艤装。中央の図で、舵輪をどのようにしてひもで固定していたかがわかる。

右：スプレー号が新しい帆を誇示している。この帆は、1896年の10月から12月のあいだに、オーストラリアのシドニーで、ヨットクラブのマーク・フォイ会長から贈られた。

運命と遺産

スプレー号はまちがいなく歴史的に重要な帆船ではあるが、博物館には展示されていない。かといって、どこかの港で朽ち果てたのでも大破したのでもなかった。1909年11月14日、65歳になったスローカムは、マーサズヴィニャード島のヴァインヤード・ヘヴンから出航して南米に向かった。その後、スローカムとスプレーはふっつりと姿を消した。生涯の大半を海で暮らしていたのにもかかわらず、スローカムは意外にも泳げなかった。1924年、彼の法的な死亡が宣告された。蒸気船にぶつかったという説や転覆説がある。今日まで、ジョシュア・スローカムとスプレーに何か起こったかを知る者はいない。

スローカムが再建した漁船は、大きな影響をおよぼした。多くのヨット乗りが自分のスプレー号、もしくはすくなくともその複製を手に入れたがって、何千隻というレプリカが造られた。何百人というヨット乗りがスローカムの航跡をたどり、世界周航をなしとげた。その航海から着想を得て、ヴァンデ・グローブ、アラウンド・アローンといった、単独無寄港世界周航ヨットレースも開催されている。

上：1898年5月14日、大西洋上の赤道の北で、スローカムはアメリカ戦艦オレゴン（後ろの水平線近く、次項を参照）と遭遇した。オレゴンは米西戦争に参加するところだった。

速さを競う周航

ジョシュア・スローカムが地球一周の旅に出てから71年後、60代のイギリス人ヨットマンが同じ試みに成功して、しかも所要期間を縮めた。スローカムが3年がかりだったのに対し、フランシス・チチェスターは、昔のクリッパーがたどったルートをそれより速くまわることを目標にしていた。1966年8月27日、チチェスターはジプシー・モスⅣ号に乗って、南海岸のプリマスを出航した（このヨットの名称は、1930年代に彼が乗っていた航空機デ・ハヴィランド・ジプシーに由来している）。チチェスターは世界をめぐると、プリマスにたった274日で戻ってきた（帆走していたのは226日）。25万人におよぶ人々が岸につめかけ、または数千隻の小型ボートに乗ってその帰還を出迎えた。彼は小型船舶による最短の世界周航を達成したのと同時に、3大岬といわれる喜望峰、リーウィン岬、ケープホーンをまわって、真の世界周航をはじめてなしとげていた。しかも寄港したのはたった1度だった。チチェスターは女王のエリザベス2世からナイトの称号を授与された。その際儀式で使われた剣は、エリザベス1世が400年前に世界周遊を達成したフランシス・ドレークに、ナイトを叙勲したときに使ったのと同じ剣だった。2005年には、イギリス人女性のエレン・マッカーサーが、わずか71日14時間という、単独無寄港世界周遊の新記録を打ち立てている。

オレゴン（戦艦）
USS *OREGON*

　19世紀末になって南米諸国がヨーロッパの近代的な戦艦をそろえると、アメリカ海軍は危機感をいだいて南北戦争以来初となる、新世代の戦艦を建造しはじめた。オレゴンはその1隻だった。この戦艦が歴史に名をきざんだのは、太平洋と大西洋をつなぐ運河の必要性を浮き彫りにしたからである。それにより破綻をきたしていたパナマ運河建設計画は、完成を保証された。この船の存在がなかったら、建設は途中で放棄されていたかもしれない。

種別　インディアナ級海防戦艦

進水　1893年、サンフランシスコ

全長　107m

排水量　10453t

船体構造　装甲鋼板

推進　直立型3段膨張式レシプロ蒸気機関2基で、スクリュープロペラ2軸を駆動

　1898年、アメリカはスペイン相手の戦争の準備を進めていた。このときすでにキューバの独立戦争は3年目に入っていた。キューバの反乱勢力は圧倒的な勝利をおさめており、戦争は収束に近づきつつあるかのように思われた。だが1898年1月にスペインの愛国者が暴動を起こしたため、アメリカは自国の利益を守る戦力を誇示しようと、装甲巡洋艦メインをキューバに派遣した。2月15日の夜、ハバナ港で係船されていたメインが突然爆発し、261人の命とともに沈没した。アメリカ本国では、スペインの魚雷のしわざだとして非難する声が強く、スペインとの戦争は避けがたい情勢になった。アメリカの北大西洋艦隊は補強を必要としていたため、オレゴンが艦隊への編入を命じられた。

　オレゴンは海防戦艦として1893年に進水した。戦艦のインディアナ、マサチューセッツとは姉妹船にあたる。この船の規模にしては重武装で装甲も厚かった。主砲は中心線上の砲塔に搭載されている2連

右：アメリカ巡洋艦メイン。謎の爆発のあとハバナ港の底にいまも沈んでいる。この事件をきっかけに、戦艦オレゴンの太平洋から大西洋までの高速移動が行なわれた。

世界史を変えた50の船

右：アメリカ戦艦オレゴン（BB-3）には「海軍のブルドック」という愛称があった。写真は、1916、1917年に予備艦となって、サンフランシスコ付近で係留されていた当時。

装甲

　黎明期の装甲艦はふつうの鉄板でおおわれ、多くの場合厚い木材の裏張りをしていた。1880年代の初めには複合装甲が開発された。この装甲は錬鉄の上に高炭素鋼を重ねた構造で、硬い鋼板が向かってくる飛翔体をこなごなにし、柔らかめの裏地板の錬鉄板が破片をくいとめた。1880年代の末には多層複合装甲に代わって、単層のニッケル鋼が用いられるようになった。アメリカ戦艦オレゴンは、ハーヴェイ鋼という装甲を装着していた。1890年に開発されたこの装甲は鋼板の単層で、表面を木炭とともに高温で加熱して浸炭することによって硬化していた。19世紀末には、ハーヴェイ鋼に代わってクルップ鋼が主流になった。これはクロムを配合した合金鋼で、炭素含有量の多いガスで表面を浸炭し硬化させていた。

装33センチ砲2対と、これもまた砲塔に収まっている2連装20センチ砲4基だった。そのほかにも大小とりまぜた艦砲を最大で28基、くわえて魚雷発射管4門をそなえていた。装甲のもっとも厚い場所は46センチあった。

　1896年にアメリカ初の太平洋沿岸部の戦艦として就役したが、このときは大西洋に向かう必要があった。南米をまわると2万5300キロの行程になる。ケープホーンで激しい嵐にあって遅れが生じたところに、石炭の補給のために何度か寄港せざるをえなかった。この移動には2カ月あまりを要した。

運河の必要性

　戦艦オレゴンの航海について報道があると、アメリカ内で猛烈な反響があった。政府と国民は太平洋岸から大西洋岸まで66日間で行き着いた乗組員をねぎらったものの、戦時に戦艦が大洋間移動で2カ月以上の遅れをとっては、話にならないのは火を見るより明らかだった。両洋間を結ぶ運河が早急に必要になった。幸い運河は着工中だった。ただしその建設計画は大きな壁に直面していた。

　1890年代のなかばには、フランスによる

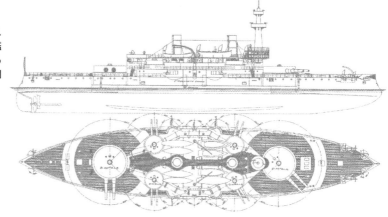

右：1893年のオレゴンのスケッチ。そう大型でもない戦艦に大量の火力をつめこんでいるのがわかる。下図には艦砲が利用できる射界も示されている。

インディアナ級

　1889年、アメリカ海軍長官は戦艦数十隻とそれ以外の軍艦150隻以上の建造を提案した。これによりアメリカは、19世紀の初頭から維持してきた孤立主義的な姿勢を放棄したかのように見えた。この姿勢が示されたのは、1823年のモンロー主義においてである。名称の由来となった、ジェームズ・モンロー大統領は、アメリカはヨーロッパ諸国の問題に干渉するつもりはなく、ヨーロッパ諸国による南北アメリカの植民地化には抵抗すると宣言した。さらに多くのアメリカ市民とその祖先がのがれてきた欧州の列強と、同盟関係を結ぶこともこばんだ。1889年に提案された海軍建造計画は、結果的には連邦議会で否決された。代わって承認されたのは、小型のインディアナ級海防戦艦3隻のみの建造と、そのうちの1隻（オレゴン）を西海岸で建造する提案だった。「海防戦艦」という名称にしたのは、こうした戦艦が国防を目的としており、海外での軍事的冒険のために建造するのではないことを、国民に納得させるためだった。

　パナマ運河建設の試みは暗礁にのりあげていて、完成は絶望視されていた。そこで中米の運河建設をにわかに切望するようになったアメリカが、参入してその建設を肩がわりした。当時コロンビア領だったパナマは、アメリカの働きかけと援助があって独立を宣言した。その後新生パナマ共和国は、運河地峡の租借権をアメリカにあたえた。運河はそれから11年をかけて完成し、1914年8月15日に開通した。

極東の新たな危機

　キューバに到着した戦艦オレゴンは、サンティアゴ・デ・クーバの封鎖にくわわって、スペイン艦隊をこの港に封じこめた。アメリカの軍艦数隻が石炭補給のために港を離れざるをえなくなると、スペイン船はそのすきをついて封鎖を突破しようとした。その後展開されたサンティアゴ・デ・クーバの海戦で、オレゴンは重要な役割を果たし、アメリカ海軍は圧倒的勝利をおさめた。キューバの独立へのスペインの抵抗は霧散し、独立戦争はまもなく終結した。

　オレゴンは改装のためにニューヨークへの移動を命じられ、その後は太平洋に戻った。キューバでの対立に端を発して広がった米西戦争の結果、アメリカはフィリピンなどのスペイン領を数カ所獲得した。

　ところがフィリピンが独立を宣言した。アメリカはそれを認めず、両国はまもなく

右：1898年、セルベラ司令官率いるスペイン艦隊が、サンティアゴ・デ・クーバの沖合で砲撃を受けている。この版画ではアメリカの船は特定できないが、そのうちの1隻はオレゴンだろう。

下：戦艦オレゴンの乗組員が、オチキス（ホチキス）6ポンド砲を点検している。オレゴンにはこうした艦砲が20門搭載されていて、小型艦船に対する防御に用いられていた。とくに魚雷艇は戦艦にとってますます脅威になりつつあった。

交戦状態に入った。オレゴンはふたたび戦闘配備を命じられた。

その後数年間、オレゴンはフィリピン、日本、中国の近海ですごした。そのうち中国沖の長山列島付近で座礁して船体をひどく損傷したので、修理が必要になった。この修理には1年以上を要した。1906年にアメリカに帰還し大がかりな改装を受けたが、その後11年間の大半を予備艦として一線からしりぞいていた。

オレゴンはしばらく水上記念艦・博物艦として保存されていたが、第2次世界大戦が勃発すると、政府はこの船を解体して貴重で需要が高かった鋼鉄を回収する決定をした。当時鋼鉄は供給不足におちいっていた。だが戦時中は、艦砲と上部構造をはぎとられても、グアムで弾薬用はしけとしての用途を見出されたため、しばらく解体をまぬがれた。オレゴンは戦後もグアムにとどまった。が、1948年11月に台風にみまわれ、係留索が壊れて海上に迷いだした。このときは3週間後に発見されてグアムに曳航されて戻ったが、最後の日は間近に迫っていた。甲板のチーク材や装甲の鋼板を撤去されたあと、1956年には日本に曳航されてスクラップにされた。

オレゴン（戦艦）

121

ホランド号（潜水艦）
USS *HOLLAND*

　1620年、オランダ人のコーネリアス・ドレッベルは史上初の航行可能な潜水艇を完成させて、ロンドンのテムズ川で試運転した。それ以来、実用的な海軍潜水艦を造って、水中から水上艦艇への攻撃を可能にしようとする挑戦は数多く行なわれた。あと一歩の成果を出した例もあったが、ほとんどが失敗に終わった。アイルランド人発明家、ジョン・フィリップ・ホランドがようやく問題の解決策を見出したのは、19世紀末になってからである。彼の造ったホランドVI号潜水艦はアメリカ海軍によって買い取られて、1900年に近代的潜水艦としてはじめて海軍で就役した。

種別　潜水艦

進水　1897年、ニュージャージー州エリザベス

全長　16.4m

排水量　水上では65t、潜水時は75t

船体構造　鉄製フレームに鋼板

推進　オットー・ガソリン・エンジン1基（34kW＝45馬力）とエレクトロ・ダイナミクス電動機（56kW＝75馬力）1基、エクサイド蓄電池66個で、スクリュープロペラ1軸を駆動

　1873年、32歳のジョン・フィリップ・ホランド（1841～1914年）はアイルランドからアメリカに移住してきた。ニュージャージー州パターソンで教師としての職を得たが、真の情熱を傾けたのは潜水艦だった。海軍には潜水艦の建造をもちかけて黙殺されたが、アメリカでアイルランド独立をめざす秘密結社が資金を提供してくれた。アイルランド人はイギリスからの独立運動の一環として、潜水艦にイギリス船を攻撃させる使い道を考えたのだ。1878年から1883年にかけて、ホランドは潜水艦3隻を設計し建造したが、どれも完成品とはいいがたく、後援者も結局は手を引いてしまった。潜水艦造りに専念するために教師を辞めていたホランドは、ニューマティック・ガン社（Pneumatic Gun Company）で勤務するようになり、この会社から

右：ジョン・P・ホランド。完成したホランドVI号の司令塔のハッチから外を眺めている。この潜水艦はのちにアメリカ海軍に制式採用されて、ホランド（SS-1）となった。

世界史を変えた50の船

上：建造中のホランドの潜水艦。船首の大きな開口部は、単装魚雷発射管である。

4隻目の潜水艦の建造資金を引きだした。この潜水艦は試験航海まで漕ぎつけたが、それ以上の進展はなかった。

しばらくするとアメリカ海軍から、潜航水雷艇の設計競争の開催が発表された。必要要件は、水上での時速28キロの速度と潜水時のその半分強の速度、2時間の連続潜航時間、水雷の武装、45メートルの潜水深度だった。ホランドはその競争に参加し、次の潜水艦であるホランドⅤ号、別名プランジャーの設計で栄冠を勝ちとった。数年にわたりたび重なる遅延はあったが、建造資金がついに調達されてプランジャーの起工にようやくたどり着いた。プランジャーの推進には、それ以前の潜水艦の手まわし式プロペラではなく、水上では蒸気機関、潜水時は電動機を使用した。だが、ホランドは蒸気機関が実用的でないのに気づいた。潜水艦の内部を耐えがたいほど高温にするからである。

ようやくの成功

ホランドはいそいで改良モデルのホランドⅥ号を開発した。進水は1897年5月17日だった。その5カ月後には、作業員がバルブを開けっぱなしにしたために、大惨事になりかけた。水が艦内に流れこみ、波止場の近くで潜水艦が沈んでしまったのである。その状態から浮上させるのに18時間かかり、電子機器を乾燥するのに数日を要した。それでもこの潜水艦は復活して1898年3月に試験航海を開始した。水上ではガソリン・エンジンが動力を提供するのと同時に、バッテリーに蓄電する。潜水時には、ガソリン・エンジンを止めて、蓄電されたバッテリーで動く電動機に切り換えられた。これは簡にして要を得た解決策だった。おかげでホランドⅥ号の最大速力は、水上で時速15キロ、潜水時に9キロになった。試験航海が成功すると、アメリカ海軍はついにホランドⅥ号を16万ドルで買いとった（現代の貨幣価値に換算すると約460万ドル）。とはいっても最低の必要要件を満

ブシュネルのタートル号

1775年にデヴィッド・ブシュネル（1754～1824年）が完成させた潜水艇は、知られているかぎり戦闘で使用された初の潜水艇となった。この潜水艇は卵型の木造船で、タートル号とよばれた（86ページを参照）。人ひとりが入れる程度の大きさで、とりこんだ水をバラスト（底荷）にして潜水する。推進と深度は、手まわし式スクリュープロペラ2軸で調節していた。独立戦争中の1776年9月6日、ニューヨーク港に投錨していた英フリゲートのイーグルに、エズラ・リー軍曹がタートルを接近させた。リーはこの船の船体に爆薬をしかけようとしたが失敗した。

たしてはいなかったのだが。1900年10月12日、この潜水艦はホランド（SS-1）としてアメリカ海軍に制式採用された。

戦闘のための武装

　ホランド号は玩具でも実験艇でもなかった。潜水可能な実用的軍艦として設計されたのである。武装は45センチ魚雷発射管1門と、20センチ「ダイナマイト砲」1門である。後者はダイナマイトのつまった砲弾を空中に放り投げることができた。1発の魚雷は発射管にセットされており、ほかの2発は艦内に置かれた。ダイナマイト砲は、「空中魚雷」とよばれる90キロの砲弾を900メートル以上投擲できた。この砲は当初2門あったが、あとになって船尾の砲が下ろされた。

　ホランドの乗員数は6、7人だった。潜水艦の沈降を開始するときは、バルブを開いてバラストタンクに海水を注入する。それから潜水舵（今日の水平舵）とよばれる水平な平板を傾けて、潜水艦の船首を下げる。水面に浮上する際は、潜水舵を上向きにし、圧縮空気でバラストタンク内の水を排出する。ホランドの短所のひとつに視界の悪さがあった。攻撃をしかけるにあたっては、水面に浮上すれば、司令塔の窓から標的を確かめて潜水艦をその方向に向けられた。ただしそう

ハンリー号

　H・L・ハンリー号は、史上はじめて船舶の撃沈に成功した潜水艇である。発明者の名前を冠し、アメリカ南部連合国の艦船となったハンリー号は、全長が12メートルあった。操縦は乗員8人によって行なわれ、7人がプロペラを手まわしし、ひとりが舵をとった。試験航行では2度沈没して、発明者のホラス・ハンリー本人をふくめた13人が犠牲になった。南北戦争中の1864年2月17日には、ハンリーがチャールストンの近くで、北部連邦軍の軍艦フーサトニックを攻撃した。機雷を先端につけた槍でフーサトニックの船体をついてから、後ずさりして機雷を爆発させたのである。フーサトニックは沈没したが、ハンリーと乗員も姿を消した。が、1995年になって海底で発見され、2000年に引き上げられた。

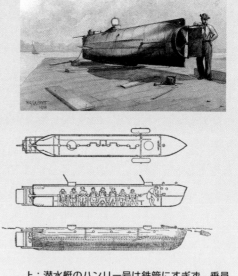

上：潜水艇のハンリー号は鉄管にすぎず、乗員の居住スペースはほとんどなかった。操縦はむずかしく危険をともなったが、戦闘では驚異的な成果を出した。

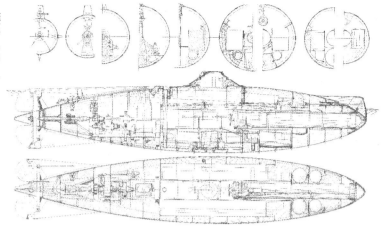

右：アメリカ海軍が初の潜水艦を就役させると、他国の海軍もホランドの潜水艦に注目した。イギリス海軍は、この国のホランド級潜水艦の1号機である、ホランド1を就役させた。

なると潜水艦がいることと位置がバレてしまうので、不意打ちのメリットはなくなる。展望鏡はすでに陸上で使用されていたので、ほかの潜水艦に組みこまれていたが伸縮自在ではなかった。伸縮できる潜望鏡はそれからまもない1902年に発明された。

ホランドが実戦に投入されることはなかった。おもな用途は、それ以降の潜水艦に配備される人員の訓練だった。またこれを原型にして、後継のA級潜水艦7隻が開発された。ホランドは1905年7月17日に退役し、1910年11月21日に軍籍簿から除外された。その後はニュージャージーの公園で展示されていたが、1932年に解体された。

ホランドの成功を目にしたイギリス、ロシア、オランダ、日本の海軍はこぞって、ホランドに潜水艦を注文した。またとくにドイツなどは独自の設計モデルを開発した。今日現役のものものしい海軍潜水艦の多くは、系譜をたどるとホランドⅥ号に行きつくのである。

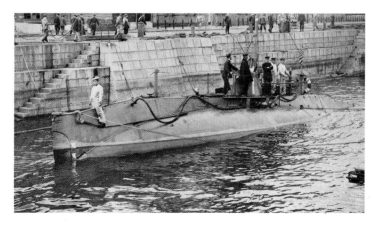

右：大日本帝国海軍もアメリカからホランドⅦ号を5隻購入して、拡大しつつあるホランド・クラブの仲間入りを果たした。Ⅶ号はⅥ号よりも大型で強力な武装をしていた。

ホランド号（潜水艦）

ポチョムキン（戦艦）
POTEMKIN

　1917年のロシア革命の影響は、ロシアの国境を越えて遠方まで広がった。革命で最後の皇帝(ツァー)が退位させられると、ソヴィエト連邦が成立した。このことは世界的な意味をもっていた。革命が旧帝国への真の脅威であることを示した前駆的徴候に、その12年前のロシア軍艦ポチョムキンの反乱がある。これを契機に革命の機運は広がり、失敗へと突き進んだ。ただしレーニンのような革命家は、ロシアの他地域での反乱の失敗を材料にやるべきことを見出して、1917年の次の機会をとらえて勝利したのである。

種別　前弩(どきゅう)級戦艦

進水　1900年、ウクライナのニコラエフ造船所（現ムィコラーイウ）

全長　115.3m

排水量　13107t

船体構造　装甲鋼板の船体

推進　直立型3段膨張式蒸気機関2基で、スクリュー2軸を駆動

　戦艦ポチョムキンの名称でよく知られるクニャージ・ポチョムキン・タヴリーチェスキー（タヴリダ公爵ポチョムキン）は、帝政ロシアの黒海艦隊を増強するために1890年代の後半に建造された。この船はほかの海軍大国の最高の戦艦に匹敵しうる仕様に仕上げられた。兵装には2連装305ミリ砲2門をはじめとする艦砲40門をそろえ、最新式のクルップ鋼で身を固めていた。

　1904年、ロシアが日本の勢力圏である太平洋に拡張したために、日露戦争が勃発した。ロシアは日本海軍を相手に連敗を喫した。その最たる例が、1905年、日本海海戦でのバルティック艦隊の無惨な壊滅である。そのために海軍内だけでなく、ロシアの国中で士気がはなはだしく低下した。また黒海艦隊の乗組員にひそむ革命分子は、艦隊中をまきこむ反乱を起こして、貴族社会への農民の蜂起をうながそうとした。蜂起は8月に計画していた。ところがポチョムキンの事件でその予定に狂いが生じた。

　日本海海戦からちょうど1カ月後の1905年6月27日、戦艦ポチョムキンはウクライナの沖合で砲撃訓練の準備をしていた。その時乗組員の食事に出されたボルシチには、ウジのわいた腐った肉が入っていた。船医は食べてもだいじょうぶだと太鼓判を押したが、乗組員は口にしようとしない。上級将校がその反抗的態度に腹をたて、艦長が銃殺するとおどした。艦長は本気のようだった。武装した海

左：戦艦ポチョムキンの一部の乗組員が、カメラに向かってポーズをとっている。この直後に有名な反乱は起こった。中央の副艦長は、他の将校とともに反乱者によって殺害された。

右：このピョートル・チモフェエヴィチ・フォミーンの絵画は、戦艦ポムチョキンの乗組員が将校から力づくで船の支配権を奪った瞬間を描いている。

兵隊員の分隊をよんだからである。それが我慢の限界だった。将校と乗組員のあいだで銃撃戦が勃発した。乗組員の中心人物とおぼしき水夫グリゴリー・ヴァクレンチュークが、イッポリート・ギリャロフスキー副艦長の弾丸に倒れ、その副艦長も乗組員らに捕まって海に放りこまれた。海兵隊員は将校の味方につこうとしなかった。

乗組員は船をのっとった。生き残った将校を自室に監禁してから、乗組員は船を運用する委員会を選出した。そして次のような声明を出した。

すべての文明人たる市民と労働者よ！ 独裁政権の犯罪はもはや許しがたいところに来ている。ロシアの津々浦々が怒りに燃えて叫んでいる。「屈従の鎖を断ちきれ！」と。政府はこの国を血の海にしようとしている。兵士が虐げられた人々の息子の集まりだということを忘れて。ポチョムキンの乗組員は、運命の第一歩をふみだした。われわれは、これ以上国民の絞首刑執行人としてふるまうことを拒否する。われわれのスローガンは、「すべてのロシア国民に自由を、さもなくば死を！」である。われわれの要求は、戦争を終結し、普通選挙権を前提とする憲法の制定会議をすみやかに開くことである。その目的のために、われわれは最後まで戦い抜くつもりでいる。勝利を、さもなくば死を！ 自由と平和を求める闘争では、すべての自由人とすべての労働者がわれわれの味方になるだろう。独裁政治を打倒せよ！ 憲法制定委員会ばんざい！

ポチョムキン（戦艦）

バウンティ号の反乱

　海軍史上でもっとも有名な、いや、悪名高き反乱は、1789年にバウンティ号で起こった。バウンティはイギリス海軍の小型船艇で、太平洋のタヒチ島でパンノキを積んで西インド諸島まで運ぶ予定になっていた。パンノキは安く、奴隷用の食物になった。船が果物の積み荷とともにタヒチを発ってから3週間後に、副艦長のフレッチャー・クリスティアンを首謀者とする反乱が起こった。反乱にくわわった乗員はほぼ半数にのぼっていた。艦長のウィリアム・ブライなど大半の体制派の乗員は、バウンティの大型ボート(ランチ)に乗せられて海に流された。だがブライは奇跡のような操船術を駆使して、無蓋ボートで太平洋を6710キロ横断し、インドネシアのチモール島にまでたどり着いた。そのあいだ、反乱者は南太平洋のピトケアン島まで帆走し、ここでバウンティに火を放った。が、1808年には反乱者の生き残りはひとりだけになっていた。ほかの者は病死か戦死をしていた。パンノキがこうした経緯の末に西インド諸島に届けられたとき、奴隷はこの果物を口にしようとはしなかった。

下：2010年、ミシガン湖に浮かぶバウンティⅡ号。1789年にフレッチャー・クリスティアン副艦長を首謀者として起こした反乱により、バウンティ号は有名になった。Ⅱ号はそのレプリカである。

赤旗の下で

　ポチョムキンは革命の赤旗をひるがえしながら、ウクライナのオデッサ港に向かって汽走した。そこは反乱ムードが充満しており、街では暴徒が荒れ狂っていた。市が無法地帯と化したので戒厳令が敷かれ、軍隊が暴徒に発砲した。最大で2000人が殺害され、3000人が負傷した。街で革命ののろしを上げた人々は、ポチョムキンに掩護として重砲を使用することを望んだが、乗組員は関与を避けた。オデッサがふたたび軍の厳重な統制下に置かれると、ポチョムキンの乗組員は恩赦を願いでた。それが拒否されたため、沖に出てほかの船が仲間にくわわるのを待った。はたして戦艦サンクトゲオルギーで乗組員が反乱を起こしたが、すぐに将校や皇帝派の乗組員に船の支配権を奪還された。

　ポチョムキンは、ルーマニア沿岸部のコンスタンツァに向かった。黒海艦隊のロシア軍艦は、ポチョムキンを止めるよう命じられていたが、砲門を開くことはなかった。ルーマニアが乗組員に船の明け渡しを強硬に主張すると、ポチョムキンはクリミア半島のフェオドシアをめざした。そこで補給物資を確保できなかったため、乗組員はついに敗北を認めざるをえなくなった。彼らはコンスタンツァに引き返して投降し、下船の際に、ポチョムキンの海水弁を開いて港に沈めた。

> ロシア中が、蜂起と隷属の鎖からの解放を待っている。
>
> アファナシー・マティシェンコ。ポチョムキンの反乱の首謀者のひとり

右：エイゼンシュテインの映画『戦艦ポチョムキン』。この船で起こった反乱を描いたもので、センセーショナルなポスターを使って大々的に宣伝された。ソ連はこの反乱を、兵士も民衆にくわわって古い秩序を転覆しようとすることがある、という事実を示すものとみなしていた。

下：停泊中の戦艦ポチョムキン。舳先にイギリス国旗を掲げているように見える。このことから写真は、第1次世界大戦が終結して連合軍に接収されたときのものと思われる。

ポチョムキンはふたたび引き上げられた。海水のために内部に傷みが生じていたので、セヴァストポリに曳航して修理を行ない、ロシアの聖人にちなんでパンテレイモンと改名された。第1次世界大戦中は、トルコ船相手の海戦や海岸施設への攻撃に何度かくわわった。1917年のロシア革命以降は、ふたたびポチョムキン＝タヴリーチェスキーの名に戻った。ところがその2、3カ月後に、またもや改名されてボレツ・ザ・スヴァボードゥ（自由戦士）となった。

この船は1918年5月にドイツ軍によって捕獲され、戦後連合国に引き渡された。連合国はひき続きセヴァストポリに係留していたが、暴力革命を唱えるボルシェヴィキが進出してきたために、利用を許さないために蒸気機関を破壊した。ところが反ボルシェヴィキ派もボルシェヴィキ派も、この船を何回か動かしているのである。1920年にこの船は乗りすてられ、1923年になってついに解体された。

ポチョムキンと乗組員の1905年の反乱は、1925年にセルゲイ・エイゼンシュテイン監督の名作無声映画『戦艦ポチョムキン』に描かれて人々の記憶にきざまれることになった。実在した乗組員は船を去ったあと大部分がルーマニアにとどまった。アルゼンチンにわたった者もいた。ロシアに帰還した者は逮捕後に処刑された。最後の生存者となったイヴァン・ベショフはアイルランドのダブリンにたどり着き、1987年にこの地で102歳の天寿をまっとうした。

ポチョムキン（戦艦）

129

ドレッドノート（戦艦）
HMS *DREADNOUGHT*

　1900年代初頭、新たなタイプの戦艦が世界の海軍の王者として君臨した。弩級戦艦である。海戦戦術の劇的な変革から生まれた弩級戦艦は、世界の海軍大国のあいだで戦艦の建造競争と巨砲化競争をひき起こした。

種別　　弩級戦艦

進水　　1906年、イギリスのポーツマス海軍工廠

全長　　160.6m

排水量　18410t

船体構造　装甲鋼板

推進　　直結駆動タービン２組で、スクリュープロペラ４軸を駆動

　1900年代初頭に、戦艦の設計に革命が起こった。この頃すでに魚雷は軍艦の深刻な脅威となっていた。一般的な交戦距離である2.7キロより離れたところから放った魚雷が、艦船に命中するだけでなく、撃沈できるようになっていたのだ。世界の海軍大国はどこも、艦砲の口径をさらに大きくしてより遠くから砲戦を行なうことを考えはじめていた。だがこれをはじめて公に発表したのは、イタリア海軍の造船官、ヴィットリオ・クニベルティだった。1903年にクニベルティは「単一巨砲」戦艦を提案する論文を上梓する。口径はひとつしか必要ない、砲戦が遠距離になれば、戦艦に搭載されている既存の中小口径砲の大半が無用の長物となるというのである。クニベルティが理想とする未来の戦艦は、武装をその時点で最大級の巨砲にしぼったものだった。従来の戦艦建造は船体を設計してから、それに合わせて艦砲を搭載するという流れだった。だがこれ以降は搭載する艦砲を先に決め、それに合わせて船体を設計するようになった。

　単一巨砲戦艦として最初に進水したのが、イギリス海軍のドレッドノートだった。ドレッドノートには武装として10門の305ミリ砲が5基の連装砲塔に搭載された。この巨砲は重量390キロの砲弾を16キロ以上先まで飛ばすことができる。さらにドレッドノートは、蒸気タービン機関で駆動するはじめての戦艦でもあった。蒸気タービン機

右：作戦のためにかたづけられたドレッドノートの後甲板（艦尾部）。1910年に撮影されたこの写真には艦尾にある連装砲塔2基がはっきりと映っており、手前の砲塔の上面には搭載された12ポンド砲2門が見えている。

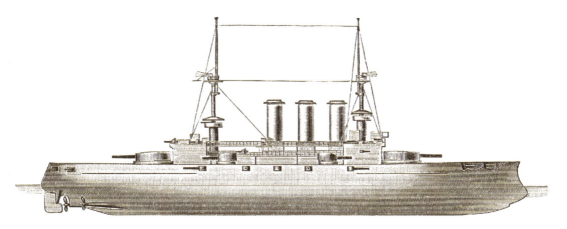

上：イタリア人設計技師ヴィットリオ・クニベルティが、イギリス海軍向けに考えた理想的な単一巨砲戦艦の図。これをもとに設計が起こされて完成したのがドレッドノートである。

関のおかげでこの巨艦の最大速力は時速40キロと、当時現役だったどの戦艦よりも速かった。ドレッドノート建造の狙いは、イギリスを敵視する国々に攻撃を思い止まらせる抑止力としての効果にあった。ドレッドノートがあまりにも高速かつ強力な戦闘艦だったことから、ほかのあらゆる戦艦がたちどころに時代後れになった。だが他国の海軍も同じ考え方をしており、すぐに自前の弩級戦艦を建造した。実際、日本初の弩級戦艦である薩摩の建造はイギリスよりも前にはじまっていた。が、進水でドレッドノートに先を越されていた。続いて1908年には、アメリカ初の弩級戦艦ミシガンが進水した。アメリカは日本が太平洋で本格的な海軍大国として台頭してきたのを受けて、新たな建艦計画に着手していた。一方、ヨーロッパでは、ドイツが建造する軍艦の多さにイギリスが危機感を強めていた。これはホレーショ・ネルソンの時代から続く、イギリスの制海権に対するはじめての重大な挑戦だった。こうした経緯から、世界規模で爆発的に戦艦が建造された。主だった海軍大国はどこも、ほかの海軍大国の戦艦建造に目を光らせ、追いつき追い抜こうとした。

ドレッドノートの技術的な優位は長く続かなかった。初期の弩級戦艦に続いて、さらに大型化、重武装をおしすすめた軍艦が登場したのだ。このタイプは超弩級戦艦とよばれた。最初の超弩級戦艦となるオライオン級を建造したのは、またもやイギリスだった。だがすぐにほかの国々もあとに続いた。超弩級戦艦に搭載される主砲は大口径化に大口径化を重ね、最終的には380ミリに達した。この時期には、燃料も石炭から石油に切りかわった。石油は石炭より小

蒸気タービン

ドレッドノート以前の蒸気を動力とする戦艦には、巨大で重く非効率なレシプロエンジンが搭載されていた。レシプロエンジンは、ピストンが往復運動をくりかえして動力を生みだす機関である。このピストンの直線運動を大型リンク機構が回転運動に変換して、艦船のプロペラをまわした。チャールズ・パーソンズの蒸気タービンは構造が簡単で小さく、そして軽かった。ドレッドノートの場合はタービンにすることで機関重量を1000トン以上減らすことができた。タービンの効率がピストンエンジンよりすぐれているのは、蒸気圧を回転運動に直接変換するからである。タービン機関の導入で、軍艦はさらなる高速化が可能になったうえに、レシプロエンジンより振動が抑えられ、必要な整備も少なくなった。

ドレッドノート（戦艦）

さい体積に多くのエネルギーが凝縮されていることから、石油専焼ボイラーにすると機関の規模を小さくすることができた。ドレッドノートは水上艦と戦うために建造されたものの、第1次世界大戦では潜水艦と一度戦ったきりだった。1915年3月18日、スコットランドの北に位置するペントランド海峡で、眼前にドイツ軍潜水艦U-29が浮上すると、ドレッドノートは潜水艦に体あたりをくらわせて乗員もろとも沈めた。

ユトランド沖海戦

　第1次世界大戦で弩級戦艦が砲火を交えた唯一の戦いが、ユトランド沖海戦である。皮肉なことに、当のドレッドノートはユトランド沖海戦に参加しなかった。この戦いはジョン・ジェリコー提督率いるイギリス海軍のグランドフリート（大艦隊）と、ラインハルト・シェーア提督率いるドイツ海軍の大洋艦隊のあいだでくりひろげられた。当時のイギリス海軍はドイツの重要物資を欠乏させるとともに、ドイツ海軍が大西洋へ進出してイギリス商船を襲撃するのを阻止するために、北海を封鎖していた。1916年5月末、ドイツ海軍巡洋戦艦の一団が猛然と北海に進入した。その目的はドイツ艦隊が待ちかまえている海域に、イギリス艦を誘き出すことにあった。ドイツ海軍の考えでは少数のイギリス艦が相手の戦いとなるはずだった。だがイギリス側は40隻のドイツ艦が港から出撃したと知ると、グランドフリートに総動員をかけた。

　5月31日の午後、28隻の戦艦をはじめとする総勢151隻のイギリ

招かざる客

　1894年、蒸気タービンの発明者であるチャールズ・パーソンズ（1854〜1931年）は、自分の新しい蒸気タービン機関の能力を示すために、タービニア号というタービン動力の実験船を建造した。タービニアの最高速度は最速の戦艦よりも2倍速い時速63キロに達した。その

能力をパーソンズは大胆不敵な方法で披露した。1897年に、イギリス南岸のスピットヘッドで行なわれたヴィクトリア女王即位60周年記念観艦式に、タービニアを飛び入り参加させたのである。ノロノロと航行する軍艦のあいだで、タービニアはスピードを上げたり落としたりしたが、追いつける軍艦は1隻もなかった。その性能に海軍は感銘を受けて、1899年に蒸気タービン機関を搭載した2隻の駆逐艦、ヴァイパーとコブラを建造した。この2隻が大きな成功をおさめたことから、続いて初のタービン駆動戦艦ドレッドノートが1906年に建造され、以後建造されるすべてのイギリス海軍艦に蒸気タービン機関が搭載されることになった。

右：敵側から見たドレッドノードの主砲は凄みがある。映っているのは30センチ砲2門で、砲塔上面には照準塔と12ポンド砲が見える。

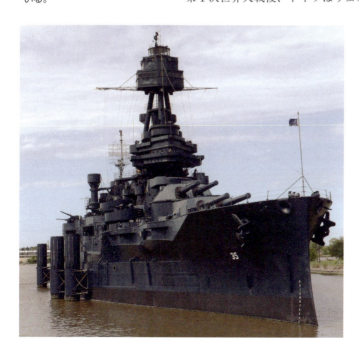

下：テキサスは船として浮いた状態で現存する、最後の第1次世界大戦期の弩級戦艦である。1912年に進水して2度の世界大戦に従軍し、いまはテキサス州ラポートで博物艦となっている。

ス軍が、16隻の戦艦など99隻で編成されたドイツ軍と会敵した。砲撃を先に命中させたのはドイツ側だった。これで3隻のイギリス艦が沈んだ。その後はイギリス軍が有利に戦いを進めた。戦闘は夜までもつれこみ、ドイツ側が夜陰に乗じて港に戻るまで続いた。イギリス海軍は14隻の艦船を失って6000人以上の戦死者を出し、ドイツは11隻の艦船を失い2500人以上の戦死者を出した。両軍とも勝利を宣言した。イギリス側はドイツ側よりも失った艦船と犠牲者の数が多かったものの、北海の制海権を守り抜き、ドイツ艦隊の北海突破をくいとめていた。

第1次世界大戦後、ドイツはヴェルサイユ条約によって新たな軍艦の建造を禁止された。イギリスはこの大戦で疲弊して新しい建艦計画を進める余裕はなく、他国に追い抜かれる可能性が高かった。とはいえほかの海軍大国も、新しい艦隊を整備するために巨額の費用を投じるつもりはなかった。そこで1922年に建造できる艦数、艦種、規模を制限するワシントン海軍軍縮条約がアメリカ、イギリス、日本、フランス、イタリアによって調印された。さらこの条約で古い弩級戦艦の大半がスクラップにされることになった。ドレッドノートはというと、前年にスクラップとしてすでに売却されていた。

ドレッドノート（戦艦）

ルシタニア号（定期船）
RMS *LUSITANIA*

ルシタニア号は、規模とスピード、豪華さにおいてその当時の最高水準にある遠洋定期船だった。第1次世界大戦中にドイツは、この船を民間船と知りながら撃沈しておびただしい数の犠牲者を出し、アメリカにドイツへの宣戦布告を決断させる動機を与えた。

種別　遠洋定期船

進水　1906年、イギリス、スコットランドのクライド川のジョン・ブラウン造船所

全長　240m

排水トン数　44767t

構造　リベット接合の鋼板

推進　直動式パーソンズ蒸気タービン4基（57MW＝76000馬力）で、スクリュープロペラ4軸を駆動

1900年代初めには、ヨーロッパの業界トップの海運会社が、実入りのよい大西洋横断旅客ルートでしのぎを削りながら定期船を運航していた。その1社であるキュナード社は、最速にしてこれまでにない豪華な定期船の建造にのりだした。1906年、2隻の新しい客船、モーレタニア号とルシタニア号が進水した。どちらもイギリス戦艦ドレッドノートの3倍の出力をもつ蒸気タービン機関を搭載し、時速50キロ弱という、客船で最速の巡航速度を誇っていた。

1915年5月7日の朝、ルシタニアはアイルランドの南海岸に沿って東進していた。この付近でUボートへの警戒をよびかける無線通信が入っていたことは、1200人の乗客には伏せられていた。危険海域ではジグザグ航行をするよう勧められていたが、ルシタニアはまっすぐ汽走していた。

ルシタニアがニューヨークを発つ前日に、潜水艦U-20はドイツ北部沿岸のエムデンを出港していた。その後はスコットランドをまわってアイルランドの大西洋岸に南下し、アイリッシュ海に南から入って、イングランドのリヴァプール沖で船を襲おうとしていた。そこは

上：1等ダイニング・ルームは、船としては最高級の豪華さを誇っていた。白い漆喰に金箔、マホガニーの羽目板、コリント式の柱をそなえたルイ16世様式の部屋で、フレスコ画で飾られた円蓋をいただいていた。

ちょうどルシタニアの目的地でもあった。霧のおかげで数隻の船がU-20の目からのがれた。U-20は小型貨物船2隻を首尾よく沈めていたが、艦長のヴァルター・シュヴィーガーはもっと大物の獲物を求めていた。

午後1時20分、U-20が浮上してバッテリーに充電しているときに、シュヴィーガーは遠方に煙を発見した。煙は4本の煙突から立ち上っていた。となれば大型船にちがいない。ちょうど望んでいた類いの標的である。しかもその船はU-20に向かって直進してきていた。ルシタニアは旗を上げておらず、特徴的な赤い煙突は黒く塗られて船名も塗りつぶされていた。それでもU-20の将校は、モーレタニアかその姉妹船のルシタニアであると正確に識別した。U-20は沈降して待ち受けた。そしてルシタニアが魚雷の射程内に入るや、シュヴィーガーが発射命令を出した。

ルシタニアではすくなくともふたりの乗員が魚雷に気づいて、警報を鳴らそうとしたがまにあわなかった。魚雷は船腹に激突して爆発した。それとほぼ同時にそれを上まわる爆発が、瓦礫とともに巨大な水柱を吹き上げた。航行の危険性は承知されていたのにもかかわらず、避難訓練は行なわれていなかったので、乗客は右往左往するばかりで救命胴衣のつけ方にも迷っていた。ルシタニアは進路を左にずらして、沈没する前にアイルランドの浜にたどり着いてのりあげようとした。船体は右に傾き船首を下にして沈みはじめた。すると停電が起こった。船の下の階の船室や迷路のような廊下が突然真っ暗になり、エレベーターで上昇していた乗客はそのまま閉じこめられた。

終幕はあっというまに訪れた。通常ならルシタニアのような船は、

右：運命がルシタニア号とU-20を引きあわせて悲劇が生まれた。潜水艦の艦長は大物の敵の標的をしとめようと躍起になっていた。ちょうどそのときに、まっすぐ向かってくるルシタニアが発見されたのである。

左：1907年、処女航海を終えてニューヨークに到着したルシタニア号。波止場の近辺で見物人が豪華客船をよく見ようとして樽に乗っている。

ルシタニア号（定期船）

戦史のなかで、残酷さとおそろしさにおいてこれに匹敵する所業はひとつとしてない。

<small>ルシタニア号の沈没に対するニューヨーク・タイムズ紙の反応</small>

モーレタニア号

　ルシタニア号の姉妹船であるモーレタニア号は、長く活躍しつづけた。ルシタニアの3カ月後に進水し、その後まもなく大西洋横断の最速横断記録であるブルーリボン賞を、東まわりと西まわりの両方でルシタニアから奪った。このふたつの記録は約20年間破られなかった。第1次世界大戦中は、兵員輸送船と病院船として利用された。戦後は大西洋横断旅客輸送に復帰し、最終的には269往復した。1929年にはドイツの客船ブレーメン号に、ブルーリボン賞の両記録を奪われた。翌年、もはや定期船として精彩を失ったモーレタニアは、クルーズ船に生まれ変わった。1934年には、イギリスの2大定期船運航会社で互いにライバルでもある、キュナード社とホワイトスター社が合併して、モーレタニアなどの古い船を引退させた。モーレタニアは1935年に廃船になった。

どんなにひどい損傷を受けても数時間は浮かんでいられるはずだった。それならそのあいだにほかの船がかけつけて救助できる。ところがルシタニアはたったの18分で沈んでしまった。すぐ近くの岸から出た救命ボートが、ルシタニアの沈没現場にたどり着く頃には、多くの者が冷たい海に沈んで絶命していた。乗客と乗員を合わせて1195人が命を失った。生きのびたのは760人あまりだった。

　クイーンズタウン港（現コーブ）ではおそろしい光景が広がっていた。水際におびただしい数の遺体がぎっしりならんでいるのだ。町政庁舎は死体安置所になった。生存者は、死体の列のあいだを歩いて身内の者や友人を確認するという、悪夢のような作業をしなければならなかった。

　死者のなかにはアメリカ人の市民が123人いた。アメリカ内の反応は予想できた。はたしてドイツが警告もなしに、中立国の市民を乗せている民間の非武装船を攻撃して沈めたことに対して、激しい怒りが向けられた。ロンドンの駐英アメリカ大使は、ドイツに対して宣戦布告すべきだと母国に強く主張した。

左：1915年に発表されたこの絵はおかしい。なぜなら2発目の魚雷の爆発が、ルシタニア号の舷側で起きているからである。これは1発目の攻撃でできた穴のちょうど後ろになっている。発射された魚雷は実際には1発だけだった。

下：第1次世界大戦中に多くの犠牲者を出したルシタニア号の撃沈は、兵士募集のポスターに利用されるほど、イギリスとアイルランドで大きな怒りをまきおこした。

原因究明

　この沈没は多くの疑問を浮上させた。ルシタニア号はなぜUボートが待ち伏せしているかもしれないのに、海岸近くを航行したのだろうか。なぜジグザグに航行しなかったのか。アメリカの参戦をうながすために、攻撃されるのを承知でルシタニアをUボートの猟場にわざと向かわせたのではないか、という観測もある。2度目の爆発の原因はなんだったのだろうか。ドイツが主張するように弾薬を積んでいたのか。ドイツは沈没させたことについて謝罪をこばんだが、その後は客船への攻撃を禁止するべく、海軍の交戦規定を変更した。

　商務省の調査で、沈没の原因はUボートからの雷撃のみだったことがわかった。攻撃の可能性が高い場所にこの船が誘導されたことを示す証拠は見つからなかった。また船長が、アイルランドの海岸から離れることになるジグザグの航路をとらない決断をしたのは、リヴァプールに定刻どおりに到着するためだったという説明がついた。ジグザグに進めば横ゆれがして、乗客に不快感をあたえることにもなる。なかには大富豪もいたのだ。ただし2度目の爆発の原因については結論は出なかった。弾薬を運んでいたのではないか、という主張がくりかえされたが、船主は積荷目録に公表されていたライフル用実包400万発以外は積んでいなかったと断言した。ボイラーの爆発でも2度目の爆発の説明はつくが、ボイラー担当の乗員から爆発したという報告はなかった。

　1993年になって、難破したタイタニック号を先に発見していた海洋考古学者ロバート・バラードが、小型潜水艇を投下して沈没船を調査した。撮影されたルシタニアは右舷を下にして沈んでおり、上部構造物のほとんどが錆び落ち、船体はひずんでつぶれていた。大きな収穫だったのは、バラードが海底にちらばっている石炭に気づいたことである。どうやら爆発後に船体にあいた穴からこぼれたらしい。ルシタニアは石炭の大食漢だった。5000トンを超える石炭がニューヨークで積みこまれ、ほとんどが航海中に燃やされた。魚雷が爆発したときは、ほぼ空になっていた燃料庫で振動が起こり、石炭の粉塵が舞い上がったのだろう。石炭の粉塵が酸素と混合すれば爆発が起きやすくなる。それがなにかの火花に引火しただけで、船体はバラバラになり、船は数分で海底に沈んだのである。

タイタニック号（定期船）
RMS *TITANIC*

　1912年、世界最大の船ははじめて運賃を支払う乗客を船上に迎えた。その乗客の多くがこの船の処女航海から生還できなかった。船の名前は悲劇の代名詞として歴史にきざまれている。伝説のタイタニック号。この船の沈没で、船の設計や海上の安全にかんする新たな国際条約が定められた。

種別　オリンピック級遠洋定期船

進水　1911年、北アイルランドのベルファストにあるハーランド・アンド・ウォルフ造船所

全長　269.1m

排水トン数　53150t

船体構造　リベット接合の鋼板

推進　レシプロ蒸気機関2基（34300kW＝46000馬力）と低圧タービン1台で、スクリュープロペラ3軸を駆動

　タイタニック号は、アイルランドのベルファスト市（現在の北アイルランド）で建造された。この市はいまでもこの偉大な船をおおいに誇りにしている。それまで地表を移動していた人工物で、タイタニックにかなう大きさのものはなかった。ベルファストでは今日でもこんな言葉がくりかえされている。「タイタニック号はここを出たときはだいじょうぶだったのに」ハーランド・アンド・ウォルフ造船所の周辺には労働者の家が集まっていた。家を出て街路で見上げると、タイタニックと姉妹船のオリンピック号がそびえ立っていた。造船所に隣接する船台で、2隻の豪華船が完成に近づきつつあったのだ。

　タイタニックの船体は、300本のフレームに2000枚の鋼板を300万個以上のリベットで締結して造られた。船体は16の水密区画に分かれ、電動の防水扉によって密閉された。この扉はブリッジ（船橋）でスイッチを入れれば閉まった。あるいは個別に閉じることも可能だった。制御システムが作動しなくなって、ある区画に水が流れこんできても、扉は自動的に閉まる。またタイタニックは2区画が水で満たされていても浮かぶ構造になっていた。予測可能などんな事故があっても、沈むことなど絶対にないように思われた。

　タイタニックの公共スペースと乗客用の施設は、ほかに類を見ない充実ぶりだった。プール1面に複数のサウナとスカッシュのコート、さらにはジム1カ所をそなえていた。広々としたダイニング・ルーム

右：タイタニック号の処女航海の航路。サウサンプトンからフランスのシェルブールとアイルランドのクイーンズタウン（現コーブ）をへて、ニューヨークへ向かっている。

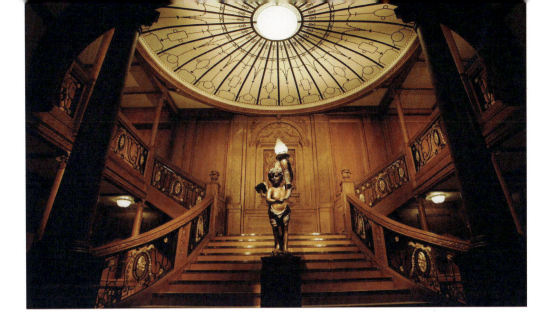

上：タイタニック号は最高水準のぜいたくな造りで、ヨーロッパの最高級ホテルの外観と雰囲気を再現していた。

やラウンジ、読書室も用意された。1等、2等船室には、最高水準の装飾と調度品があしらわれた。乗客に設備の整ったホテルですごすのと同じ体験をしてもらうためである。3等の普通船客室も、当時の大半の客船の3等にくらべれば上等だった。タイタニックの3等乗客は仕切りのない大部屋ではなく、少人数用の船室で寝泊まりしていた。この船の名物の大階段は、7つの甲板をつっきりながら下にのびており、上にはガラスの円蓋を載せていた。

救命ボートは20隻装備し全部で1178人を収容できたが、タイタニックには乗客乗員を合わせて3000人以上が乗っていた。タイタニックが処女航海した1912年の法規制では、この規模の船に搭載を義務づけられていた救命ボートの数は、わずか16隻だった。だから実のところ、最低限の安全基準は超えていたのである。緊急時には、救命

偶然のいたずら

タイタニック号ほどの大型船が河川や港を移動すると、近くの船が大型船に引きよせられるほど、強力な吸引作用が水中で生じることがある。1911年9月20日、イングランド南海岸が面するソレント海峡で、イギリス巡洋艦ホークが、タイタニック号の姉妹船であるオリンピック号と衝突した。おそらくは巨大定期船が横を通りすぎたときに、引きよせられたのが原因だろう。オリンピックの修理のためにタイタニックの完成は遅れた。タイタニックがようやく処女航海に出発したときも、客船シティ・オヴ・ニューヨーク号にぶつかりそうになった。タイタニックが通過したときにシティ・オヴ・ニューヨークの係留索が引きちぎられて、タイタニックのほうに吸いよせられたために、タイタニックは回避行動をとらねばならなかった。オリンピックがホークと衝突して船体を傷めていなかったら、あるいはタイタニックがニューヨークと衝突していたら、タイタニックの出発日が変更されて氷山にぶつかって沈むことはなかったろうと思うと、運命のいたずらを感じる。

上:豪華客船タイタニック号の最後の姿をとらえた写真。処女航海(にして最後の航海)で、サウサンプトンをあとにしたところ。乗客乗員の多くがわずか5日後に命を落とした。

ボートはタイタニックと救助船のあいだを往復しながら乗客を運ぶことになるので、救命ボートの収容人数が少なくても支障はないと考えられていた。いっぺんにすべての乗客乗員を乗せる事態は、想定されていなかったのである。

処女航海

イギリスの大半の遠洋定期船は、リヴァプールを拠点または出発地にしていた。タイタニック号は例外的に、イングランドの南海岸にあるサウサンプトンを拠点にした。あまりに巨大なので、この船のために新たな桟橋を造らねばならなかった。新しい拠点は実際的な商業的理由から選ばれた。サウサンプトンのほうがロンドンへの交通の便がよく、ヨーロッパ大陸に近かったのだ。タイタニックは大西洋を横断する前に、大陸で乗客をひろうことができる。

タイタニックが船出する1912年4月10日の朝には、億万長者やプレイボーイ、実業家、移民、そしてその家族といった1300人を超える人々が、大西洋横断のすばらしい冒険に胸を躍らせていた。そのなかにはハーランド・アンド・ウォルフ社の代表取締役、トマス・アンドルーズ、タイタニックの船主であるホワイトスター・ライン社の会長、J・ブルース・イズメイの顔もあった。

4月14日、ほかの船からタイタニックに氷について警告する連絡が入りはじめた。スミス船長は氷山を回避するために針路を南に下げた。見張り役は置かれたが、船はフルスピードで進みつづけた。氷山

右：タイタニック号の指揮をとったエドワード・J・スミス船長。沈む船にとどまって亡くなった。それ以前から、最悪の事態になったら船と運命をともにすると語っていた。

この船にはいかなる大惨事も起こりえないだろう。近代の造船技術はそうした事態を凌駕(りょうが)している。

タイタニック号の船長、エドワード・スミス

が実際に目視されないかぎり減速しないのは慣例だった。海が妙に穏やかだったせいで、見張りは海と空の境界を見定めるのに苦労していた。

午後11時40分、マストの上の見張り台にいたフレッド・フリートが電話に向かって叫んだ。「目の前に氷山がある」

ブリッジの高級船員がただちにエンジンを逆回転させて、舵を右いっぱいに切った。その結果、舳先は左に回転した。このすばやい回避行動で正面衝突は避けられたが、船は氷山をかすめていた。ほとんどの乗客はまったく衝撃を感じなかった。当初、惨事は避けられたかのように思われた。だが船底の近くでは、第6ボイラー室の作業員がとどろくような轟音を耳にしていた。と、外殻板の裂け目から氷のように冷たい海水が流れこみ、奔流となって作業員を襲った。高級船員は

氷山

タイタニック号にぶつかった氷山は、もともとは1万5000年前にグリーンランドに降った雪だった。降り積もった雪の重みで下層の雪が固められて氷になった。この氷が坂をゆっくり滑り落ち、イルリサット・アイスフィヨルドの海に着水した。1900年代の初めに、このフィヨルドは毎年1、2個の巨大氷山を誕生させていた。1909年のタイタニックと衝突した氷山もそのひとつである。最大で何百トンもの重量があるので、フィヨルドの端にたどり着くまで1年はかかったろう。その頃には、重量は半減していたと思われる。1911年には西グリーンランド海流にのって、カナダの北東沿岸部を南下し大西洋に入った。運命の衝突後は、南に漂流して溶けてなくなった。

右：タイタニック号を沈没させた氷山だろうか。この写真は1912年4月15日に、タイタニックの沈没現場近くで撮影された。

タイタニック号（定期船）

バラードの極秘任務

　タイタニック号を発見しようとしたロバート・バラード博士には、どうしてもアメリカ海軍の協力が必要だった。アメリカ海軍のほうも、博士のロボット潜水艇の技術に興味津々だった。海軍は博士と取引をした。それは、博士がその技術をアメリカの沈没した原潜、スレッシャー号とスコーピオン号の調査に使うなら、そしてその任務が予定前に終わったなら、博士は残された日数のあいだ、海軍の保有資源を自分の目的のために使用してよい、というものだった。スレッシャーとスコーピオンは1960年代に難破していて、海軍はその原子炉の状態を知りたがっていた。バラード博士が原潜の残骸を発見して調査を終えたとき、タイタニックを捜索できる日数は12日しか残っていなかった。博士は潜水艦から出た破片やがらくたが海底の広範囲にちらばっていたのに気づいていたので、タイタニックの破片やがらくたの範囲はそれより広くなっているだろうと見当をつけて、船そのものではなくそうした場所を捜索した。そして10日目になった1985年9月1日に、一面に広がる残骸を発見したのである。難破船には迷わずたどり着けた。

下：タイタニック号の船首が深海の暗がりから姿を現している。鉄さびがつらら状に垂れ下がっている。

　損傷を調べるために下に急行した。そこで見たのは背筋の凍る光景だった。5カ所の水密区画で裂け目が生じて水が充満していた。船が長くもたないのはすぐにわかった。タイタニックは沈みつつあったのだ。

　SOSが送られたが、いちばん近かった貨物船カリフォルニアン号は、夜間無線室を閉めていたために受信していなかった。タイタニックから打ち上げられた信号弾は、カリフォルニアンから見えたが、その解釈に迷ったために対応しそこなった。実際に対応した最寄りの船は、93キロ離れていた定期客船のカルパティア号だった。この船はただちにタイタニックに向かって急行した。一方、タイタニックの高級船員は乗客を説得して救命ボートに乗せるのに苦労していた。乗客には船がほんとうに沈みつつあるとは思えなかったのだ。ボートによっては、半分の人数しか乗せずに海面に降ろされたものもあった。やがて船の運命はだれの目にも明らかになった。船首を下にして沈むにつれて、船尾は逆に水面からもちあがった。その後船体は真っ二つに割れて、波間に消えた。昔気質のスミス船長は、船とともに沈んでいった。

　カルパティアは夜が明けた直後に到着し、救命ボートの生存者705人をひろいあげた。カリフォルニアンはようやく何があったのかを悟り、遅ればせながら事故現場にかけつけた。もう1隻の客船マウント・テンプル号も到着した。だがそれも遅すぎた。氷のように冷たい海のなかで、1500人を超える乗客乗員がすでにこと切れていたのだ。回収された何百体もの遺体は、カナダのノヴァスコシア州ハリファックスに運ばれた。大量の遺体の扱いは、当局にとってなみはずれた規模の物流業務となった。遺族は身元確認のために、北米中からハリファックスに集まって来た。確認後は故郷で葬儀をするために、遺体を運ぶ手配が必要になった。遺体の3分の1ほどが身元がわか

らずに、ハリファックスで埋葬された。

事故の余波

　この災害についての調査は、欧州とアメリカの両方で行なわれた。その結果制定されたのが、「海上における人命の安全のための国際条約」である。この新しい条約では、船に搭載する救命ボートの数や、信号弾の遭難信号としての利用、無線機器に24時間体制で人員を配置することなどが定められた。これにくわえて、船舶にとって危険になりえる氷山を監視するために、国際流氷監視団も創設された。

　1980年代初めには沈没したタイタニック号の捜索が行なわれたが、何も見つからなかった。だが1985年になって、海洋考古学者のロバート・バラードをリーダーとする探索が行なわれ、ついに深さ3800メー

上：タイタニック号沈没のニュースを知って、沈痛な思いをあらわにする人々。沈む前に船が真っ二つに割れたことは、その直後にはあまり知られていなかった。

トルの海底にバラバラになった難破船が発見された。おもな船体部分はふたつで、それぞれがおびただしい数の残骸に囲まれて、600メートル離れた場所に沈んでいた。こうした状況と位置から、タイタニックが水面かその近くでふたつに割れて、それぞれの部分が別々に海底に沈んでいったことがわかった。

　タイタニックの姉妹船は、それぞれ正反対の運命をたどった。ブリタニック号は第1次世界大戦中に病院船として使用された。1916年、エーゲ海のケア海峡を航行中に爆発が起こり、船の喫水線の下に穴が開いた。ブリタニックはわずか55分で沈没した。爆発はUボートがしかけた機雷によるものと考えられている。この船は第1次世界大戦中に沈められた最大の船となった。それとは対照的に、オリンピック号は大西洋の旅客定期船として長く活躍した。1935年に引退した頃には、24年間で大西洋を257往復して乗客43万人を輸送し、のべ290万キロを航行していた。

U-21（潜水艦）
U-21

　1914年にヨーロッパで戦争が勃発した頃には、数カ国の海軍が最初に導入した潜水艦を沿岸防備や港の防御のために運用していた。ドイツはそれより大胆だった。長距離航洋潜水艦の「unterseebooten」（ウンターゼーボート、「水中の船」の意）、すなわちUボートを開発したのである。なかでもUボートを死の戦闘マシンとして認めさせたのは、U-21だった。U-21は第1次世界大戦中に、Uボートとしてはじめて船を撃沈した。また自走式機雷（魚雷）で船を撃沈し、しかも船を撃沈して生還した初のUボートとなったのである。

種別　U-19型潜水艦

進水　1913年、ダンツィヒ（現グダニスク）

全長　64.15m

排水量　水上では650t、潜水時は837t

船体構造　リベット接合の鋼板

推進　MAN8気筒2ストロークディーゼルエンジン2基と、AEG電動発電機2基

　1900年代初めに、世界の大国になろうとするドイツの野望をはばんでいたのはイギリスだった。その当時、イギリスは世界最強の海軍を保有し、その先もその地位をほかにゆずるつもりはなかった。ドイツの戦艦建造計画をイギリスは脅威と受けとめた。ドイツは計算していたのだ。イギリス海軍と真っ向から勝負すればたちうちできないが、ドイツの艦隊が一定の規模と強さに達したら、イギリスは対決を避けて、強大になったドイツと共存することに同意するだろうと。だがイギリスが北海の封鎖によってドイツ海軍の出撃を封じこめようとすれば、ドイツはイギリス相手に限定的な海戦しか演じられなくなる。潜水艦があればドイツも、力ではおとるイギリス海軍にも優位に立てるだろう。

　ドイツの海軍大臣アルフレート・フォン・ティルピッツ提督は、潜水艦が沿岸海域を離れて活動できることを示せないかぎり、潜水艦に大量の政府資金を投入しない方針だった。ドイツが深海を航行して戦闘能力を有する、大型の航洋潜水艦を短期間で開発するにいたったの

右：1914年2月17日、シュレースヴィヒ＝ホルシュタイン州のキールに、ドック入りしているUボートの群れ。U-21は、前列右端の潜水艦。

潜水艦の成熟

　1914年7月16日、ドイツの潜水艦U-9は潜水艦を新次元に進ませる一歩ふみだした。潜水中に魚雷発射管の再装填に成功したのである。潜水艦が、戦争で実用性と実効性を発揮する兵器になるかならないかは、まさにこのことにかかっていた。それが何を意味するのかは、1914年9月に、イギリス海峡の東端を警備していたイギリスの巡洋艦3隻（アボキール号、ホーグ号、クレシー号）をU-9が1時間以内に全滅させたときに明らかになった。約1500人のイギリス人水兵が死亡した。U-9は浮上せずに水中で魚雷発射管を再装填して、この戦果をあげたのである。潜水艦は目新しいだけで、外洋ではまともに戦えない兵器システムだとかたづけていた各国の海軍は、この出来事に愕然として、即座に潜水艦の真の危険性を理解した。

右：イギリスの軍艦3隻を全滅させたあと、波止場に帰還するUボートのU-9。同胞の水兵から挙手の礼と歓迎を受けている。

はそのためである。

　U-21は1910～1913年に、ほかの3隻とともに建造された19型潜水艦である。19型はドイツでディーゼルエンジンをはじめて動力とした潜水艦だった。航続距離は1万2230キロにおよび、すくなくとも理論上は途中給油をしなくても、ドイツから出て大西洋を往復できた。U-21には、自走式機雷（魚雷）ではじめて船を撃沈した潜水艦という栄誉がある。搭載された魚雷4発は、船首または船尾に2門あった発射管から放たれた。浮上時は、乗員が88ミリ甲板砲を撃つことも可能だった。

　U-21は1914年の8月のあいだ中、イギリス船狩りをしようとしてドーヴァー海峡とスコットランドの北に何度も哨戒に出たが、適当な獲物は見つからなかった。1914年9月5日、スコットランドの東岸沖に浮かぶメイ島の近くで浮上していると、乗員が遠方の煙に気づいた。U-21は潜航して攻撃の準備にかかったが、その船は走りさってしまった。船はイギリス海軍の偵察巡洋艦パスファインダーだった。潜水艦の乗員はまたもや標的を逃したと思ったが、このときはパスファインダーがUターンして潜水艦に向かってきた。U-21の艦長オットー・ヘアジンクが魚雷の発射を命じた。と、それは、パスファインダーに命中して弾薬庫のひとつを吹き飛ばした。巡洋艦は火柱を吹き上げるとあっというまに沈んだ。数人の生存者が救助されたが、水兵

上：ヴィリー・シュトゥヴァーによる絵画。U-21が1915年1月30日にアイリッシュ海で大型客船リンダ・ブランチ号を攻撃しようとしているようすが描かれている。絵のリンダ・ブランチの大きさは誇張されている。実際にはちっぽけな沿岸航海用の蒸気船だった。

261人が命を散らした。U-21は北海とイギリス海峡をうろつきながら船を次々と沈めたあと、1915年4月に地中海に配備された。ここではドイツの同盟国であるトルコの支援にまわった。U-21がガリポリ半島沖でイギリス戦艦のトライアンフとマジェスティックを撃沈すると、連合軍の全主力艦が比較的安全な遠方の投錨地に退避する事態になった。ドイツ皇帝は、そうしたU-21乗員の功績をたたえて、鉄十字勲章を贈った。

その当時イタリアはオーストリア＝ハンガリー帝国と交戦していたが、ドイツとは中立を保っていた。U-21はイタリアの船舶を襲えないので、オーストリア＝ハンガリー帝国海軍にU-36として就役して活動した。が、それも1916年8月にイタリアがドイツに宣戦布告するまでだった。シチリア島の沖合で商船らしき船を発見して攻撃したときは、武装を隠した囮船、Qシップ（カイザー）が本性をむき出しにしてきた。攻撃を受けて、U-21は大破をまぬがれるために潜航せざるをえなかった。

1917年、U-21は北海によびもどされた。客船ルシタニア号の撃沈（134ページを参照）から2年間、ドイツがつつしんでいた無制限潜水

右：このようなポスターでUボートの脅威を利用して、自由公債が売られた。自由公債は、国民から戦争続行の資金を集めるために売られていた。公債を買うことが愛国者の義務だとされたのである。

艦作戦、すなわち無差別攻撃を再開するためである。4月だけでイギリス商船50万トンが、U-21を筆頭とするUボートに沈められた。商船も戦艦が護衛する船団に入って航行すればまだしも安全だったが、イギリスでは戦艦の数が不足し、実効性のある護送船団方式を確立できなかった。1917年4月にアメリカがドイツに宣戦布告をすると、アメリカの艦船を利用できるようになったので、ただちに船団方式が導入された。ただそれでもヘアジンクには策があった。ある時この艦長は、U-21を船団の真下に潜りこませて魚雷を2発発射すると、敵の駆逐艦から投下された爆雷のとどかない深さまでまんまと逃げさったのだ。ただし全般的には、護送方式と何百隻もの対潜艦艇が迅速に配備されたのが功を奏して、Uボートの脅威は薄れていった。

U-21は軍での役割を練習艦として終えた。ドイツの次世代の潜水艦乗りの訓練に用いられたのである。終戦後はイギリスに引き渡される予定だったが、北海を曳航されている最中に沈没した。U-21が沈めた船は、イギリス、イタリア、オランダ、ロシア、フランス、ノルウェー、ポルトガル、スウェーデンの40隻および、この戦争で海に葬った船のトン数で見ると、最大の戦功をあげたUボートになった。終戦を迎える頃には、ドイツは33級に分かれるUボート375隻を保有して、潜水艦が強力な武器になりえることを世界に示していた。

Qシップ

1916年の春、U-9は非武装の商船のように見える船を攻撃した。ところがそれはQシップだった。潜水艦をおびきよせて攻撃させるために、武装を隠した船だったのである。Qシップは無害な小型貨物船か漁船をよそおっていた。Uボートが近くに浮上して、国際協定にのっとりこの船をこれから沈めると警告すると、乗組員はボートに乗って船を離れた。するとUボートは、見るからに無人になった船を甲板砲で砲撃するために接近した。そうして近づいた潜水艦に、船に隠れていた乗組員が砲弾をくらわせるのだ。初めのうちQシップの作戦は大成功をおさめた。英仏軍は何百隻ものQシップを配備したが、時間がたつにつれて効果は薄れた。Uボートはこれにただ安全な距離を保って雷撃することで対処した。さらに無制限潜水艦作戦が再開されてからは、Uボートが船を沈没させる前に、警告を発することもなくなった。

下：この1918年の新聞に掲載されたイラストには、Uボートによる攻撃の直前に、ボートで逃げだす帆船の乗組員が描かれている。記事によれば帆船はQシップで、危険にさらされているのはUボートのほうだった。

U-21（潜水艦）

ノルマンディー号（定期船）
SS *NORMANDIE*

　1912年にアメリカで移民法が改正されると、新世代の大西洋横断旅客定期船が造られるようになった。なかでも美しさをきわめたのがノルマンディー号である。この船は革新的な形状の船体をしており、最新式のタービン発電機関を搭載していた。これが海上輸送の新たな基準となった。ノルマンディー以降の客船はすべてこの船と比較されたのである。

種別　遠洋定期船

進水　1932年、フランスのサンナゼール

全長　313.6m

排水トン数　71300t

船体構造　リベット接合の鋼板

推進　タービン発電機関4基（119300kW＝160000馬力）で、スクリュープロペラ4軸を駆動

　モーレタニア号、オリンピック号といった巨大遠洋定期船は、1等船室の贅をつくしたデラックスさで知られていたが、そうした船を支えていたのは、ヨーロッパからアメリカに移民する大勢の貧しい3等船客だった。1921年にアメリカ連邦議会が割当移民法を成立させると、大量移民の時代は終わった。この法律が施行された年、アメリカへの移民は50万人減少した。船会社はそうした事態に対応するために、船会社は富裕層の旅行者を対象とする新たな定期船を建造した。

　新しい船は最高の美しさをそなえ、上質の娯楽の旅を演出するように設計された。その主役となったのはイギリスとフランスである。ドイツは蚊帳の外に置かれた。古い定期船は第1次世界大戦の終結後に戦勝国に接収されたし、新しい船を建造する資金もなかったからである。戦後のドイツ客船でもっとも有名なのは、北ドイツ・ロイド（Norddeutscher Lloyd）海運会社の持ち船ブレーメンである。フランスが新造した定期船第1号は、イル・ド・フランス号だった。

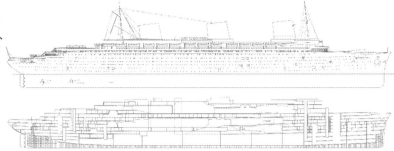

右：ノルマンディー号の最上甲板には大広間とロビーが広がり、その下に巨大な1等食堂が用意されていた。ツーリスト・クラスと3等用の施設は船尾寄りに設けられていた。

左：1935年、ルアーヴル港につめかけた5万人の見物人を前に、ノルマンディー号がニューヨークへの処女航海にゆるゆると出てゆく。

1927年にこの船を進水させた大西洋横断総合会社（Compagnie Générale Transatlantique）、略してCGTはたんにフレンチ・ラインとよばれることもある。イル・ド・フランスの内装のデザインと装飾はアール・デコ様式で、さながら浮かぶ美術館のようだった。この船の設計、装飾、サービス、料理を新たな基準にして、後続の大型豪華快速客船（スーパーライナー）は造られた。これに続くフランス船のノルマンディー号は、定期船の設計と様式をそれ以上におしすすめた。それは息をのむような美しさだった。船体は優美で気品があり、クリッパーのような絞った形の船首に向かって、甲板がなだらかなカーブを描いて上昇していた。さらに3本の低い煙突は、粋な角度で後ろに傾いていた。船首の水面下は球状にふくれている球状船首になっている。この画期的な形には水面に起こる波を抑えて、造波抵抗を少なくする効果があった。

ブルーリボン賞

　ある船が大西洋を横断したとたんに、それをもっと速くやろうとする者が現れる。そんなことがくりかえされた。大西洋を往復して商売に励む大型遠洋定期船は、最速横断の名誉を求めて張りあった。それが世にブルーリボン賞として知られるようになった。ちなみに賞の名称は競馬から借用されている。この賞を獲得するためには、船は旅客定期船でなくてはならず、ほかのどの定期船より速い平均速度で、定期的に西まわり運航している必要があった。はじめは授与されるものはなかったが、1935年にイギリスの船主ハロルド・ヘールズ（1868〜1942年）がトロフィーを作らせた。ヘールズ・トロフィーは、東西いずれかの方向でまわる最速の旅客船にあたえられたため、ブルーリボン賞とまったく同じではない。長年にわたり35隻がブルーリボン賞の栄誉に輝いた。その歴史を閉じたのは1952年のユナイテッド・ステーツ号である。この船以降の記録を更新した船は、旅客定期船ではなくなった。そのため賞の最後の対象になったのである。

試練の時

　ノルマンディー号の設計者は、ロシア人の造船技師、ヴラジーミル・ユルキュヴィチだった。1931年に起工したが、ウォール街大暴落のために造船がむずかしくなった。定期船の新造が遅れたり中止されたりした例はいくつもあった。ノルマンディーの建造は、政府が援助の手を差しのべたのでかろうじて継続できた。政府がこうした豪華船の費用を出したのは、国家の威信を象徴したからである。また戦時には兵員輸送船としての使い道もあった。

　ノルマンディーは試験航海で、時速59キロを超える速度を計測した。ユ

ノルマンディー号（定期船）

上：このゴージャスなアール・デコ様式の扉と仕切りは、喫煙席と大広間を分けていた。この船の贅をこらした内装はルネ・ラリック、ジョン・デュパス、エミル＝ジャック・リュールマンといった、アール・デコの巨匠の作品を目玉にしていた。

ルキュヴィチが設計した流線形の船体とタービン発電機関のおかげである。この船のタービンはスクリューを直接まわしていない。そのかわり発電機を駆動して、そこから得た電力で電動機がプロペラをまわしている。このような接続にすると補助タービンが不要になる。補助タービンはたいてい船を後進させるときに使われていた。ノルマンディーの電動機は、タービンとは違って逆回転も可能だった。おかげで相当量の重量がはぶかれて、機関室が縮小された。定期船のアール・デコ様式の内装は、広々としたラウンジにも使われていた。この広大な船内の空間は、煙突のダクトを分けて船の前後に通し、中央部を大きくあけることによって確保された。主食堂は巨大で、700人が一斉に食事を楽しめた。

低飛行の衝突事故

ノルマンディー号は1936年にめずらしい事故にあっている。6月22日、イギリス空軍パイロットのガイ・ホーシー大尉は、イングランド南部沖のソレント海峡で、航空魚雷の演習をしていた。ホーシーと僚機のパイロットは、ブラックバーン・バッフィン複葉機［主翼が複数ある航空機］を操縦して標的に向かい、不発状態の魚雷を投下していた。一方ノルマンディーはフランスに向かう前に、郵便物と乗客を降ろすためにソレント海峡に入っていた。ホーシーは標的に向かって急降下すると魚雷を投下し、引き返してノルマンディーの左舷側の煙突の下まで降下した。そのとき、エンジンが止まって機体の制御ができなくなった。雷撃機は車を降ろしているデリック（起重機）にぶつかり、ノルマンディーの前甲板に墜落した。ホーシーの命に別状はなかった。船長は出発を遅らせまいとして、甲板で滅茶苦茶になった事故機を乗せたまま出発した。イギリス空軍は、機体を回収するために1個班をフランスに派遣しなければならなかった。

ノルマンディーは最初の挑戦でブルーリボン賞を獲得した。1935年5月の処女航海でルアーヴルからニューヨークまでを、4日3時間14分で走り抜けたのだ。フランスの船としてはじめて最速記録を保持したが、それも1年間だけだった。栄冠を奪ったのは、キュナード社の強敵クイーン・メリー号だった。1937年の改装後、ノルマンディーはふたたび記録を更新したが、またもや翌年にはクイーン・メリーに破られた。

　ノルマンディーの美しさとスピードは本物であったのにもかかわらず、乗客が半分にも満たない状態で航行することが多かった。1等船客にあまりにも多くの空間をさき力をそそいだので、一般的な旅行者ではなく、金持ちと有名人のための船というイメージが定着した。増加傾向にあった一般の旅行者は、クイーン・メリーでの旅を好んだ。

　1939年にヨーロッパで第2次世界大戦が勃発したとき、ノルマンディーはニューヨークにいてそのままとどまるよう命じられた。1941年になると、兵員輸送船として使用するためにアメリカ海軍に移管されて、ラファイエットと改名された。1942年2月9日、軍務のための改造作業中に、溶接機から出た火花から火災になった。船の防火システムはスイッチが切られてまったく作動しなかったので、火はさまたげられることなく燃え広がった。消防隊員がかけつけた頃には、炎が燃え盛っていた。消防艇が消火のために大量の水を放水すると、今度はそのせいで船体が傾きはじめた。傾きはますます大きくなりついには横転した。1943年になってまっすぐ立てなおされて乾ドックに曳航されたが、火事のダメージと、1年以上横倒しのまま海水に浸かっていたことが原因の腐食と、戦時の熟練作業員の不足のために、修理はできなかった。終戦までニューヨークに置かれ、その後売却されてスクラップになった。

左：画家アンドレ・ウィルキャン（1899〜2000年）が描いたノルマンディー号。1930年代は、このような大迫力の写実的なポスターで、大型定期船が大々的に宣伝広告されていた。

ノルマンディー号（定期船）

ビスマルク（戦艦）
BISMARCK

　第２次世界大戦中の最強戦艦のひとつに、ドイツの戦艦ビスマルクがある。きわめて危険な存在だっただけに、執拗な追撃を受けて沈められる運命をたどった。速力、絶大な火力、厚い装甲を誇っていたものの、「ずだ袋」とよばれた前時代の貧弱な複葉機には勝てなかった。ビスマルクの撃沈は、巨大戦艦の時代が終焉に向かっていることを示していた。

種別　ビスマルク級戦艦

進水　1939年、ハンブルク

全長　251m

排水量　41700t

船体構造　溶接鋼板

推進　蒸気タービン３基（110450kW＝148120馬力）で、スクリュープロペラ３軸を駆動

　第１次世界大戦後の戦間期は、さまざまな条約や協定を通じて海軍大国間の軍艦建造を規制する努力が続けられたが、1930年代に入ってこうした体制はくずれはじめた。1939年に第２次世界大戦が勃発した当時、ドイツは大陸での陸上戦が終わる1940年代後半まで、イギリスと海上で戦うことにはならないと考えていた。そこで1940年代後半までにイギリスと抗する海軍力を整備するＺ計画を進めていた。ところがイギリスは1939年９月３日にドイツに対して宣戦を布告した。このときドイツ海軍に配備されている近代戦艦は、シャルンホルストとグナイゼナウの２隻しかなかったが、それを上まわる大きさの戦艦２隻が、進水を終えてまもなく就役しようとしていた。それがビスマルクとティルピッツだった。

　先に就役したのはビスマルクだった。最初の設計では主砲に33センチ砲８門が要求されていた。だが建造に入るまでにほかの国々では、さらに口径の大きな38センチ砲を搭載した軍艦の建造がはじまっていた。ドイツ海軍はすくなくとも互角の砲力を望んだ。ビスマルクにはもっと大口径の41センチ砲でも搭載は可能だった。だがそうすると船体、排水量、火薬庫の拡大と喫水の増加をしなければならず、それが建造費を押し上げて竣工が遅れてしまう。排水量はすでに合意ずみであることから、８門の38センチ砲を連装砲塔４基に装備し、この４基を前後部２基ずつに分けて搭載する方向で決着した。38センチ砲でも、重量が小型車ほどもある砲弾を36キロ以上先まで飛ばすことができた。主砲の口径をむやみに大きくしなかったおかげで重量が抑えられて、装甲を増厚できた。さらに砲弾に装甲がつらぬかれた場合にそなえて、船体内部を22の水密区画に分割した。

ビスマルクを追え

　1941年、シャルンホルストとグナイゼナウの両戦艦が大西洋で商船襲撃を

下：ドイツの戦艦ビスマルクはおそるべき戦闘マシンだった。進水した瞬間から連合国の海軍部隊と商船にとって深刻な脅威となった。

上：オラーフ・ラハルトの「ビスマルク最後の戦い」(The Last Battle of the Bismarck) には、ビスマルクの戦う姿が描かれている。ビスマルクの主砲が放つ閃光と硝煙の向こうに、同艦を追うイギリス艦の砲撃によって上がった水柱が見える。

成功させると、今度はビスマルクがイギリスへ物資を運ぶ商船を襲う番となった。通常なら姉妹艦であるティルピッツが合流するのだが、このときまでに進水を終えて就役していたものの、まだ出撃できる態勢が整っていない。かわりに重巡洋艦プリンツ・オイゲンがビスマルクに同行することになった。この作戦は「ライン演習」作戦とよばれた。イギリスを干上がらせ、封鎖によって屈服させられれば、ドイツによるヨーロッパの完全支配が達成されるのだ。

ゴーテンハーフェン（旧ポーランドのグディニャ港）に配備されていたビスマルクとプリンツ・オイゲンに対して、敵の目を避けながら大西洋へ侵入せよとの命令がくだった。まずは5月18日にプリンツ・オイゲンが港を離れ、翌日ビスマルクがひそかに出撃した。両艦はアルコナ岬沖で合流すると西へ向かった。そしてデンマークとスウェーデンのあいだにあるカテガット海峡の浅海にさしかかったときに、スウェーデンの軍艦に発見された。その後も西へ航行を続け、ノルウェーの海岸沿いに北へ転針したが、またもやノルウェーのレジスタンスに見つかった。両艦の目撃情報が続々とイギリス軍に入りはじめた。5月21日の日中、両艦はベルゲンの近くのフィヨルドに隠れ、暗くなるのを待ってから動きだした。プリンツ・オイゲンは燃料補給にありつくことができた。ただフィヨルドにいるあいだに両艦は、イギリス空軍の戦闘機スピットファイアに見つかって写真を撮られていた。暗闇にまぎれてフィヨルドを離れた直後、さらに多くのイギリス軍機がやってきて捜索したが、むだ足をふんだ。その頃には両艦は、公海に出て全速力で北をめざしていたのだ。

5月22日の夕方、両艦の最後にわかっている位置から想定されるコースを

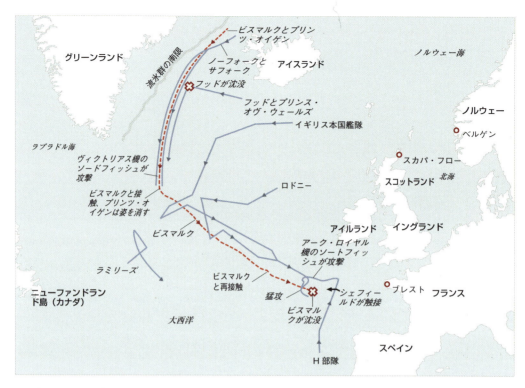

上：ビスマルクはイギリスの軍艦フッドを沈めたのち、防御海域へほぼ戻れたものの、ふたたび発見されてイギリス艦の接近を許してしまう。青い線はイギリス艦ないし艦隊の航路を示し、赤い点線はビスマルクの航路を示している。

> 砲身が赤く焼けつくまで、最後の一発が砲身から放たれるまで、われらは撃ちつづける。
>
> 最後の戦いを前に、ギュンター・リュートイェンス提督がビスマルクの乗組員の前で述べた言葉

捜索すべく、イギリス海軍の戦闘群が軍港スカパ・フローから出撃した。この軍港はスコットランドのオークニー諸島内にあった。一方、ビスマルクとプリンツ・オイゲンはすでに西に転針していた。両艦を率いる司令官は、バルト海から出撃したのをまだ察知されていないと考えており、イギリスの艦船がよもや躍起になって探していようとは思っていなかった。イギリス側は両艦をなんとしても発見しなければならなかった。重要物資と数千人の兵士をのせた11の大西洋船団が、イギリスに向けて出航しようとしていたからである。そして5月23日の夕方、濃霧のなかで巡洋艦サフォークがついにドイツ艦2隻を発見した。このとき、新造戦艦プリンス・オヴ・ウェールズや老朽化しつつある巡洋戦艦フッドをはじめとするイギリス側の主力戦闘群は、およそ480キロ離れた海域にいた。ビスマルクは別のイギリス巡洋艦のノーフォークを見つけて砲撃をくわえたものの、ノーフォークは霧のなかに姿を消した。これらのイギリス艦は、安全な距離を保ちながらビスマルクとプリンツ・オイゲンの追跡を続け、残りのイギリス艦隊が到達するのを待った。

　5月24日の朝、ビスマルクの見張り員と水中聴音機（ハイドロフォン）係が、接近してくる2隻を探知した。そのうちの1隻、フッドが2万3000メートル弱の距離からプリンツ・オイゲンへ砲撃を開始した。フッドは「マイティ・フッド」（偉大なフッド）、「イギリス海軍の誇り」などとよばれて、大切にされてきた精強な艦である。数

上：ノルウェー海域に護衛艦とともに投錨するビスマルクの写真。イギリス空軍戦闘機スピットファイアのパイロット、マイケル・サックリングが撮影した。この写真をきっかけに1941年5月21日のイギリス軍によるビスマルクの捜索がはじまった。

秒後、2隻目のイギリス艦のプリンス・オヴ・ウェールズも砲門を開いた。2隻のドイツ艦も撃ち返した。だがこの戦いの火蓋を切った斉射に命中弾はなかった。最初にビスマルクに命中弾をたたきこんだのは、プリンス・オヴ・ウェールズだった。両軍の砲手とも敵を射程に入れており、フッドとビスマルクのどちらもさらなる直撃弾にみまわれた。そうしたなかビスマルクの放った1発が、フッドの装甲をつらぬいて弾火薬庫のひとつに命中した。フッドは激しい炎を上げて轟爆し、船体がふたつに裂けて3分もたたずに沈んだ。1418人いた乗組員のうち、3人を除く全員がフッドと運命をともにした。フッド撃沈の知らせとその呆気ない最期は、イギリスに深い衝撃をあたえた。

その後も戦闘は続いた。残ったプリンス・オヴ・ウェールズにドイツ艦2隻の砲撃が集中する。くりかえし命中弾を浴びせられた同艦は、攻撃を中断した。ビスマルクも損害がひどく、ライン演習作戦の継続を断念して、修理のためにフランスの港に向けた針路をとった。すべての行動可能なイギリス艦に、ビスマルクを見つけだして撃破せよとの命令がくだった。遠く離れたジブラルタルからさえ、軍艦が駆り出されて捜索にくわわった。空母ヴィクトリアスも艦載機を出撃させた。その艦載機を見つけたビスマルクは、ジグザグ航行をはじめた。ヴィクトリア機から魚雷が投下され、そのうちの1発がビスマルクの船体中央部に命中したため、速力の低下を余儀なくされた。プリンス・オヴ・ウェールズは深手を負いながらもビスマルクに追いつくことができて、砲撃を開始した。だがまたすぐにイギリス側はビスマルクを見失った。

最後の戦い

ビスマルクはUボートが哨戒を行ない、ドイツ軍機がかけつけられる水域に近づきつつあった。もう安心だと乗組員は思った。だが5月26日の朝には、

残骸を発見

1941年に沈んでから長らくビスマルクの行方はわからなかったが、タイタニック号の残骸を発見したロバート・バラード博士が、1989年にフランスの海岸から965キロ離れた水深4791メートルの海底に、上下正しく擱座しているのを見つけた。ビスマルクは海に沈んだときに死火山の斜面に落ちて、そのまま滑落したのだった。船体には8つの穴が開き、艦尾の一部が壊れてなくなっていた。4基あった主砲塔はすべて姿を消していた。おそらくは海上で転覆したときにはずれて落ちたのだろう。それを除けば船体は比較的原形をとどめていた。沈むときに艦内が浸水して、艦内と外部の水圧が等しくなったと考えられる。それはまたビスマルクが敵の手にわたらないように、意図的に浸水を起こして沈められた可能性も示唆している。実際、乗組員のなかにはそう証言する者もいた。

右：イギリスの軍艦ドーセットシャーはビスマルクの生存者を引き上げはじめたが、Uボートが見えたとの報告があり、ドイツ水兵を海面に残して現場を離れた。

アイルランド西岸沖でカタリナ飛行艇に発見されてしまった。このとき、フランスのブレスト港は1125キロのかなたにあった。イギリス海軍の艦船はまちがった方向へ針路をとっていたために、遠く離れたところにおり、ビスマルクの足がさらに遅くならないかぎり追いつくのはむりだった。そうしたなか、空母アーク・ロイヤルから発進したフェアリー・ソードフィッシュ複葉機が、ビスマルクに魚雷攻撃をかけた。そのうちの1発がビスマルクの艦尾に直撃し、舵が故障して左舷を向いたまま動かなくなった。ビスマルクは旋回以外の動きができなくなり、足を止められた。同じ海域にはUボートが展開していたものの、シケがひどくてビスマルクを支援したくてもできなかった。翌日の5月27日の朝、イギリスの戦艦ロドニー、キング・ジョージ5世、および重巡洋艦ドーセットシャーの3隻がビスマルクを発見して砲撃を開始した。いいカモとなったビスマルクに砲弾と魚雷が次々と命中した。砲塔が1基また1基と命中弾をたたきこまれてつぶされていった。砲撃はおとろえることなく続き、砲弾の嵐のなかで数百人の乗組員が死んだ。フッドと乗組員を奈落へ追いやったこの戦艦を撃破せずにおくものかと、イギリス軍は意気ごんでいた。3000発近い砲弾がビスマルクに向けて放たれ、最大400発が命中した。ビスマルクは炎上してついには転覆し、沈んでいった。水面に浮かぶ生存者をドーセットシャーが引き上げはじめたが、潜水艦の潜望鏡が見えたとの報告を受けて離脱した。このとき、水面にはまだ数百人が残っていた。2200人いたビスマルクの乗組員のうち、生き残ったのは115人だけだった。ライン演習作戦の司令官ギュンター・リュートイェンス提督とビスマルクの初代にして最後の艦長エルンスト・リンデマンも、船と運命をともにした。

ドイツ主力艦の運命

ビスマルクの姉妹艦であるティルピッツは、北極海への輸送船団にとって深刻な脅威となった。しかし最後は、1944年11月12日にイギリス空軍が投下した、重量5.4トンの「トールボーイ」爆弾によって沈められた。ほかのドイツ軍主力艦は沈められたか、封鎖を受けて港から出られなかった。1942年2月にシャルンホルスト、グナイゼナウ、プリンツ・オイゲンは、フランスのブレストを脱出してイギリス海峡を突破し、ドイツの母港にたどり着くことができた。だがグナイゼナウは乾ドックに入っていたところを爆撃されて、二度と海に戻ることはなかった。シャルンホルストは第2次世界大戦でイギリスとドイツの戦艦が砲火を交えた最後の海戦、1943年12月の北岬沖海戦でふたたび戦うことになる。この戦いでシャルンホルストはノルウェーの北岸沖で船団を襲ったが、数で優る船団の護衛部隊に圧倒されて沈んだ。プリンツ・オイゲンは大戦を生き残り、アメリカ海軍に引き渡された。そして艦船に対する核爆発の影響を調べるために、太平洋で行なわれた2度の原爆実験に使われた。あとは朽ちるままに放置され、1946年12月にマーシャル諸島クェゼリン環礁で沈んだ。

上：プリンツ・オイゲンは1946年に、2発の核兵器の効果を試す標的艦としてビキニ環礁近くに投錨された。この実験では当時の頭文字の通称、AをあらわすAbleとBをあらわすBakerから、1発目と2発目を「エイブルとベーカー」とよんでいた。

下：プリンツ・オイゲンは爆心地から1100メートルの海域に係留された。損害は少なかったものの、放射性降下物にひどく汚染された。

イラストリアス（空母）
HMS *ILLUSTRIOUS*

　潜水艦と同じように空母もまた、軍略家に懐疑の目で見られつつ発展した。最初は潜水艦のようにたんなる支援艦として使われていたが、1940年のタラント空襲後に、空母の真価がようやく理解されるようになった。タラント空襲は、航空機のみを戦力としたはじめての艦対艦攻撃であり、そこで空母が驚くほど高い能力を誇る兵器であることを実証したのがイラストリアスだった。

種別　イラストリアス級空母

進水　1939年、イギリスのバロー＝イン＝ファーネス

全長　225.6m

排水量　23369t

船体構造　装甲鋼板の船体

推進　蒸気タービン3基（83000kW＝111000馬力）で、スクリュープロペラ3軸を駆動

　イタリアは地中海を通って北アフリカへのびる補給線を守るべく、南海岸にあるタラントに戦艦6隻と巡洋艦および駆逐艦で構成される強力な艦隊を配置していた。イギリスはこの艦隊を無力化してイタリアの補給線を遮断し、北アフリカで作戦を展開する連合軍への脅威をとりのぞく必要があった。そこでイギリス軍は海軍機から魚雷を投下してイタリア艦隊を攻撃することを決めて、空母イーグルにこの任務を託した。イーグルは、1918年に就役した古い超弩級戦艦から空母に改造されていた。ところがイーグルに燃料系統のもれが見つかって、緊急に修理が必要になったため、イラストリアスが代役をつとめることになった。

　第2次世界大戦がはじまるわずか数カ月前に進水したイラストリアスは、早期警戒レーダーを装備していた。このレーダーのおかげでイラストリアスは、100キロ程度まで離れた航空機を探知できた。敵機が19キロ圏内に入ってきたときは、合計で16門ある110ミリ砲で迎撃した。この艦砲が装備された連装砲塔8門は、飛行甲板の左右両舷に4基ずつ設置されていた。6200メートル圏内に敵機が迫ってきた

右：空母イラストリアスから飛び立つフェアリー・フルマー戦闘機。地中海に配備されていた当時のイラストリアスには、フルマー15機とフェアリー・ソードフィッシュ複葉機18機が搭載されていた。

左：第2次世界大戦中に、マルタ島の港に到着したイラストリアス。甲板に乗組員が整列している。地中海には1940年9月から1941年3月にかけて配備されたあと、1943年9月に再配備された。

ときは、「ポンポン」砲とよばれる速射砲が火を噴いた。ポンポン砲は8連装（8門の銃身をまとめたもの）6基の形で、合計48門搭載されていた。そのすべてを敵機にうまいことすり抜けられて爆弾を投下されたとしても、装甲飛行甲板とその下の防御装甲でおおわれた航空機格納庫によって、イラストリアスは守られていた。

タラント空襲に「ジャッジメント」作戦というコードネームがあたえられる一方で、作戦の成功を疑問視し、従来どおりの海戦を行なう

空母の発明

艦上から飛行機を発進させる最初の試みは、1903年に行なわれた。これはライト兄弟が史上初の動力飛行を成功させてからわずか7年後のことである。1910年11月14日、アメリカ人パイロットのユージーン・バートン・イーリー（写真）が、艦上からの発進にはじめて成功した。搭乗機はカーティス・モデルD複葉機だった。このとき滑走路になった軽巡洋艦バーミンガムは、波の少ない静かな海上に停泊していた。実際に使えるシステムとするためには、縦横にゆれながら航行する船から発進して、同じ船にふたたび舞い降りられなければならない。1912年5月にチャールズ・サムソン中佐が、航行中の艦船からはじめて発進に成功した。このときはショートS.27の改良複葉機に搭乗し、イギリス戦艦ハイバーニアから飛び立った。航空機の離着艦が可能になった艦船の第1号は1917年に進水した空母アーガスである。初期の空母は軍艦や定期船を改造したものだった。世界ではじめて空母として設計・建造されたのは、1921年に進水した日本の鳳翔である。

べきとの声も上がった。タラントは対空砲、機関銃、阻塞気球［係留した気球。航空機の侵入をはばむために、気球間に網や索を張った］によって厳重に守られ、一部には魚雷網も設置されていた。空からの攻撃はきわめてむずかしいと予想された。

下：イラストリアスに搭載されたフェアリー・ソードフィッシュは雷撃機だった。「ストリングバッグ」（ずだ袋）とよばれ、武装として魚雷1発を搭載した。

タラント空襲

1940年11月11日、イラストリアスほか8隻の軍艦が、タラントからおよそ310キロに位置するギリシアのケファリニア島沖の海域に入った。

日没後、魚雷で武装したソードフィッシュ複葉機6機と爆弾を搭載した別の6機が、イラストリアスから発進した。第2波の9機がそれに続いたが、そのうちの1機は燃料トラブルで引き返した。攻撃に向けてソードフィッシュ隊は小さな編隊に分かれた。最初の編隊が沿岸の石油タンクを爆撃し、次の編隊が港に停泊する艦船への攻撃を開始した。1隻また1隻と魚雷や爆弾が命中していった。

空襲が終わる頃には、戦艦1隻（コンテ・ディ・カブール）が沈み、ほかの戦艦2隻と重巡洋艦2隻が損害をこうむっていた。コンテ・ディ・カブールは引き上げられたが、損傷が激しく完全に修理することはできなかった。目標に到達した20機のうち2機が撃墜され、1機に搭乗していたふたりの航空兵が死亡し、もう1機に乗っていたふたりが捕虜となった。イタリア側の損耗は死者59人、負傷

下：1860年代からイタリア海軍の拠点だったタラントは、両大戦において重要な海軍の基地となった。この軍港は連合軍の水上輸送を脅かしており、1940年にはイラストリアスの主導で無力化を目的とする攻撃が行なわれた。

上：1941年12月、アメリカからイギリスへの帰路にあったイラストリアスは、嵐のなかで空母フォーミダブルに衝突し、艦首と飛行甲板に損傷を受けた。

装甲という重い問題

　第2次世界大戦期の空母設計において、イギリスとアメリカは違う道を歩んだ。アメリカは飛行甲板に装甲防御をほどこさないのを好み、イギリスは装甲飛行甲板を選んだ。どちらの方針にも長所と短所がある。装甲がない飛行甲板は修理を短時間で簡単に行なえ、しかも重量が抑えられるので、艦載機用格納庫を広げて収容機数を増やせる。しかし飛行甲板が爆弾につき破られると、壊滅的な損害と悲惨な人的被害を出すおそれがあった。装甲飛行甲板は装甲飛行機格納庫と一体化することで強靭な構造となるが、甲板装甲によって重量がかさみ、その分だけ飛行機格納庫の規模は縮小し、搭載可能な機数が減る。大戦の戦訓から、アメリカの空母は1945年のミッドウェー級以降、すべて装甲飛行甲板をそなえるようになった。

者600人を数えた。タラント空襲は成功をおさめた。海軍の航空兵力のみで艦隊が作戦不能に追いこまれたのは、これがはじめてだった。軍略家はすぐに、空母の艦載機のほうが戦艦の主砲より攻撃半径が格段に長いことを理解した。この戦い以降戦艦は建造されなくなり、軍艦の王者だった戦艦の地位は空母に奪われることになる。その後もイラストリアスの艦載機は、地中海で敵の艦船や航空機、沿岸拠点への攻撃を続けた。が、1941年1月にドイツ軍シュトゥーカ急降下爆撃機の一団に襲われて大損害をこうむり、マルタ島で修理していたところをまたも爆撃された。もしも装甲飛行甲板がなかったら、おそらくは撃破されていただろう。1943年にイギリスに戻って改装を受けたあとは、連合軍のサレルノ上陸を支援すべくふたたび地中海へと旅立った。1944年にはインド洋に配備された。1945年に太平洋へ活動地域を移したところ、神風攻撃をくらった。損害が甚大だったことから、ヴァージニア州ポーツマスにあるノーフォーク海軍工廠に入って修理を受けざるをえなくなった。修理を進めているあいだに終戦を迎え、戦後は練習艦をつとめた。それから数年間は、デ・ハヴィランド・シーヴァンパイア、スーパーマリン・アタッカー、グロスター・ミーティアといったジェット戦闘機の離着艦試験に参加した。1954年12月に退役となり、1957年に解体処分された。イラストリアスは現役中に改装と改良をくりかえし、新型艦砲や改良されたレーダーを装備されるとともに、飛行甲板が延長されて、複葉機からジェット機まであらゆる艦上機の海上滑走路となった。

イラストリアス（空母）

パトリック・ヘンリー号（リバティー船）

SS *PATRICK HENRY*

　第2次世界大戦が勃発すると、膨大な量の物資や補給品、車輌を海上輸送しなければならなくなったが、それをすべてまかなうだけの船はなかった。おまけにドイツのUボートは建造するはしから商船を沈めていた。新しい商船が多数必要になったので、短期間でコストを抑えて造れるように、シンプルで単純な設計にする必要が生じた。そうしてできた新しい船はリバティー船とよばれた。パトリック・ヘンリー号は、多数建造されたリバティー船の第1号だった。

種別　EC2リバティー船

進水　1941年、米メリーランド州ボルティモア

全長　134.6m

排水トン数　14474t

船体構造　鋼板

推水　3段膨張式蒸気機関（1900kW＝2500馬力）で、スクリュープロペラ1軸を駆動

　第1次世界大戦後、アメリカは以前の中立的で孤立主義的な姿勢に戻り、「外国との紛争」を断固として避けようとしていた。その態度が豹変したのが、1941年12月に日本が真珠湾のアメリカ太平洋艦隊を攻撃したときである。それまでアメリカは、イギリスが造船手段を利用できるように便宜をはかっていたので、イギリスは必要な商船を建造していた。計画では、同一規格の船をできるだけ速く量産することになっていた。その設計のモデルとなったのは、1879年のイギリスの不定期貨物船である。オーシャン級船として知られるこのタイプの60隻は、アメリカのポートランド、メイン、リッチモンド、カリフォルニアの造船所で造られた。その後設計は修正・改良されて、アメリカの製造と造船の基準に合うようになり、戦時中の一部の材料不足にも対応して、工数を減らしてますます短時間・低コストで造船できるようになった。そうしてできあがった改修版はEC2とよばれた。「Emergency」（非常事態）のE、Cargo（貨物船）のC、そして2は喫水線の前後の長さ（水線長）が120〜140メートルの中型船であることを示している。こうした船は食糧や燃料から武器、弾薬にいたるまで、あらゆる貨物を運んだ。

　EC2の1号船はEC2-S-C1だった。Sは蒸気船であることを示している。利用できる蒸気タービン機関はすべて海軍に割りあてられたので、石油を燃料とする単純なレシプロ蒸気機関だった。EC2-S-C1は18世紀のアメリカの政治家にちなんで、パトリック・ヘンリーと名

下：パトリック・ヘンリー号のようなリバティー船は、ごくシンプルな構造をしていて、短期間低コストで建造できた。船体は5つの貨物倉に分かれていた。

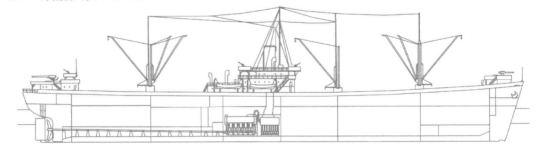

づけられた。ヘンリーは1775年にヴァージニアで有名な演説をしている。イギリスへの軍事的抵抗を主張するなかで、彼は「自由をあたえよ、さもなくば死を」と訴えた。ルーズヴェルト大統領はパトリック・ヘンリーの進水式でこの演説に言及して、これらの新しい船がヨーロッパに自由をもたらすことを願いたいと述べた。これが「リバティー船」と称されるようになった由来である。また、実用1点張りの外見と足の遅さを揶揄するように「醜いアヒルの子」「海のウシ」などともよばれた。それまで建造されたなかでとくに魅力的ではなかったが、求められた役割は立派に果たした船だった。

パトリック・ヘンリー号の進水

パトリック・ヘンリー号は1941年9月27日、同一規格のリバティー船13隻とともに、メリーランド州ボルティモアのベツレヘム=フェアフィールド造船所で進水した。パトリック・ヘンリーの子孫4人をふ

上：起工から5カ月もたたないうちに、ペンキを塗ったばかりのパトリック・ヘンリー号は進水した

くめて1000人以上の見物人が集まり、暖かい浜風のなかでヘンリーの名を冠した船が、はじめて水に浮かぶようすを見守った。この船は最大1万856トンの貨物を、甲板上と5つの貨物倉を利用して運ぶことができた。これはジープ2840台もしくは戦車440両、小火器の弾薬2億3000万発の重量に相当する。

造船のスピードを上げるために、リバティー船はあらかじめ完成させたモジュールと部品を溶接でつなぎあわせていた。この方式は、自動車産業の流れ作業とよく似ている。開発者はアメリカの企業経営者ヘンリー・J・カイザーだった。最初のバッチではリバティー船1隻を仕上げるのに244日ほどかかったが、数年以内にわずか42日に短縮された。宣伝用の実演では、ロバート・E・ピアリーという名のリバティー船が、ゼロからスタートしてたったの4日間で完成した。

武装はごく基本的なもので船によって異なるが、多くは船首に75ミリ砲か船尾に100ミリ砲、あるいはその両方を搭載し、それより小口径の種々の高射砲もそなえていた。リバティー船での勤務は危険

> この船はわれわれにとっておおいに役立つと思う。
>
> アメリカ大統領フランクリン・D・ルーズヴェルトのリバティー船の設計についての感想

パトリック・ヘンリー号（リバティー船）

> 自由をあたえよ、
> さもなくば死を。
> 1775年、パトリック・
> ヘンリー

右：1943年12月に完成したばかりのリバティー船9隻。ロサンゼルスのカリフォルニア造船所（California Shipbuilding Corporation）で、輸送業務に出るのを待っている。

下：造船の最初の工程で、リバティー船の竜骨が置かれている。第2次世界大戦中は、アメリカの造船所18カ所で、同じ作業が2700回以上くりかえされた。

だとみなされていた。Uボートや敵機に撃沈されなくても、あるいは悪天候で難破しなくても、構造上の欠陥のために災難にあうかもしれないからだ。そのためリバティー船には「カイザーの棺桶」という仇名もつけられた。

パトリック・ヘンリーは戦時中、紅海やロシア北極圏のムルマンスク、西インド諸島、南アフリカ、西アフリカ、イタリアを航海してまわった。大戦の戦火をしのいで民間業務用に改装されたが、1946年にフロリダ沖で座礁して大きなダメージを受けた。アラバマ州モービルに運ばれ、ほかの損傷または引退をしたリバティー船とともに係船されたが、修理は行なわれなかった。最後はボルティモアに曳航されて、産声をあげたのと同じ造船所で1958年に解体された。そのスクラップは溶かされて鋼板になり、新しい船に再利用された。

ヴィクトリー船

1944年にリバティー船の設計が刷新された。「ヴィクトリー船」とよばれる新型船は大型化し、Uボートをふりきるために足が速くなった。全長139メートル、排水量1万5440トンで、大半がリバティー船の単純な蒸気機関ではなく、蒸気タービン機関を動力としていた。ディーゼルエンジンを積んだ例も2、3あった。リバティー船は

破断事故を起こしやすく、荒波にもまれて真っ二つに割れることもあった。その対策のために、ヴィクトリー船はフレーム（肋骨）の間隔を広くして船体に柔軟性をあたえ、多少たわませることによって破断を予防した。最初のヴィクトリー船、ユナイテッド・ヴィクトリー号は1944年1月に進水した。総建造数は534隻だった。117隻をグループにしたヴィクトリー船は、ハスケル級上陸作戦用輸送艦とよばれ、船にそなわる上陸用舟艇で兵員1500人を揚陸できた。またこのうちの少数は病院船として使用された。最後のハスケル級艦は2012年に廃船にされた。

忘れられた英雄

リバティー船とその勇敢な乗員は、第2次世界大戦の知られざる英雄である。戦争続行のためのそうした貢献には、はかりしれない価値があった。戦時中にアメリカの港を出て連合軍を支えた全貨物のうち、3分の2がリバティー船によって輸送された。この船とそれで大西洋を越えて届けられた貴重な物資がなければ、Uボートによるイギリスの封じこめは成功して、欧州戦の流れは変わっていただろう。

リバティー船の運命

終戦までに3000隻近くのリバティー船が建造された。その大半の名前が有名な愛国者、英雄、政治家、科学者、探検家からつけられていた。そのうち200隻が敵の攻撃や悪天候、事故で沈んでいる。多くのリバティー船は1960年代、1970年代まで活躍しつづけて、その後解体された。戦時中に建造された何千隻ものうち、現存しているのは3隻だけである。写真のジェレマイア・オブライエン号はサンフランシスコ湾岸地域で、現役のクルージング船として乗客を乗せている。ジョン・W・ブラウン号は、ボルティモアで博物館船として使用されているほか、歴史探訪のクルージングに出ている。アーサー・M・ハデル号はあとからヘラス・リバティー号に改名されて、ギリシアのピレウスで固定博物館となっている。

パトリック・ヘンリー号（リバティー船）

大和（戦艦）
YAMATO

　日本は第2次世界大戦において、規模、重量、攻撃力のどれをとっても最大級となる戦艦を建造したが、そのなかでも最大の戦艦が大和だった。だが潜水艦や水上艦、航空機の攻撃の前には手も足も出ず、同じ規模の戦艦が建造されることは2度となかった。大和を境に、大戦艦海軍の時代は終わりを告げた。

種別　大和型戦艦

進水　1940年、呉海軍工廠

全長　263m

排水量　65027t

船体構造　溶接鋼板

推進　蒸気タービン4基（111855kW＝150000馬力）で、スクリュープロペラ4軸を駆動。

　太平洋戦争開戦から数カ月、戦いは日本軍の有利に運び、日本軍は次から次へと太平洋の島々を攻略していった。だが1942年5月にはアメリカ軍の抵抗が功を奏しはじめ、珊瑚海海戦とミッドウェー海戦によって日本軍の進撃は終わりを迎えた。その後は一転してアメリカ軍が太平洋から日本軍を撤退させる側に立った。日本軍は洋上での反転攻勢を計画し、戦艦、空母をはじめとする艦船をかき集めて強力な水上部隊を編成した。そのなかに史上最大の戦艦、大和の姿もあった。大和型は当初の計画では5隻建造するはずだったが、実際には大和と武蔵の2隻が戦艦として完成しただけで、3番艦の信濃は空母に改造された。

　大和の建造計画は1930年代前半にもちあがり、太平洋に配備されるどの軍艦をも凌駕する巨大な軍艦として設計された。とりわけ意識されたのは、パナマ運河を通過できるアメリカ艦である。建造は秘密裏に行なわれ、太平洋にその姿を現したときは衝撃が走った。大和の装甲甲板は上空3000メートルから投下された1000キロ徹甲爆弾の直撃に耐える設計になっており、主甲帯［両舷の水線部にのびる装甲帯］は、21キロの距離から放たれた45センチ弾にびくともしないほどぶ

上：1941年9月20日に、広島湾の呉海軍基地で撮影された竣工間近の大和。後ろには給糧艦の間宮が見える。

左：日本の超巨大戦艦大和は、激しい空襲にさらされても生き残るように設計され、中央部の重要防御区画のまわりを数十門の対空砲で固めていた。

厚い。主砲は3基の3連装砲塔に搭載した460ミリ砲9門で構成された。460ミリ砲は軍艦に搭載された艦砲として最大で、主砲塔1基の重量がアメリカ海軍駆逐艦1隻に匹敵する2516トンもあった。主砲の射程は44キロに達した。日本軍の真珠湾攻撃からわずか1週間後の1941年末に、大和は就役した。

レイテ沖海戦

　とてつもない規模と攻撃力にもかかわらず、大和が主砲を敵艦に放った戦いは1度しかない。それが第2次世界大戦中最大、いやおそらくは史上最大の海戦となった1944年10月のレイテ沖海戦である。

　その数カ月前の1944年6月に起こったマリアナ沖海戦で、日本軍の空母航空兵力はほぼ壊滅していた。この戦いは旧式化してしまった日本軍機を経験の浅いパイロットが操縦し、いとも簡単に撃ち落とせたことから、アメリカ軍のパイロットに「マリアナの七面鳥撃ち」とよばれた。大和も出陣したものの戦闘には参加しなかった。そして10月20日、アメリカ軍がフィリピンのレイテ島に侵攻した。レイテ沖海戦は10月23日から26日にかけて起こった4つの海上戦闘、シブヤン海海戦、スリガオ海峡海戦、エンガノ岬沖海戦、サマール沖海戦で構成される。日本海軍はありったけの艦船をレイテに投入して、アメリカ軍の上陸を阻止しようとした。レイテに向かう部隊がアメリカ軍潜水艦に発見されて攻撃を受けたものの、大和は無傷で生きのび

上：大和の前檣楼には対空レーダー（電探）、水上レーダー、主砲用測距儀と主砲用方位盤照準装置が搭載されていた。

た。しかし大和初の海上戦となったシブヤン海海戦では、アメリカ空母エセックスから飛来した攻撃隊の徹甲爆弾が命中し、小破をこうむった。姉妹艦の武蔵は大和ほど運に恵まれず、爆弾や魚雷をいくつもたたきこまれて沈んだ。10月24日、日本海軍部隊の一部がレイテを離れて、上陸を支援するアメリカ艦の小集団を攻撃した。この戦闘はサマール沖海戦とよばれ、大和がほかの水上艦と砲火を交えた唯一の戦いとなった。大和の砲撃は数隻のアメリカ艦に命中したが、意を決したアメリカ側の猛烈な反撃を浴びて海域からの撤退を強いられ、そのまま修理のために本土の呉海軍基地まで戻った。

「天号」作戦

　1945年4月1日、連合軍が沖縄に侵攻した。本土攻略に向けたこの前哨戦では、太平洋戦争最大となる強襲上陸作戦が展開された。日本海軍は連合軍を攻撃すべく秘匿名「天号」作戦を発動し、大和を駆逐艦8隻と巡洋艦1隻とともに沖縄に派遣した。それにかかわる者なら、これが生きて帰れない決死の特攻任務だとだれもがわかっていた。この任務に参加した艦船には片道の燃料しかあたえられなかった。最初から戻ってくることを期待されていなかったからである。沖縄にたどり着いたら海岸にのりあげて、艦が破壊されるまで沿岸砲台として撃ちつづける。そのあと乗員は艦をすてて陸上で戦うように命じられていた。

　日本軍は知らなかったが、連合軍は天号作戦にかんする無線通信を傍受していて、すでに迎え撃つ準備を整えていた。潜水艦が日本艦の位置を報告すると、4月7日の朝には沖縄へ接近する日本艦と連合軍機が接触した。護衛機をつれていない日本艦に、何百機という連合軍機が意のままに襲いかかる。攻撃は大和に集中した。爆弾と魚雷が大和に命中しはじめるのにそう長くはかからなかった。第1次攻撃がやむ頃には、大和の数門の艦砲が使用不能になり、船体の一部が浸水して傾斜をはじめた。半舷注水（浸水している舷側の反対側に意図的に注水する）を行なった結果、傾斜した船体の姿勢はある程度戻った。乗員が息つくひまもなく午後の第2次攻撃がはじまった。さらに命中弾を浴びて浸水が広がり、左舷への傾斜が拡大した。だがもう半舷注

右：1944年10月24日のシブヤン海海戦（レイテ沖海戦で展開された4海戦のうちのひとつ）から離脱する大和。前部砲塔近くの甲板に爆弾が命中して爆発している。

左：1941年10月、宿毛湾での全力公試で、最大時速50.7キロで疾走する大和。公試はぶじ終わり、同年12月に就役した。

水はできなかった。その後まもなく第3次、最後となる第4次攻撃がはじまり、新たな損傷と浸水が追い打ちをかけた。午後2時すぎには操舵がきかなくなった。船体がさらに傾いていく。炎が荒れ狂い、沈没がさしせまるなか総員退艦が下令された。20分後、乗員の大半を艦内に残したまま大和は転覆した。転覆とともに弾火薬庫のひとつが爆発して大和は海に沈み、2500人ほどの乗員が道づれとなった。アメリカ側の損耗は12人だった。それから40年あまりがたち、大和の残骸が九州南端から南西に290キロ沖の地点の水深340メートルで発見された。見つかった船体は弾薬庫の爆発のせいで、真っ二つに裂けていた。

　敗北が不可避となってもなお日本軍は降伏をこばんだ。大勢の国民に神風特攻や天号作戦のような勝ち目のない抵抗で命をすてさせる決意を固めており、さらに本土決戦の準備を整えた200万規模の兵力がなおも健在だった。こうした状況が戦争を終わらせるための原爆投下をアメリカに決断させる要因となった。アメリカ軍がノルマンディーのような通常の上陸作戦によって日本本土を攻めていたら、100万人単位の犠牲者が出ると予想されていた。大和沈没から4カ月後の8月6日、最初の原爆が広島に投下され、その3日後に2発目の原爆が長崎を襲った。日本は8月15日に降伏し、第2次世界大戦はついに終結した。そして巨大戦艦の時代も幕を閉じたのである。

大和（戦艦）

カリプソ号（調査船）
RV *CALYPSO*

　1960年代の末から1970年代初めにかけて、フランスの海洋探検家ジャック＝イヴ・クストー（1910〜97年）は、みずからの調査を映像にしたドキュメンタリー・シリーズ『クストーの海底世界』を製作した。このシリーズでは、クストーと仲間の探検家を運んだ調査船もスターだった。そのすばらしい取り組みは、新しい形の通俗科学番組の草分けとなり、世界中の視聴者を海洋探検と環境問題に引きつけた

種別　調査船（掃海艇を改造）

進水　1942年、ワシントン州シアトル

全長　42m

排水量　366t

船体構造　ベイマツ材

推進　8気筒ゼネラルモーターズ・ディーゼルエンジン2基（430kW＝580馬力）で、スクリュー2軸を駆動

　元フランス海軍将校のジャック＝イヴ・クストーは、エミール・ギャニオンとともに近代的なアクアラングを考案し、スキューバダイビングを可能にした。1951年にクストーは、40年間以上にわたって浮かぶ調査基地となる船に出会った。それは元イギリス海軍の掃海艇J-826だった。この船はアメリカで建造され、戦時の武器貸与政策にもとづいてイギリスに貸しだされていた。磁気機雷［機雷の出す地場を乱されると爆発する水中機雷］をなるべく爆発させないように、船体は木材（ベイマツ）で造られていた。進水は1942年3月21日、ワシントン州シアトルのバラード造船所（Ballard Marine Railway Yard）で、造船所の現場監督の娘、イゾベル・プレンティスによって命名された。J-826のようなイギリスの沿岸掃海艇には名称はあたえられず、番号だけで識別された。

　J-826と30人の乗組員は、地中海で第153掃海艇隊とともに活動した。1943年から拠点はマルタ島に置かれた。同年の「ハスキー作戦」には、連合軍の戦力として参加しシチリアに侵攻した。1944年、

上：1972年、62歳のときのジャック＝イヴ・クストー。会議の席上で撮影された。海洋探検の人気ドキュメンタリー番組のおかげで、1970年代、1980年代にテレビを観ていた人にとってはなじみの顔である。

左：1980年8月30日にモントリオールに到着したカリプソ号。ヘリがヘリポートに着陸している。その後ろの甲板に円盤型潜水艇がある。

BYMS-2026に名称を変更され、拠点もイタリアのタラントに移された。戦後は退役してマルタ島に係留されていたが、ここで民間人の買い手がついて、カーフェリーに改造された。このときはカリプソG号の名をつけられ、マルタ島とゴゾ島のあいだを最大で11台の車と400人の乗客を乗せて往復した。1950年にはふたたび売却されたが、買いとった富豪がギネス醸造会社の一族の者で、この船をクストーに年間1フランという破格の安値で貸与してくれた。

クストーはいまやカリプソ号となったこの船を、南フランスのアンティーブにある造船所に移して、海洋調査船に改造した。必要な装備の多くは民間企業とフランス海軍の寄付でまかなった。船の内部には科学実験室や写真現像室、乗員28人のための居住区画を設けた。追加した部分でとりわけ画期的だったのは、海中観察室である。船首の張りだし部分の内部に設けたこの小部屋では、ひとりの人間がガラスの舷窓から、喫水線の下約3メートルの海中世界を見渡すことができた。

1951年11月、カリプソは初の海洋探検に出発した。まずは紅海に向かって汽走し、乗員がサンゴ礁を調査した。この探検で新種の動植物がいくつか見つかった。クストーは、海を理解するためには実際に行って探索するのが1番だという信念をもっており、それを裏づける結果になった。1952年7月、カリプソはフランスの南岸沖にあるグラン・コングルエという小島に向かった。ここでは紀元前2世紀に難破した貨物船の調査を行なった。カリプソのダイバーは、何千点ものアンフォラと壺のかけらを引き上げて、地元の博物館に寄贈した。

沈黙の世界

研究の成果を発表して資金を集めるために、クストーが著した『沈黙の世界』［佐々木忠義訳、あかね書房］は、のちに記録映画となってアカデミー長編ドキュメンタリー映画賞を受賞した。この映画を観た世界中の観客は、クストーとカリプソ号の活動を知って、冒険と探検の続報を心待ちにした。その後もドキュメンタリー映画は製作され、賞を獲得した。そして1968年、クストーの名がもっとも記憶されることになるシリーズ番組がはじまった。『クストーの海底世界』と題されたこのシリーズは、1975年まで続いた［日本では日本テレビの『驚異の世界・ノンフィクションアワー』のなかで放映された］。36本の映像はクストーとダイバーを追って、彼らがカリプソで海を渡り、波の下の世界を探検する模様を伝えた。この小型船は有名になり、インド洋から南極大陸、アマゾン川から紅海まで、さまざまな場所に出没し

カリプソ号（調査船）

上：1972年、カリプソ号は南極大陸を訪れ、ヘリと熱気球、ダイバーを投入してこの大陸を氷の上と下から探索した。ダイバーが氷山の下や、陸上から海に張りだした氷の下に危険をおかして潜ったのは、これがはじめてだった。

た。クストーが製作したドキュメンタリー番組は、テレビの一般視聴者を楽しませながら科学に親しませる、という近代的手法を切り開いたといえる。クストーとカリプソはまた、あらたに起こりつつあった環境運動の世界的アイコンとなった。この船の知名度の高さは、シンガーソングライターで、1970年代にレコード・アーティストとして一世を風靡したジョン・デンヴァーが、カリプソを題材にした歌を作ったことからもうかがえる。『カリプソ』というその曲は、米ビルボード誌の最新ヒットチャート100で2位にのぼりつめた。またこの船名にちなんだ「カリプソ」という水中カメラも発売されている。

クストーはカリプソに、円盤型潜水艇（空飛ぶ円盤のような形の小型潜水艇）や水中スクーターなど、実験的な水中の乗り物を次々と装備した。船上に小型ヘリ用の発着場も用意した。その発着甲板の後ろには3トンの油圧クレーンをすえつけて、円盤型潜水艇などの小型潜水艇の投下と回収を行なった。カリプソは、あらゆる種類の水中工学の水上試験台となった。

これが最終回？

1996年1月8日の午後、カリプソ号が次の探索を前にシンガポール港に停泊していると、はしけがぶつかってきて船体の喫水線の高さに穴をあけた。水がどっと流れこみ、カリプソは傾いて深さ5メートルほどの港に沈んだ。その時船にいた船長と機関士は、沈みつつある船から脱出できた。カリプソは右舷を下に横転したが、ブリッジとマス

> ひとたび海の虜になると、驚異の網にとらわれて永遠にのがれられなくなる。
>
> ジャック＝イヴ・クストー

ト、ヘリ発着甲板の一部は沈まずに見えていた。

泥水のなかでみじめな姿を17日間さらしたあと、カリプソは引き上げられて修理のためにフランスに送り戻された。クストーはこの老朽化しつつある船をいつかは乗り換えたいと思っていて、事故のためにそれが早まるのではないかと思っていた。だが彼はカリプソでまた水中冒険をすることも、新しい船に乗ることもなかった。その翌年の1997年に、87歳のクストーはパリの自宅で息をひきとったのである。

カリプソの船主は、この船をクストーが創設した団体、クストー・ソサエティ（Équipe Cousteau）に売却した。法律上の論争と財政難から何年も遅れはしたが、2007年には修復作業がはじまった。フランスの海洋・河川遺産財団（Maritime and River Heritage Foundation）は、この船の重要性を認めて、重用遺産船（Bateau d'Intérêt Patrimonial）に指定した。修復作業はたび重なる挫折や困難のために中断しており、2015年の時点でまだ完了していない。カリプソの将来は決まっていない。修復して水上博物館や教育施設にすることもできるが、海上まで曳航して沈没させて、クストーが生涯の長い時間をついやして研究しカメラにおさめた生物のために、人工岩礁にする可能性もなくはない。

下：2007年、腐食しつつあるカリプソ号が、ブルターニュのコンカルノーにある造船所で修復作業を待っている。水中観察室がある船首下の張りだし部分がよくわかる。

カリプソ号（調査船）

ミズーリ（戦艦）
USS *MISSOURI*

　ミズーリはアメリカ海軍最後の戦艦である。同じアイオワ級のほかの戦艦3隻とともに建造が進むなか、戦艦は魚雷や航空機の攻撃に弱いことが明確になり、以後いっさい建造されなくなった。ミズーリは1992年に退役するまで、世界最後の戦艦として朝鮮戦争や「砂漠の嵐」作戦に従事した。さらに20世紀最大の歴史的出来事のひとつ、第2次世界大戦を終わらせる降伏文書の調印場所にもなった。

種別　アイオワ級戦艦

進水　1944年、ニューヨークのブルックリン海軍造船所

全長　270m

排水量　45720t

船体構造　溶接鋼板

推進　並列型蒸気タービン4基（158000kW＝212000馬力）で、スクリュープロペラ4軸を駆動

上：アメリカ海軍士官学校の士官候補生を満載した機動艇と奥にそびえるミズーリ。1948年頃の撮影。ミズーリに代表されるアイオワ級は史上最速の戦艦だった。

　「マイティー・モー」の愛称でも知られるミズーリは、1940年代に建造された4隻のアイオワ級戦艦の1隻だった。アイオワ級にはほかにアイオワ、ウィスコンシン、ニュージャージーの3隻があり、空母でも、とくに当時建造中だったエセックス級空母の護衛と防御を担う高速戦艦として設計された。主砲は3連装砲塔3基に搭載される9門の406ミリ砲である。俯仰と射撃は1門ずつ独立して行なえた。

　ミズーリの建造は終戦にまにあい、第2次世界大戦最後の数カ月間は実戦に参加できた。初陣は1945年2月、日本本土を空襲する任務部隊の護衛だった。それから数日後には硫黄島に上陸する部隊を支援すべく、ミズーリの巨大な主砲が火を噴いた。3月に入ると別の空母任務部隊に配属されて、日本本土の軍事施設を空襲し、来るべき沖縄上陸に向けて沿岸にならぶ日本軍の砲台を砲撃した。その際、神風特攻機の体あたりを受けて小破をこうむった。死んだ日本軍パイロットは、アメリカの水兵により軍人の名誉を重んじて手厚く水葬された。

運河をすり抜ける

ミズーリはパナマ運河を通って大西洋と太平洋を行き来できるように設計されてはいるが、実際のところはギリギリだった。パナマ運河を行き来する船は、複数の閘門を通過できなければならない。この閘門は、海面から26メートル高い運河まで船の水位をいったん上げたあと、海面の高さまで戻す役割をする。建設当初の閘門の幅は28.5メートルだった。軍艦が両舷にかなり余裕をもって通れるように、アメリカ海軍からパナマ運河側に閘門の幅を36メートル以上に広げるよう要請があり、最終的に互いが妥協して閘門の幅は33.53メートルに広げられた。ミズーリの全幅は33メートルだった。

上:1945年10月13日にパナマ運河のミラフロレス閘門をすり抜けるミズーリ。両舷とも余裕は2、30センチしかない。

さらに5月から6月にかけて、ミズーリは日本の本土沿岸への攻撃に参加し、そのあとは日本を離れてフィリピンのレイテ島に向かった。レイテ島に到着すると第3艦隊にくわわって日本にまいもどり、ふたたび工業施設を狙って攻撃し、空襲を行なう空母部隊を護衛した。こうした連携作戦により日本軍は、本土海域で艦船を活動させる能力を完全に奪われた。

8月上旬に広島と長崎に原爆が投下されたあと、東京湾に入ったミズーリに、連合軍最高司令官ダグラス・マッカーサー将軍をはじめとする連合軍の司令官が乗艦した。そこに重光葵外務大臣を団長とする日本側全権代表団がくわわり、第2次世界大戦に終止符を打つ降伏文書に署名した。

左:ミズーリの甲板に座り、降伏文書に署名して第2次世界大戦に終止符を打つニミッツ提督。

ミズーリ(戦艦)

> 世界に平和が戻り、神が末永く守ってくれるように祈ろう。これで調印は終了である！
> 1945年9月2日、東京湾のミズーリ艦上で行なわれたマッカーサー将軍の演説

第2次世界大戦以後

ミズーリは降伏調印式の翌日にはもう真珠湾へと出帆し、その後はオーバーホールのためにニューヨークに向かった。1946年5月には、終戦後はじめてとなる大西洋での大規模な海軍演習に参加した。その後1年を一連の訓練と式典参加についやし、またニューヨークで整備を行なった。以後、訓練と演習を続けるうちに、1950年に朝鮮戦争が勃発した。その頃までにほかの3隻のアイオワ級戦艦はすでに退役していたが、あらたに起こった戦争に従軍するために再就役した。朝鮮半島に一番のりした戦艦はミズーリだった。ミズーリは巨砲を放って連合軍の上陸を支援した。以後も沿岸への砲撃と空母の護衛を続け、1951年3月に朝鮮半島を離れてヴァージニア州ノーフォークに向かった。そこでオーバーホールと訓練を終えて1952年10月に朝鮮半島に戻ると、1953年3月まで沿岸砲撃に参加した。その後艦長が心臓発作で亡くなり、ミズーリはアメリカに戻った。それからまもなく大規模なオーバーホールがはじまり、1954年4月に完了した。その後西ヨーロッパへの練習航海に出たときは、ほかのアイオワ級戦艦3隻も一緒だった。この4隻の戦艦がいっしょに作戦を行なったのは、これが最初で最後となった。1955年2月にはミズーリも現役を終えるときを迎え、退役と太平洋予備艦隊での保管のためにピュージ

上：ミズーリの砲塔上面からの撮影。1945年9月2日、降伏調印式が東京湾で行なわれるなか、編隊を組んだアメリカ海軍機が上空を通過している。

予備艦隊

マイティー・モーは1955年に1度目の退役を迎えたとき、俗に「モスボール」艦隊とよばれるアメリカ海軍の予備艦隊で保管された。アメリカ海軍は、大規模な戦争の遂行に求められる大量の艦船を、常時配備していなくてもかまわない。平時に必要な艦船は少ないとはいえ、有事になったらただちに軍艦を追加招集できる体制を維持しておく必要はある。戦時に建造された余剰艦はいくつかの予備艦隊に分けて、必要となればすぐに現役に復帰できるように、航行可能な状態で保管される。とはいえ徐々に劣化と旧式化が進んでいき、最終的にはスクラップとして売りはらわれることになる。こうした予備艦隊のひとつがサンフランシスコ沖に停泊している。かつては300隻以上あったが、2017年までにすべてスクラップ処分される予定になっている。

ェット・サウンド海軍工廠に入った。陸地から近いところに係留されていたことから、日本が降伏文書に署名した甲板を見たがる観光客が何千人と訪れた。

現役への再招集

　退役から30年をへて、ミズーリは海軍増強計画の一環として、ロナルド・レーガン大統領の命令により現役に復帰して再就役した。このときにはミズーリに搭載された第２次世界大戦期の装備品は、大半が旧式化していた。これらはすべて撤去されて最新のレーダー、電子戦システム、兵装に刷新された。トマホーク巡航ミサイルも搭載された。改装が終わると、アメリカ戦艦として80年ぶりの世界周航に旅立った。

　1980年代後半にイランとの緊張が高まると、ミズーリはホルムズ海峡を通る石油タンカーを護衛した。1991年の湾岸戦争では、イラクの目標に向けて巡航ミサイルを数十発を発射するとともに沿岸陣地を砲撃し、「砂漠の嵐」作戦を支援して、クウェートに侵攻したイラク軍を押し戻す兵力となった。またペルシア湾の機雷掃海にも協力した。1991年４月にアメリカに帰還。ソ連崩壊後、ミズーリは1992年を最後に退役し、ふたたびピュージェット・サウンド海軍工廠の予備艦隊で保管された。その後は1998年にハワイの真珠湾に運ばれ、それから１年後に博物艦としての一般公開がはじまった。

　マイティー・モーのような大戦艦の時代の終わりとともに、世界の海軍は決定的に変わった。戦艦よりも効果的に海外へ戦力を投射でき、戦艦を葬りさってきた魚雷や航空攻撃の脅威も抑止できる空母が重視されるようになった。こうしてマイティー・モーは最後の大戦艦となったのである。

右：1987年にハワイ作戦海域で行なわれた演習で、ミズーリの怒濤の15門片舷斉射が火を噴いた。

コンティキ号（いかだ舟）
KON-TIKI

　ノルウェー人の探検家トール・ハイエルダール（1914～2002年）は、太平洋の古代人の移動について、すでにある定説と正反対の理論を提唱した。批判がよせられると、ハイエルダールは古代舟を再現して太平洋を横断し、みずからの理論を実証しようとした。その航海と彼が作ったいかだ舟、コンティキ号は有名になったが、理論の証明は遺伝子解析が考案されるまで待たねばならなかった。

種別　　いかだ舟
進水　　1947年、ペルーのカヤオ
全長　　14m
トン数　不明
船体構造　バルサ、マツ、マングローブ、モミ、タケ
推進　　帆

　およそ5000年前、南アジアの人々で、東に移動した者は太平洋の島々に住みつき、西に移動した者はインド洋に住みついた、という太平洋横断移動説が1940年代には受け入れられていた。ノルウェー人の探検家トール・ハイエルダールは、太平洋上のポリネシア人は南米から西に移動してきたのであって、アジアから東に移住したのではないと考えた。何千年も前の南米にあった材料と技術で、そのような長距離の航海が可能だったといえる者は、だれもいなかった。ハイエルダールは、自分でその航路をたどって自説を証明しようと決意した。

　ハイエルダールと5人の仲間は、バルサの丸太とマツの板をアサのロープでしばっていかだを作った。長さは14メートル、幅7.5メートル。このいかだにはインカ族の太陽神にちなんで、「コンティキ号」という名をつけた。土台部分ができるとバルサの丸太をタケの甲板でおおい、その上にタケを組んだ小屋を乗せた。小屋の屋根はバナナの葉でふいた。またマングローブ材を「A」の字型に組んで高さ9メートルのマストを作り、主帆（メーンスル）を1枚かけた。その上に小さな帆（トップスル）や、船尾に小さな帆（ミズンスル）を張れるようにもした。船尾にはマングローブとモミで作った、5.8メートルの舵取りオールをとりつけた。またバルサの丸太のあいだからマツの板で作った垂下竜骨（センターボード）を水のなかに降ろして、帆走中

下：コンティキ号は海流に運ばれて太平洋をわたった。トール・ハイエルダールは何千年も前に古代の南米人が同じ航路をたどったのではないかと考えた。

上：卓越流と卓越風を利用して漂流しているコンティキ号の上で、乗組員が夕食のために釣りをしている。トビウオ、キハダマグロ、シイラ、カツオ、サメが獲れた。

コンティキ号の冒険で、海洋の本来の姿に気づかされた。それは運ぶものであって孤立させるものではないのだ。

トール・ハイエルダール。『コンティキ号』（ワシントン・スクウェア・プレス、1984年）の出版35周年記念版の前書きより

の風下への横流れを抑えられるようにした。補給物資としては、1040リットルの真水に数百個のココナッツ、サツマイモ、若干のアメリカ陸軍の糧食を積みこんだ。魚を捕まえて食料にもした。無線送信機も数台用意して、いかだの進行状況の報告や、近くの船舶への衝突防止の警告ができるようにした。

出発の直前に、ハイエルダールはいかだの構造を何人かのベテラン船乗りに見てもらった。彼らは、この計画はきっと失敗するだろうと首を振った。ハイエルダールはこの航海は最低でも3カ月程度はかかると見積もっていたが、そのあいだに木製のいかだは浮いていられなくなるだろう、というのだ。いかだの幅広で舳先がとがっていない形状と帆がちっぽけなのが実用的でないし、いかだをしばっているロープはすぐにすりきれるか腐って、いかだはバラバラになってしまう、と船乗りたちは考えていた。いかだに使われている木材はすぐに水を吸って沈むにちがいない、と決めこむ批判者もいた。ハイエルダールは、有史以前の南米人がこのようないかだで、海岸沿いのかなり長い距離を移動していたのを知っていたが、コンティキが大海原での長距離航行にもちこたえるかどうかは確信がなかった。

コンティキ号（いかだ舟）

下：イースター島のモアイ像（上）は、このボリビアの巨像（下）のような南米大陸で発見された彫像とよく似ており、造り手の関連性を示している。

理論の実証

1947年4月28日、コンティキ号はペルーのカヤオから、沿岸を行き交う船がなくなるまでペルー海軍のタグボートに引かれて太平洋に出た。その後は単独でフンボルト海流にのって太平洋を西に進んだ。101日後、このいかだはツアモツ諸島のラロイア環礁の暗礁にのりあげた。平均時速2.8キロで7964キロを漂流した計算になる。バラバラになることも、水がしみて沈没することもなかった。

有史以前に南米人がポリネシアまで航海できたことを、ハイエルダールが立証したのにもかかわらず、学者の大半は依然として太古に実際に起こったことだとは認めなかった。それから年月がたち、科学的手法である遺伝子解析で、祖先が正確にどこから来たのかをつきとめられるようになった。ポリネシア人のテストでは、紛れもなく南米を起源とするDNAが見つかった。ハイエルダールはイースター島（ラパ・ヌイ）の有名な石の彫刻モアイ像と、ペルーのインカ帝国時代の巨石像の類似性に気づいていた。イースター島の住人のDNA標本を分析すると、そのなかに南米の先住民に発見された遺伝子も混じっていた。

遺伝子分析で明らかになったのは、ポリネシアの島人は、大半が以前から信じられていたようにアジアに起源をもっていたが、一部は南米人の子孫である可能性があるということだった。ハイエルダールが理論を立てたように、有史以前に南米人がポリネシアに流れ着いたのだろう。でなければ、南米にわたってから故郷に戻ったがポリネシア人がいたかもしれない。ポリネシア人が実際に南米に到達していることは確認されている。ブラジルで純粋なポリネシア人のDNAをもつ古代人の頭蓋骨が、発見されているからである。

その後の航海

1954年から2011年までで、コンティキ号の航海をまねた海洋探検は6度行なわれて、いずれも成功している。1960年代には、同様のいかだが南米からオーストラリアまでの1万8000キロを漂流した。タンガロア号といういかだは、トール・ハイエルダールの孫が乗りこんで、コンティキの出発日からきっかり59年後の2006年4月28日に出航し、目的地のラロイア環礁に70日後に漂着した。コンティキより1カ月早い到着だった。2011年には、プラスチック製のいかだのアンティキ号（乗組員の年齢の高さを自嘲した名称。「アン」は増加を表す接頭辞）が、カナリア諸島から大西洋を越えてバハマ諸島まで、4800キロの漂流をなしとげた。こうした海洋探検はどれも、古代世界でもかなりの長距離の遠洋航海が可能だったという、トール・ハイエルダールの主張を裏づけるものだ

右：トール・ハイエルダールと乗組員が、次の海洋探検に出帆しようとしている。このときは、葦舟ラー号での航海だった。

った。2010年にはコンティキをもじったプラスティキ号というヨットが、サンフランシスコからオーストラリアのシドニーへの太平洋横断をめざした。環境問題とプラスチック汚染、プラスチック製品をリサイクルする重要性に関心を集めるのが目的だった。12トンのヨットの船体は、再利用されたペットボトル1万2500本など、プラスチック廃棄物のリサイクル品で作られていた。

　ハイエルダール自身もその後、再現した原始的な帆舟での長距離航海に挑戦しつづけた。1969年にはパピルスで作った葦舟ラー号で、モロッコのサフィから大西洋横断をめざした。この航海ではパピルスが水を吸って垂れ下がり、舟体が割れてしまった。ただしこの舟はそれまで6440キロを超える航海をしていて、カリブの島が見える地点まで160キロもない距離に迫っていた。その翌年、ハイエルダールはラーII号で葦舟での航海に再挑戦した。このときは成功して、西インド諸島のバルバドス島に到達した。

　さらに1977年には、またもや葦舟のティグリス号を作って、古代3大文明発祥の地であるメソポタミア、エジプト、インダス川流域の人々が、海をわたって交流していたことを実証しようとした。この18メートルの舟はイラクを出発してペルシア湾を通過し、インド洋に入るとパキスタンのインダス川に到達した。そしてそこからインド洋をわたってアフリカ北東部の「アフリカの角」をまわった。5カ月かけて6800キロの海を走破し、ティグリスはついにジブチに到着した。この舟は安全な航海にまったく支障がない状態で、そのまま紅海に入ってエジプトに達することもできたが、ハイエルダールはこの地域に広がっている戦争に抗議して、舟に火を放った。

コンティキ号（いかだ舟）

アイデアルX号（コンテナ船）
SS *IDEAL X*

　1950年代にとあるノースカロライナの事業家が、昔ながらの商船への貨物の積み降ろし方法にしびれをきらした。あまりにも時間がかかりすぎたのだ。彼が思いついた解決方法は世界の貿易に革命をもたらした。今日、国際的な船荷の大半を扱う巨大なコンテナ港も、コンテナ船、あるいは運送用コンテナそのものも、すべてルーツは小型船のアイデアルX号にあるといっても過言でない。

種別　T2タンカーを改造したコンテナ船

進水　1944年、カリフォルニア州サウサリート、改造は1955年、メリーランド州ボルティモア

全長　160m

登録総トン数　16460t

船体構造　溶接鋼板

推進　蒸気タービン電気推進

　世界の貿易は、約90％を海上輸送に頼っている。今日、世界の全商船数は5万隻にのぼる。こうした船舶のどれもが、航海の初めに貨物を積み、終わりに降ろさなくてはならない。世界の海上輸送がこれほどまでの規模で可能なのは、現代の貨物ターミナルのスピードと効率のよさ、そしてマルコム・マクリーンというひとりの男のおかげなのである。

　1930年代にマクリーンは、ノースカロライナ州でトラック運送会社を経営していた。トラックが輸送する商品や物資は海上輸送に引き継がれることが多く、マクリーンは船への貨物の積み降ろしに延々と時間がかかるのに嫌気が差していた。石油や自動車、石炭などの積み荷を輸送する専用船は開発されていたが、それ以外のほとんどが種々雑多な大袋、樽、箱、針金で四角くしばった梱、木箱に入れられて汎用の貨物船で運ばれていた。いわゆる「混載貨物船」である。船が港に着くと、大勢の港湾労働者がその上に降りて荷降ろし作業にかかった。なかには個別に扱う必要があるものもあった。そうでなければパレット［すのこ状の荷台］やネットにのせて吊り上げた。荷降ろしがすむと、今度は同様にして新たな貨物が積みこまれた。全工程におそろしく時間がかかるので、船が数週間港にとどまることもあった。航海している時間と同じくらい港に停泊していることも多かった。

うまい方法を求めて

　1937年の感謝祭の週に、マクリーンは綿の貨物とともにニューヨークに行き、トルコのイスタンブール行きの船に荷物が積みこまれるようすを見ていた。日一日と遅延が生じて、マクリーンはいら立ちをつのらせていった。海運会社のほうもこの作業にどれだけ時間がかかって、そのためいつ船が出港して次の港に着くかは予測できないので、トラック輸送会社は貨物を港の施設に船積み予定日より何日も、いや何週間も前に運んでおかねばならなかった。そうなると一部で紛失や損傷が生じたり、盗難の被害にあったりする確率も高くなる。物品を港で保管するために巨大な倉庫が必要になり、作業に多くの人手を要するので、法外な経費も加算された。

　マクリーンは、もっとうまい方法を見つけてやろうと決心した。最初に考えついたのは、貨物の積みこみをすませ

> 積み荷を1個ずつ荷揚げするよりうまい方法があるはずだ。
> ——マルコム・マクリーン

世界史を変えた50の船

上：貨物輸送に世界的な革命をもたらしたマルコム・マクリーン。輸送用コンテナを運ぶためにみずからが改造した船に乗っている。

下：アイデアルX号は、既存の甲板の上にコンテナをのせる軽甲板を敷設することによって、タンカーからコンテナ船に転換された。

た貨物トレーラーを、トラックから切り離して船に乗せる方法だった。そうすれば目的地で降ろされたトレーラーは、またトラックで牽引できる。この案を検討しつづけるうちに、やがてそれを上まわるすばらしい解決方法を思いついた。もし運搬会社があらゆる種類の物品をすべて同一規格の箱につめたら、そうした輸送用コンテナの船への荷役の時間は、大幅に短縮されるだろう。

このアイディアを実際に試すために、マクリーンは標準型のT2タンカーを買って、鋼鉄製の箱型輸送用コンテナをのせる改造をほどこした。第2次世界大戦中は何百隻というT2が建造された。マクリーンのT2は、1944年12月30日にカリフォルニア州サウサリートのマリンシップ造船所で、ポトレロ・ヒルズという名で進水していた。マクリーンはこの船にもともとある甲板の上に、新しく軽甲板を設置した。エンジニアのキース・タントリンガーに自分のアイディアを説明すると、積み重ねできる輸送用コンテナを設計してくれた。このコンテナは軽甲板にボルトで固定できるので、海上で動きまわる心配はない。船名もアイデアルXに改名した。

ニュージャージー州のニューアーク港の24番停泊位置（バース）で、完成した新しい軽甲板の上に、クレーンによってコンテナ58個が平積みにされた。コンテナ1個を積むのに7分しかかからなかった。船積みの全工程は8時間たらずですんだ。従来の船積みにかかっていた時間とくらべるとほんのわずかである。アイディアルX号は1956年4月26日に出航し、6日後の5月2日にテキサス州ヒューストンに到着した。コンテナは短時間で降ろされて、待機していたマクリーンのトラックによって運びさられた。質素な第2次世界大戦中のタンカーが革命を起こしたのである。

アイデアルX号（コンテナ船）

次のステップ

　翌年、マクリーンはこの方法をさらにおしすすめた。最初のコンテナは、1個ずつ船の甲板にボルトで固定しなければならなかった。マクリーンはあらたに戦時中のC2級貨物船ゲートウェイ・シティ号を改修して、ラックで囲ったなかにコンテナを積み重ねられるようにした。全長137メートルのこの船は、226個のコンテナを運搬できた。アイデアルX号のほぼ4倍の数である。コンテナを吊り上げるためのクレーンも設置した。

　マクリーンは保有する船団にコンテナ船の数を増やしていき、ついには既存の貨物船を改造するのではなく、白紙の状態からコンテナ船の設計を依頼するようになったが、彼がしかけた貨物輸送の革命はなかなか進まなかった。はじめたばかりの頃は、たいていの海運会社と港湾管理委員会が、いまでは一貫貨物輸送として知られる方式を、一部でしか受け入れられないだろうと見ていたので、業界がこれを導入するまでには時間がかかった。コンテナ船がはじめて大西洋を横断したのは、ようやく1966年になってからだった。

　マクリーンの輸送用コンテナを引く手あまたにしたのは、結局は劇的なコスト削減だった。1956年に彼は、従来の方法で荷揚げした場合、積み荷1トンあたりのコストは5ドル86センになると計算していた。ところがマクリーンの輸送用コンテナを使うと、それがたったの16セントになるのだ。コンテナはまた安全性が高く、紛失や損傷、盗難にともなうコストが削減されるので、ますます費用が抑えられた。ベトナム戦争から予想外の追い風も受けた。従来型の貨物船でアメリカ軍

下：マクリーンのコンテナ船第1号であるアイデアルX号から、コンテナ船は現在世界で約5000隻に増幅している。これは全商船数の10％にあたる。

右：コンテナのみを積む貨物船が増加したため、世界各地で巨大なコンテナ港が建設されるようになった。

兵士のために商品や物資を送ろうとしたところ、アメリカとベトナムの港の波止場周辺で、窃盗が深刻な問題になった。輸送用コンテナを導入すると、軍用の貨物から窃盗の被害が劇的に減ったのである。

必然的な変化は徐々に起こった。古い従来型の港や埠頭が閉鎖され、何千人という港湾労働者が職を失い、輸送用コンテナのみを扱う新しいコンテナ港が、世界中で何百カ所も出現した。船も見違えるほど変わった。小型のアイデアルX号とくらべると、現代のコンテナ船は巨大である。最大のクラスはコンテナを1万9000個以上運搬できる。マクリーンが最初に仕立てたコンテナが長さ10メートルあまりだったのは、それがアメリカで標準的な貨物トレーラーの規格だったからだ。しばらくするとそれも国際的基準に見あうように統一された。現代のコンテナの規格は、6メートルか12メートルである。

アイデアルX号は、コンテナのみによる貨物輸送という発想を実証する役割を終えると、売却されてエレミアと改名された。1964年2月8日、この船は悪天候で大きな損傷を受け、同年の10月20日に日本で解体された。

だれが最初か

アイデアルX号は最初のコンテナ船ではなかった。アイデアルXがはじめて出港した1年前の1955年に、イギリスのユーコン・オーシャン・サービス社（Yukon Ocean Services）が、貨物船クリフォード・J・ロジャーズ号を進水させていたのである。カナディアン・ヴィッカース社によって建造されたこの船は、ヴァンクーヴァーとアラスカ州スキャグウェーの区画で、一般貨物と鉱石の積み荷を「ケーソン」というコンテナ168個に入れて運んだ。だが、貨物輸送の革命を世界に広めた功労者は、マルコム・マクリーンとアイデアルXだった。

アイデアルX号（コンテナ船）

ノーティラス号（原潜）

USS *NAUTILUS*

　潜水艦は20世紀の前半に、きわめて実効性の高い戦闘マシンになったが、その本質は一時的に水中に隠れられる水上艦でしかなかった。その後1950年代になって技術が進歩すると、潜水艦そのものが強力な兵器に変貌する。ノーティラス号はそうした新型潜水艦の先駆けだった。

種別　原子力潜水艦

進水　1954年、コネティカット州グロトン

全長　98m

排水量　水上では3590t、潜水時は4160t

船体構造　溶接鋼板

推進　原子力蒸気タービン（10MW＝13400馬力）で、スクリュープロペラ2軸を駆動

　1954年まで潜水艦は、蓄電池の容量と持続時間のために海面から離れられないでいた。潜水できたのは、蓄電池の残量があるせいぜい2、3時間という短時間だけだった。ただし蓄電池に充電するためには、浮上してディーゼルエンジンを始動させなければならない。ところがアメリカは1951年に、世界初の原子力を動力とする潜水艦ノーティラス号を建造しはじめたのである。

　18カ月の造船作業をへて、ノーティラスはコネティカット州グロトンのテムズ川で進水し、8カ月後には軍の原子力艦として就役した。1955年1月17日に原子力で初の航海をすると、潜水艦のあらゆる潜水、速度の記録をあっさり塗り換えた。5月10日にはプエルトリコへの2222キロを、1度も浮上せずに90時間たらずで走破した。これは潜水艦の潜航距離と1時間持続速度の新記録だった。ノーティラスの潜

右：1954年1月21日、アメリカのファースト・レディ、メイミー・アイゼンハワーによって世界初の原子力潜水艦ノーティラス（SSN-571）が命名された。その直後に潜水艦は船台を滑りおりてはじめて水に浮かんだ。

水時の最大速力が時速37キロを上まわるのは確かだが、どれほど上まわるかは軍事機密になっていた。

　従来の潜水艦との性能差を生んだ構造体は、もちろん原子炉である。潜水艦専用に造られた原子炉は、核燃料が放射性崩壊するときに自然に発生する熱を利用して、水を加熱し蒸気を発生させてタービンをまわす。その後蒸気は冷却され、凝縮して水に戻り再利用された。核燃料は従来の燃料のように燃焼されないので、酸素を消費せず有毒な排ガスも出さない。従来型の潜水艦が水中で蓄電池の電気を使用する必要があったのは、まさにそのためだった。こうした特性から原子力潜水艦は潜水できる時間が長くなり、必要なら何カ月も潜っていられるのである。

急カーブの学習曲線

　水上艦にとって、味方の原潜とどのように連携し、敵の原潜とどう戦うかを知ることは死活的に重要である。そのためノーティラス号は2年以上をかけて、海軍とともにテストと一連の訓練演習をしている。たとえばナラガンセット湾やロードアイランド、バミューダ諸島の沖合で魚雷の試験発射や、対潜掃討任務群との連携演習などを行なった。第2次世界大戦中にレーダーを活用した航空機がディーゼル発電式の潜水艦を撃沈した戦術は、それまで存在したどの潜水艦よりも深く潜水して長く潜航し、捜索地域を短時間で脱出してしまう潜水艦にはまったく通用しないのが明らかになった。ノーティラスは既存のあらゆる対潜作戦のテクニックを、一気に時代遅れにしたのである。

　1957年2月、航続距離が11万1100キロに達したところで、ノーティラスは建造された造船所に戻り、核燃料の炉心を交換した。原子力を動力とする海軍船艇としては初のオーバーホールだった。5月には太平洋まで出向き、太平洋艦隊とのテストと演習を一とおりこなした。さらに8月には、極地の万年氷原の下をはじめて航行した。通常の潜水艦は、針路に迷ったり閉じこめられたりするのを警戒して氷を避けていた。というのも北極点に近くなると磁石があてにならなくなり、氷の下では星を見る望みもなくなるからだ。潜水艦には針路をそれて迷いやすい地域だった。ノーティラスは駆動持続時間が途方もなく長いので、氷の下で迷っても動力が切れるおそれはない。極地の万年氷原の下を航行できると、とくに大きな軍事的メリットがあった。万年氷原の端から端に抜けられれば、アメリカの潜水艦がソ連周辺の海域に入る航路が開拓されるのである。

上：いまではやや時代遅れに見えるが、1950年代のノーティラス号は潜水艦技術の最先端を行っていた。写真はこの潜水艦の射撃指揮装置。かつては最高機密だったが、いまはそうではない。

原子力で航行中。
1955年1月17日のノーティラス号からの通信

ノーティラス号（原潜）

右：北極の万年氷の下を航行するため、ノーティラス号はハワイからアラスカの沿岸部に到達し、スピッツベルゲン諸島近くのグリーンランド海で浮上して、イギリスのポートランド島まで航行した。氷の下の2945キロの旅は4日間を要した。

北極の下で

　1958年、ノーティラス号はもっとも有名な任務を開始する。コードネームは「サンシャイン」作戦。6月9日にシアトルを出発して、10日後にベーリング海峡北方のチュクチ海に入ったが、浅い水域に海のなかまで立ちふさがるように発達している氷があったために引き返すしかなかった。そこで、氷の状態が改善するまで真珠湾で待機した。7月23日、ノーティラスは再度挑戦するために北進した。艦長のウィリアム・R・アンダーソンは、北極点まで氷の下を連続潜航するつもりでいたが、流氷の塊は通常より南に吹き流されていた。最良のルートを探すと、アラスカの北海岸のバロウ岬が有望だった。ここにバロウ海谷という深い海底の谷を通るルートがあったのである。ノーティラスが万年氷の下の地図にない海域を滑り抜けていくあいだ、乗員が頭上の氷を撮影しているようすを船体のビデオ・カメラがとらえていた。

　氷の下に消えてからまだ2日目の8月3日、ノーティラスは潜水艦としてはじめて北極点に到達した。そこでは予測をはるかに越えて、水深4090メートルを計測した。この潜航ではまた、それまで知られていなかった海嶺（海底山脈）を発見した。ノー

貨物潜水艦

　ノーティラス号が北極の氷の下で歴史的な航海をしたとき、当時の時事解説者はこれが前ぶれになり、いつか原子力貨物潜水艦がこの新しい水中海路を行き来する時代が来るだろうと考えた。パナマ運河を経由したロンドンから東京までの距離は、2万740キロほどである。同じ区間で北極の下を通過した場合は、1万1670キロとほぼ半分にすぎない。貨物潜水艦なら水上の悪天候もまぬがれるだろう。ところが原子力貨物潜水艦は一向に実現しなかった。

ティラスは氷の下で合計96時間をすごしたあと、グリーンランドの北東で浮上した。水中で長い時間迷わずに進めたのは、巡航ミサイル用に設計された慣性航法システムを利用したからである。

　この歴史的航海のあと、ノーティラスは評価・訓練演習に戻った。1962年のキューバ・ミサイル危機では、キューバの海上封鎖にもくわわった。1966年には、軍艦への攻撃のシミュレーションをしているときに、空母エセックスと衝突して展望塔を損傷した。修理後は、ひき続き原潜を使用または探知する新たな戦術を開発するための作戦に参加し、新しいセンサーや兵器、その他の装備品のテストを行なった。ノーティラスから得られた教訓を生かして開発され、より近代化された原潜が続々と就役すると、ノーティラスはそうした原潜とならんで役務を果たした。

　1978年12月には、原子力推進での総航続距離80万4627キロを記録したが、引退のときは近づいていた。1979年5月、ノーティラスはカリフォルニア州バレーホのメア島海軍工廠に入り、除籍処分を受けた。1982年に国定歴史建造物に指定されたあとは、コネティカット州グロトンに運ばれ、展示物として一般に公開された。

下：2008年7月1日、アメリカの高速攻撃型潜水艦プロヴィデンス（SSN-719）は、氷をつき破って北極点で浮上し、ノーティラス号の歴史的な北極点通過50周年を祝った。

ノーティラス号（原潜）

虹の戦士号（NGO活動船）
RAINBOW WARRIOR

　虹の戦士号は30年間にわたる足跡のなかで、世界をかけめぐり、さまざまな環境を破壊する行為に抗議し、野生生物の危機を訴える活動に参加した。グリーンピースの運動でこの船の名を世界中にとどろかせた役割は、突然、きわめて異様で暴力的な形で終幕を迎える。そこにはスパイと爆弾、政府の機密がかかわっていた。

種別　トロール漁船

進水　1955年、イギリス、スコットランドのアバディーン

全長　40m

総トン数　418t

船体構造　溶接鋼板

推進　ディーゼル発電式エンジンでスクリュープロペラ1軸を駆動、帆620㎡も併用

　世界的に有名な環境保護運動の象徴となる船は、もともとは目立つところのない漁船だった。1955年にサー・ウィリアム・ハーディー号として進水したこのトロール漁船は、イギリス初のディーゼル発電式の推進方式を採用していた。所有していたのはイギリス政府の1部門である農漁食糧省で、調査船として運用されていた。1977年に不要になり、政府によって売りに出された。

　環境保護団体グリーンピースのイギリス支部であるグリーンピースUKは、この公売を吟味してサー・ウィリアム・ハーディーに大きな有用性を見出し、手付けになる10%の頭金を8カ月かかって調達した。残金はその後60日間で払うことになっていた。資金はなかなか集まらず、せっかく手にしたこの船をとり逃してしまうかと思われた。ところがそのときに、世界野生生物基金のオランダ支部が、クジラの保護活動のための資金援助を申し出てくれた。おかげでグリーンピースUKはこの船を購入できた。1977年の4カ月間の改装で、サー・ウィリアム・ハーディーは虹の戦士号に生まれ変わり、1978年5月2日に再進水した。乗組員24人は10カ国から集められた。

ディーゼル発電式推進

　虹の戦士号が使用していたディーゼル発電式の推進方式の起源をさかのぼると、1903年にロシアで造られた石油タンカー、ヴァンダル号にたどり着く。この船は、ヴォルガ川とヴォルガ・バルト水路の運河で石油を輸送するために建造された。ディーゼルエンジンが選ばれたのは、強力な蒸気機関を搭載するほど船が大型でなかったからである。エンジンが発電機を駆動すると、発電機が電気推進モーターに電力を供給した。その当時もいまも変わらないディーゼル発電式推進の大きな長所は、エンジンとプロペラとのあいだに機械的連結がないために、船体のどこにでもエンジンを設置できることである。ヴァンダルは大きな注目を浴び、1908年にはこれに続いて世界初のディーゼル発電式航洋船でタンカーのマイセル号が完成した。

上：1982年3月、カナダのセントローレンス湾の氷に降り立つ、虹の戦士号の乗組員。毎年ここで行なわれるアザラシ猟への抗議行動に参加しようとしている。

公海上の運動

　虹の戦士号が世界の舞台にはじめて登場したのは、アイスランドによる捕鯨への抗議行動だった。資金も燃料も装備も不足して苦労を重ねたが、この小型船は上々の活躍をした。1981年にはディーゼル発電式のエンジンが寿命を迎えたので、新たな動力装置が必要になった。この改装のときエンジニアは、この船に最初からあった油圧システムが、潤滑油として鯨油を使用しているのを発見した。抗議をさらに続けて捕鯨国に執拗な圧力をかけたのが功を奏して、1982年には商業捕鯨モラトリアムが成立した。

　1985年、フランスは太平洋上のムルロア環礁で、次回の核実験を計画していた。その年の7月には虹の戦士号はニュージーランドに到着し、ここから実験場に向かって抗議を申し立て、できるなら実験を中止させる計画でいた。環境にいっそう優しい船にするために、この船には帆が設置されて、世界最大のケッチ式帆装の帆船［2本マストに縦帆、後ろのミズンマストは舵の前に位置する］となっていた。以前フランスの核兵器実験に抗議した際は、グリーンピースの船にフランスの特別奇襲部隊が乗りこんできたので、なんらかの妨害があるのは覚悟していた。が、その後の展開はだれも予想しないものになった。

> 世界は病んで最期を迎えつつある。人々は虹の戦士のように立ち上がるだろう…。
> ウィリアム・ウィロイヤ、ヴィンソン・ブラウン『Warriors of the Rainbow（虹の戦士）』（ネーチャーグラフ、1962年）より引用。虹の戦士号の命名についての1節

左:爆発で虹の戦士号の船体に大きく裂けた穴を調べる作業員。爆弾は、1985年ニュージーランドで、フランスの諜報部員によってしかけられた。

戦士への攻撃

　7月10日、午前零時をまわろうかというときに、虹の戦士号に乗船していた乗組員11人は、いきなり暗闇に包まれた。と同時に轟音が響き、船のなかに突然海水が激しい勢いで流れこんできた。乗組員は船が衝突してきたのかと思った。すると、先ほどよりさらに大きな轟音が鳴り響いた。乗組員は先を争うようにして船から飛び下り、波止場へとのがれた。数分もたたないうちに浸水した船は船首を下にして傾きはじめた。このときになって乗組員は仲間のひとりがいないのに気づいた。乗船していたかどうかも定かでなかった。あいにくグリーンピースのカメラマン、フェルナンド・ペレーラは、その夜まちがいなく乗船していて溺死した。

　ほかの船がぶつかったのでないのは一目瞭然だった。乗組員は破壊工作を疑った。2回の爆発を起こしてこの船を沈められるようなものは、積んでいなかったからである。水中に潜ってみると、喫水線の下の船腹にいびつな穴があいていた。穴の大きさは2.4×1.8メートルあり、ニュージーランドのものではない吸着機雷の破片が回収された。となれば虹の戦士号を明確に標的と意識して、暴力的な攻撃をしかけたことになる。それにしても実行者はだれなのか。フランスがまっさきに疑われた。

　スイス人の旅行者と称するふたりが逮捕された。調べを進めると、フランスの諜報部員のアラン・マファール少佐とドミニク・プリュール大尉であるのがわかった。当初フランスは関与を否定していたが、最後にはフランスの首相が、ふたりがDGSE(対外治安総局)の工作員であることを認めた。DGSEはフランスの国外で活動する情報機関

新たな戦士

　グリーンピースはその後2隻の虹の戦士号を保有した。1989年に虹の戦士Ⅱ号を、2011年に虹の戦士Ⅲ号を所得して、環境保護運動を継続したのである。Ⅱ号はスクーナー［2本以上のマストに縦帆をつけた帆船］で、1957年に建造された遠洋漁業船から改造された。グリーンピースがこの改造船を進水させたのは、初代虹の戦士号が沈んでから4年後だった。Ⅱ号が2011年に引退すると、同年のうちにⅢ号があとを継いだ。この船は専用船として建造された、補助モーターつきの汽帆船である。Ⅲ号の資金調達には、ウェブサイト上で資金をつのるクラウド・ファンディングが利用され、世界中から10万件を超える寄付が集められた。

で、ふたりはその命令にしたがって行動していた。裁判所はフランスに対し、グリーンピースに800万ドル相当の補償金を支払うよう命じた。ふたりの諜報部員は裁判で有罪の判決を受けて、それぞれ7年と10年の懲役を言い渡された。そしてその後フランス領ポリネシアにあるフランス軍基地に身柄を移されて服役した。ところがフランスは2年もしないうちにふたりを釈放して、国際的な批判をさらに集めた。攻撃の前にグリーンピースのオークランド事務所に押し入ったとわかっているフランスのスパイと、爆発に関与した潜水戦闘員は、事件後消息を絶って追跡できなかった。

　虹の戦士号は1カ月後に引き上げられたが、損傷がひどく修復できなかった。1987年に、ニュージーランド沖のマタウリ湾とキャバリ諸島のあいだに沈められて、海洋生物の棲む人工岩礁になり、訪れるダイバーの目を楽しませている。

下：虹の戦士Ⅱ号。初代虹の戦士号の役割を受け継いで、2008年には、アシュケロンに石炭火力発電所を造ろうとするイスラエルに対して抗議行動を行なった。

虹の戦士号（NGO活動船）

レーニン号（原子力砕氷船）
NS *LENIN*

1950年代にはじめて原子力潜水艦が進水したときは、海運の分野にも原子力の新時代が到来したかのように思われた。ソヴィエト連邦が世界初の原子力民間船を建造した際は、そうした未来が確実のように感じられた。これを皮切りに、あらゆる種類の原子力船が造られると期待されたのである。

種別 原子力砕氷船

進水 1957年、ソヴィエト連邦のレニングラード（現ロシアのサンクトペテルブルク）

全長 134m

排水トン数 16000t

船体構造 溶接鋼板

推進 1970年までは、OK-150原子炉3基（1970年以降は、OK-900原子炉2基）で、タービン発電機と電動機に動力を供給して、スクリュープロペラ3軸を駆動。

上：レーニン号は世界初の原子力砕氷船として30年間活躍したあと、ムルマンスクを最後の係留場所として博物館船に改造された。

ロシアでは北部沿岸海域がこの国の東と西を結ぶ最短ルートだったが、毎年冬になると海が氷結するので、北極海航路を通航可能にしておくために砕氷船が必要だった。こうした船は、厚い氷を砕くためにとてつもないエネルギーを消費する。従来型のディーゼルエンジンを動力とする砕氷船は、1時間に何トンもの燃料を燃焼するので、給油のためにしょっちゅう港に戻らなくてはならない。それにひきかえ、原子力砕氷船の航続距離は無限といってよい。一度出航すれば、燃料の再補給をせずに何カ月も海に出ていられるのだ。

ソ連は1953年に原子力砕氷船を造る決定をした。レーニン号と命名されたその船はそれから4年後に進水した。処女航海に出たのは1959年だった。

この船の動力は、3基のOK-150加圧水型原子炉から供給されていた。通常運用では2基の原子炉を使用し、残りの1基は予備用としていた。各原子炉の炉心には8000本近くの濃縮ウランの燃料棒が、219本の燃料集合体に束ねた形で装荷されていた。原子炉は意外とコンパクトで高さ

> わが国の原子力砕氷船レーニン号は、海洋の氷だけでなく冷戦の氷も砕いて航路を拓くだろう。
> ソ連のニキータ・フルシチョフ首相が、1959年に訪米したときの言葉

原子力船

ロシアはソヴィエト連邦時代も合わせると、全部で10隻の原子力民間船を完成させている。そのうち9隻が砕氷船で、1隻が貨物船セヴモルプーチ号だった。こうした船はさらに増えそうな気配だ。砕氷船の大半はアルクティカ級である。こうした排水トン数2万3000トンの船はいずれも、ひとたび海に出れば7カ月以上寄港する必要がなく、核燃料の交換は4年ごとですむ。衛星が氷の状態を監視していて、それをもとに乗員は最適な航路を割りだし、厚すぎる氷には極力つっこまないようにしている。砕氷船のなかには凍った海上交通路を切り開くだけでなく、観光客を北極点に運んでいるものもある。ロシア(ソ連)以外には、原子力民間船は3隻しか存在していない。むつ(日本)とオットー・ハーン号(ドイツ)、サヴァンナ号(アメリカ)である。そのいずれも引退しているので、現在原子力民間船を運用しているのはロシアだけになっている。

は1.6メートルあまり、幅も1メートルしかなかった。

流路から炉心に流れこむ冷却水は、核燃料を冷却すると同時に熱せられた。各原子炉に入る冷却水の温度は248度で、出口では825度に上昇した。約28気圧の高圧がかけられたのは、水の沸騰を抑えるためである。この高温の加圧水はさらに、2次冷却系の水を加熱し蒸気を発生させて、タービンをまわした。タービンは発電機を駆動して電気を起こし、その電気で電動機がプロペラを回転させた。

原子炉から得られた出力で、レーニンは厚さ2.5メートルまでの氷をかき分けて、航路を切り開くことができた。しかも1時間に数トンのディーゼル油を燃やす必要はなく、1日にわずか45グラムのウラン燃料しか消費しなかった。

下:世界最大の砕氷船、50リェート・バビエデ(戦勝50周年記念)号。ロシアの超巨大なアルクティカ級原子力砕氷船である。

レーニン号(原子力砕氷船)

平和のための原子力

　サヴァンナ号は、世界初の原子力商船だった。進水したのはレーニン号の2年後の1959年である。アメリカのドワイト・D・アイゼンハワー大統領の「平和のための原子力」計画のなかで、大統領自身の発案で、原子力の平和利用推進のシンボルとして建造された。商業的利益が目的または条件とされることは一度もなかった。この船の価値はむしろ、平和的な原子力の親善大使としての役割にあったのである。優美さが褒めそやされていたが、運航させてみると、ディーゼル船とくらべて運用コストがかかり、乗員を多く必要として積載できる貨物が少なく荷役がむずかしかった。貨客船として就航したが、しばらくすると貨物のみを運ぶようになり、1971年に引退した。総航続距離は72万キロにわたり、母国と外国の87港をめぐって140万人もの見物人を集めた。

　レーニンの船内には、乗員243人がすごせる比較的快適な施設があったと伝えられている。サウナや図書室、映画室、喫煙室、グラウンド・ピアノのある音楽室もあったようだ。

原子力事故

　レーニン号は1度、いやおそらくは2度の原子力事故にみまわれている。冷戦中のソ連は秘密主義で、非軍事的な出来事であってもほとんど詳細は公開されなかった。1965年の燃料交換の際に、炉心3基のうち1基の燃料集合体に壊れて変形しているものが見つかった。調べてみると、まだ核燃料が炉心にあるあいだに冷却水が抜かれていたことがわかった。冷却水がないので、核燃料が過熱して集合体がゆがみ、その一部では融解もはじまっていた。集合体のうち撤去できたのは94本だけだった。残りの125本は炉心に付着していて引き抜けなかった。そのため炉心ごととりはずして、海に廃棄した。

上：レーニン号はこの程度の薄い氷なら簡単に砕く。厚さ1.6メートルまでの氷を割れる強力な出力があるのだ。50リェート・パビエデ号のような後継の砕氷船は、その2倍の厚さの氷を割りながら進む。

2度目の事故は1967年にあったようだ。このときも冷却水が喪失したが、その原因は最初の事故とあきらかに異なっていた。1基の炉心のなかで冷却水配管のどこかが破断した。漏洩箇所を特定するためには、炉心の生体遮蔽を壊さなくてはならない。遮蔽はコンクリートと金属の削りくずを混ぜて作られており、大ハンマーで砕いてあけた。だがこの時炉心も激しく損傷したので修復不能になった。そのため蒸気発電機やポンプをふくむ原子炉室全体を、船から撤去する事態となった。

レーニンはその後、ロシア北部のセヴェロドヴィンスクにあるズヴェズドシュキャ造船所に曳航されて、1970年に新しい炉心装置を搭載された。最初の炉心は3基のOK-150だったが、今度は出力が増した改良型のOK-900が2基になった。この船は1989年に引退するまで、この2基の炉心から動力を得ていた。操業を停止したのは、30年間砕氷しつづけたために、船体のところどころがすり減って薄くなったからだった。それまでの航続距離は92万5000キロを超え、3741隻の船舶のために北極海の氷をかき分けて道を切り開いていた。使用ずみ核燃料は1990年に炉心から取り出され、レーニンはムルマンスクにあるアトムフロト社の原子力砕氷船基地に移されて、ここの波止場に係留された。2000年にレーニンを博物館船にすることが決定され、2009年に一般公開がはじまった。

ほかにも実験的に原子力民間船を造った国はあったが、こうした船の建造コストの高さや、原子炉関連の事故が起こると被害が壊滅的になるおそれがあること、さらには廃船時に安全に廃炉にするための費用を考えると、ほとんどの場合で採算がとれなかった。軍用船でもとくに空母や潜水艦などでは、原子力推進の船舶が増えているが、原子力民間船の新時代は訪れそうにない。

左：原子力貨物船サヴァンナ号の制御室は、原子力発電所の制御室とよく似ている。多くのシステムと制御装置が共通だからである。

トリー・キャニオン号（タンカー）
SS *TORREY CANYON*

　1967年3月18日に、トリー・キャニオン号は座礁して歴史に名を残すことになった。この事故は世界中の見出しを飾った。なぜならトリー・キャニオンはふつうの船ではなかったからである。その時点までで座礁した最大の船で、しかも原油を満載した超大型タンカーだった。この船は、世界初の海上での大規模な石油流出事を起こしたのである。

種別　LR2［「大規模2」。3番目の規模の石油タンカー］スエズマックス級［スエズ運河を満船で通航できる最大規模］石油タンカー

進水　1959年、ヴァージニア州ニューポート・ニューズ

全長　297m

登録総トン数　61263t

船体構造　溶接鋼板

推進　蒸気タービンで、スクリュープロペラ1軸を駆動

　1967年2月19日、トリー・キャニオン号はクウェートで10万1000トンを超える原油を満載すると、カナリア諸島に進路を定めた。到着したのは3月14日だった。この時船の指揮をとっていたパストレンゴ・ルジアティ船長は、船の目的地が英ウェールズのミルフォードヘヴン湾になりそうだと知らされた。市場の石油価格に応じて、アメリカもしくは地中海の港、西ヨーロッパのいずれかに船を向かわせるた

右：猛烈な強風にあおられて、荒波が座礁したトリー・キャニオン号に襲いかかると、この船はひとたまりもなく崩壊しはじめた。船は真っ二つになって、積み荷の原油を海にぶちまけた。

上：トリー・キャニオン号は、「セブン・ストーンズ」灯台船〔錨泊されて光を放つ船〕といった目印があったのにもかかわらず岩礁にのりあげた。航路のズレとブリッジの混乱のために、セブン・ストーンズ岩礁のひとつ、「ポラーズ・ロック」と衝突するルートをとったからである。この岩はイングランドの南西端沖にあった。

めに、ぎりぎりまで待って目的地を確定するやり方は慣例化していた。船長は3月18日午後11時までに到着するよう指示された。それに遅れれば、タンカーが港に入れる潮の高さになるのは1週間先になってしまう。時間どおりに到達できるかどうかの瀬戸際だったので、船長はなんとしても船を遅らせまいと焦っていた。

3月17日、船は夜のあいだ自動操縦で航行していた。朝になってルジアティは右舷側の前方に目をやった。シリー諸島が見えるはずだったが、このときは左舷側にあった。トリー・キャニオンは夜間に強い海流に流されて、航路をはずれてしまったのだ。このまま進めば、シリー諸島とイギリス南西部のコーンウォール半島の突端とのあいだを通過してしまう。不運なことに、「セブン・ストーンズ」岩礁も同じ場所にあった。満潮時には水中に隠れてしまうこの岩礁は、何十隻もの船を難破させている。

海峡を抜けろ

ルジアティ船長は半島とシリー諸島のあいだを抜ける決断をした。舵を切って、島と岩礁のあいだで深くなっている安全な海峡を通ろうとしたのだ。ところがそのときになって、航海士が現在位置の計算にミスがあるのを発見した。船は実際には思ったよりずっと暗礁に接近していた。舵手は北に急旋回するよう命じられたが、船が反応しない。船長はどこかに故障があるにちがいないと思った。ヒューズと油圧系統をチェックしたが、異常は見つからない。ようやく、ブリッジの操作レバーが自動操縦に入ったままとなっていて、舵柄の動きが舵

上：トリー・キャニオン号のようなタンカーから石油が流出すると、海鳥が油膜の上に舞い降りて油まみれになる。羽をきれいにしようとして、鳥は石油を飲みこんでしまう。トリー・キャニオンの石油流出で2万5000羽におよぶ鳥が死んだ。

に伝わっていないことに気がついた。船長は自動操縦を切って、左に大きく舵をとるよう命じた。が、まにあわず、船はセブン・ストーンズ岩礁の「ポラーズ・ロック」に全速力でつっこんだ。とがった岩が、トリー・キャニオンの船底を引き裂いた。

原油が海に勢いよく流出しはじめた。対処の計画も手順もなかった。なにしろこれほどの規模で、この手の海難事故が起きたのははじめてだったのだ。タグボートがよばれて、岩礁から船を下ろすための準備がはじまった。船を軽くするために原油の一部が海に排出されたので、またたくまに10キロにわたる油膜の帯が海をおおった。翌日にはその帯が30キロ以上に拡大した。近隣の海岸がことごとく汚染される危険性があったために、船が出されて油膜を消すために洗剤を散布した。

船を離礁させる2度の試みは失敗に終わった。船上にはまだ5人が残っていたが爆発が起こり、ふたりが海に吹き飛ばされてひとりが死んだ。2、3日後には、重油はイギリス本土の海岸に達した。船を何度岩礁からひきずり下ろそうとしてもうまく行かなかった。船は岩にはまったままみるみるうちに崩壊しはじめて、さらに原油を海に吐きだした。爆弾を落として原油を残らず海にぶちまけて燃やすという決定がなされた。イギリス海軍のバッカニア・ジェット攻撃機8機が爆弾42発を、イギリス空軍のジェット機が航空燃料と焼夷弾のナパーム弾を投下した。すると異様な光景が出現した。船は燃えあがったが、海面の原油には火がつかなかったのである。もはや原油の上陸を防ぐ手立てはなかった。イギリスとフランスの海岸への汚染は、その後5カ月続いた。イギリス南部とフランスとのあいだでほとんどの海洋生物が死滅し、2万5000羽の鳥が死んだ。

アトランティック・エンプレス号

　最大の石油流出事故となったのは、1979年7月19日に西インド諸島のトバゴ島の東で、石油タンカーのアトランティック・エンプレス号が別のタンカー、イジアン・キャプテン号と衝突した事故である。どちらの船も炎上した。2隻で船乗り27人が命を落とし、負傷者も出た。イジアン・キャプテンの火災は消し止められて船荷が移し変えられたが、アトランティック・エンプレスの火災は鎮火できなかった。この船は沖合に曳航されて、続けざまに爆発したあとに沈んだ。この時流出した石油は28万7000トンにおよんだ。

悲惨な石油流出事故

悲惨さで一、二を争う石油流出事故に、エクソン・ヴァルディーズ号とアモコ・カディズ号の事故がある。VLCC（超大型タンカー）に分類されるアモコ・カディズは、1978年にフランス沖のポールゾル岩にのりあげて座礁した。この船が積んでいた原油は、トリー・キャニオン号のほぼ2倍の量で、そのすべてが海に流れる結果になった。アモコ・カディズの姉妹船であるヘイヴン号も、1991年にイタリアの沖合で火災を起こして沈没したときに、積み荷の原油を流出させている。エクソン・ヴァルディーズは1989年3月24日に、アラスカのプリンス・ウィリアム湾で岩礁のブライ・リーフと衝突した。この事故で4100万リットル以上の原油が海に流れた。ただしその倍の量だったとする説もある。またこの事故は岸からかなり離れた場所で起こったために、対応に難航した。汚染の範囲は、2000キロ以上の海岸線と2万8000平方キロの海洋におよんだ。

上：1978年にタンカーのアモコ・カディズ号がブルターニュの沖合で座礁した事故では、それまでで最大の量の石油が海洋に流出した。

貴重な教訓

トリー・キャニオン号の災害は、世界初の大規模な石油流出事故だった。救助・復旧の手順をふりかえると、いっさいが後手にまわっていたか規模が小さすぎたか、実際には事態を悪化させていたかのいずれかだった。石油に洗剤をまいたのは逆効果もいいところだった。少量の石油が流出した以前の事故では、それでも対処できた。ところがトリー・キャニオンの広大な油膜にまいたときは、石油の親水性が高まった。つまり海水に溶ける石油の量が増えたために、海洋生物に吸収されやすくなったのだ。洗剤自体にも問題があった。洗剤というと、食器洗いの液体石鹸のように聞こえるだろうが、実際は非常に毒性の強い薬品の混合物で、あとになって海洋生物に有害であることがわかった。

トリー・キャニオンの事故は、その後の海上災害に対処する者に貴重な教訓を残した。またこれをきっかけに、石油流出事故が発生する危険性を低減して、事故があった際の事故処理の改善をはかるために、新たな国際的な規制と法規が定められた。しかも事故は再発したのである。トリー・キャニオン以降に、海上で起こった超巨大タンカーの事故は10件以上にのぼっている。

トリー・キャニオン号（タンカー）

エンタープライズ（原子力空母）
USS *ENTERPRISE*

　エンタープライズ（CVN-65）はこの名を冠した8番目のアメリカ海軍艦であり、新世代の軍艦である。超大型原子力空母では最初に登場した。以後50年以上にわたってアメリカ軍で現役でありつづけ、1960年代のキューバ危機から2000年代初頭のイラク・アフガニスタン両戦争まで、さまざまな作戦に参加した。

種別　エンタープライズ級空母

進水　1960年、ヴァージニア州ニューポート・ニューズ

全長　342m

排水量　94781t

船体構造　溶接鋼板

推進　ウェスティングハウスA2W原子炉8基（210MW＝280000馬力）で、スクリュープロペラ4軸を駆動

　エンタープライズの設計はかなり野心的かつ実験的だった。ウェスティングハウス加圧水型原子炉8基を動力源とし、2基の原子炉1組が、4基ある蒸気タービンを1基ずつ駆動する。2基の原子炉をこうした形で連携された前例はひとつもなく、この推進システムが実際にうまく機能するかどうかは設計した技術者らも確信がなかった。だが結局は大成功をおさめた。性能を延々と試す一とおりの試験航海で、巨艦ながら時速55キロを超える最大速度をたたきだした。エンタープライズは、世界のどこの海へでも展開可能な洋上飛行場である。空母の乗組員と航空機乗組員を合わせると小さい町の人口に匹敵するほどで、完全臨戦態勢のエンタープラズには、空母乗組員3200人と空母航空団の2480人が乗りこんでいた。

　就役した当初の1962年2月には、ジョン・グレンによるアメリカ初の有人衛星軌道宇宙飛行の追跡基地をつとめた。はじめて国際的な緊急事態に派遣されたのは、それから数カ月後である。それがキューバ危機だった。ソ連がアメリカの海岸からわずか145キロしか離れて

右：2003年に「イラクの自由」作戦を航空支援すべく、アラビア湾に向けてインド洋を進むエンタープライズ（CVN-65）。

右：初期のエンタープライズを斜め上から撮影した写真。アイランド（島型艦橋）の上にレーダーやアンテナを収めたドームがのせられていたのがわかる。1979年から1982年にかけて大改装が行なわれ、アイランドはキティホーク級空母とよく似たものになった。

いないキューバに、核ミサイルを設置したのだ。アメリカはキューバを海上封鎖して、ソ連の船団が新たな核ミサイルをキューバに配備するのを阻止して、すでに配備ずみのミサイルを撤去するようにソ連に求めた。両超大国のにらみあいは13日間にわたって続き、世界は核戦争の危機に瀕した。最後はキューバを侵略しないというケネディ大統領の約束と引きかえに、ソ連がキューバからすべての核ミサイルを撤去することに同意し、世界の破滅は回避された。このとき、ケネディはアメリカ軍のミサイルをトルコから撤去する密約にも合意していた。

長所と欠点

　原子力空母には原子力を使わない通常空母とくらべて、すぐれている点もおとっている点もある。大きな欠点は経済性である。原子力空母は建造、運用、整備のコストが通常空母よりもかさみ、しかも原子炉関連の整備施設も必要とする。だがこうした欠点を補ってあまりある長所が原子力空母にはあるのだ。原子力空母の高速航続距離は事実上無制限で、通常空母にくらべて燃料補給をひんぱんに必要とせず、艦内に供給できる電力も多く、艦載機や航空燃料のためのスペースも広くとれ、排煙を出さないので自艦の位置を知られることもない。

参戦

　エンタープライズは地中海に展開したあと、ベトナムに派遣された。1965年11月にはベトコンを空爆して、原子力艦としてはじめて戦争に参加した。以後1967年6月にベトナムを離れるまでに、1万3400回以上の航空任務を遂行した。それからはオーバーホールと乗員訓練が行なわれていたが、1968年1月にアメリカ海軍の情報収集艦プエブロが北朝鮮に拿捕されると、軍事的圧力をかけるべく朝鮮半島水域へ送られた。

　大きな火災によって損害を受けたエンタープライズは修理を受け、その後1969年にふたたび朝鮮半島に派遣された。日

上：エンタープライズの飛行甲板に進入するF/A-18Aホーネット戦闘機。エンタープライズには通常60機ほどの航空機が搭載されたが、最大90機までの収容が可能だった。

> われわれは大あたりを引きあてたようだ。
>
> 試験航海を行なうエンタープライズについてのアメリカ海軍作戦部長ジョージ・W・アンダーソン提督の感想

本海を飛行していたアメリカ海軍偵察機が北朝鮮軍機に撃墜されたためである。この年の後半にはニューポート・ニューズに戻って、新型の原子炉と10年稼動するのに十分な燃料を搭載した。原子力空母は現役期間が長いことから、航空技術が発展して、設計時にはまだ存在しなかった航空機が搭載されることもあった。1973年にもう1度ベトナムに派遣されたあとは、海軍の新型機F-14トムキャット可変翼超音速機を配備するために改装を受けた。

平時には災害の被災地支援のために軍艦が派遣されることがよくある。ケタ違いの大きさと航空輸送能力を誇る空母は、海水から清潔で安全な飲料水を作る能力とあわせてとくに有用である。1975年にモーリシャス島がサイクロン（熱帯低気圧）のジェルヴェーズによって壊滅的な被害を受けたときは、エンタープライズが救援の手を差しのべた。これが終わると新たな緊急事態に対処すべくベトナムにふたたび送られ、北ベトナム軍に南ベトナムが占領される前にサイゴンから人員を脱出させる、「フリークエント・ウィンド」作戦に参加した。1980年代はリビアとペルシア湾に派遣された。1990年代前半に新たな改装と核燃料の補給が行なわれ、その後は2000年頃までボスニアとイラクで作戦を支援した。

2001年9月11日にアメリカで同時多発テロが起こると、エンタープライズはアフガニスタンを根城にするアルカイダへの空爆を実施した。さらに2003年から2004年にかけてイラク侵攻と、それ以後のイラクとアフガニスタンの軍事作戦で航空支援を提供した。

右：カール・ヴィンソンは、現在アメリカ軍で使われている原子力ニミッツ級空母である。エンタープライズの建造と運用から得られた教訓が、この超大型空母の設計に生かされている。

最初の退役

 2012年に世界各地の港に寄港したあと、エンタープライズについに現役を離れるときが訪れ、生まれ故郷のニューポート・ニューズに戻ってきた。エンタープライズは原子力空母のなかで最初に退役となった。このときの艦齢51年というのは、アメリカ海軍の現役艦としは最古参だった。2025年までにスクラップ処分されることになっている。

 エンタープライズは当初6隻を建造する空母の1番艦となるはずだったが、予定より建造価格が高騰したために、エンタープライズを除いてすべてキャンセルされ、文字どおりに唯一無二の存在となった。

 エンタープライズは姉妹艦がないかわりに、改良をくわえた新たな原子力空母ニミッツ級に道を開いた。エンタープライズに8基搭載されていた原子炉が、ニミッツ級空母ではわずか2基に減った。10隻建造されたニミッツ級空母は、執筆の時点ですべて現役である。ミニッツ級に代わってあらたに配備されるジェラルド・R・フォード級は、現在のところ1番艦がすでに進水まで進んでいる。1番艦に続いてこの巨大原子力艦は、さらに9隻が建造される予定である。エンタープライズの名はフォード級空母の3番艦CVN-80に受け継がれ、2023年に進水して2025年には就役することになっている。

海上での事故

 エンタープライズほどの巨大艦になると、安全に機動するためには十分な余裕が必要になる。通常、危険な障害物があるときはかなりの距離を置く。そうしないと数百万ドルの修理費が発生するおそれがあるのだ。エンタープライズは何度か砂洲や暗礁にぶつかって、高い修理費がかかっている。空母の飛行甲板も比較的狭いところに、武装した航空機が発着艦や駐機をしているので危険な場所である。エンタープライズではきわめて深刻な飛行甲板事故が2度起きている。1度目は1969年1月14日にベトナムへ向かう途中に、飛行甲板に駐機中のファントムジェット機が爆発した事故である。爆発したのは、同機に装備されていてオーバーヒートした、Mk32ズーニー・ロケット弾だった。甲板じゅうで延焼してさらなる爆発がひき起こされ、15機以上の艦載機が滅茶苦茶になった。火災はすぐに鎮火したが、乗員27人が死亡し、数百人にのぼる負傷者が出た。2度目の事故では、1998年11月8日に着艦したEA-6Bプラウラー電子戦機が、飛行甲板にあったS-3ヴァイキング対潜哨戒機と衝突して、プラウラーの乗員4人が亡くなった。

下：1969年にエンタープライズの飛行甲板で重大な事故が起こったとき、駆逐艦ロジャースがエンタープライズの舷側にかけつけて救助にあたった。

アルヴィン号（深海潜水艇）
DSV *ALVIN*

　海洋は、地球上でまだ探索されていない最後の場所である。地表の4分の3近くをおおっているのにもかかわらず、その95%以上に調査の手がおよんでいない。小型潜水艇のアルヴィン号は、海洋探索に革命をもたらした。この潜水艇は50年以上も、有人の深海潜水調査艇のトップランナーでありつづけている。

種別　深海潜水艇

進水　1964年、バハマ諸島

全長　7m

排水量　20.4t

船体構造　1973年までは鋼鉄製の耐圧殻、その後はチタン製の耐圧殻

推進　バッテリー駆動の電動スラスター［角度を変えられるスクリュー］7基

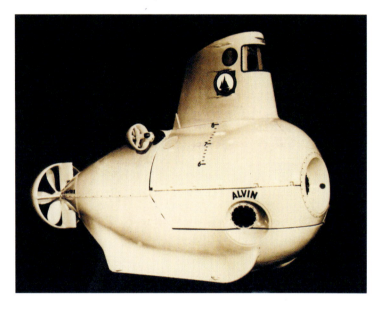

右上：1964年にアメリカ海軍が公表したアルヴィン号の写真。この小型潜水艇は以来改修に改修を重ねて、潜水できる深度を大きく更新している。

次ページ右：アルヴィン号は1970年の潜水では、目の細かい網を装備していた。ハーヴァード大学の研究プロジェクトに協力して、プランクトンを集めるためである。

　アメリカ海軍が所有するアルヴィン号は、マサチューセッツの海岸にあるウッズホール海洋研究所（WHOI）によって運用されている。この研究所は1930年に設立された。チャレンジャー号の海洋探検が終わって近代海洋学がはじまってからわずか54年後のことである。WHOIの海面付近の調査が20年をすぎた頃には、新型船艇の建造を検討しはじめる科学者が出てきた。海底世界を訪れて自分の目で確かめるためである。その思いが結晶したのがアルヴィンだった。この名称はWHOIの科学者で、潜水艇の開発で中心的な役割を果たした、アリン・ヴァイン（1914〜94年）にちなんでつけられている。

　アルヴィンの乗員は、パイロットひとりと科学者ふたりである。この3人のキャビンとなる耐圧殻は、空気タンクやバッテリー、浮力材のシンタクティックフォームとともに、外部本体の下に収納されている。乗員はロボットアームで標本を採取して、潜水艇の正面についているバスケットに入れることができる。完成した当初耐圧殻は鋼鉄製だったが、1973年にさらに強度を増したチタン製に交換された。これでアルヴィンの耐圧水深は2倍の3660メートルになった。1976年

初期の深海潜水

　深海への探検が行なわれはじめた1930年代は、中空の金属ボールを長いケーブルの先につるして海中に沈めていた。このボールは潜水球とよばれた。海洋生物学者のウィリアム・ビービと潜水球の発明者、オーティス・バートンがこのボールのなかに座って、ちっぽけでぶ厚い窓をとおして外を観察した。ふたりは1930年から1934年のあいだに、30回を超える潜水を行なった。その最大水深は923メートルにおよんだ。ケーブルが切れるようなことがあったら、救助の手立てはなかっただろう。こうした潜水で、自然環境にいる深海の生物のようすが目撃された。

右：ウィリアム・ビービが、自分で発明した潜水球のハッチを開いて外を眺めている。球形をしているので、深海でも船殻を押しつぶそうとする水圧に耐えられた。

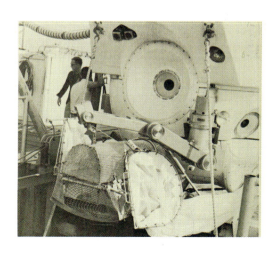

には試験を重ねて、またもや耐水水深を4000メートルまでのばした。2011年から翌年にかけて、アルヴィンは完全に分解されて大がかりな改修を受け、性能を改善し耐圧水深を大幅に更新した。あらたに大型化し厚みを増したチタン製の耐圧殻が搭載されて、アルヴィンは水深4500メートルまで潜水が可能になった。この改修の第2段階では、水深6500メートルまで潜水できる仕様にする予定である。そうなれば、世界中の海底の98％に到達できる。

　乗員が外を見る観察窓は、以前の3カ所から5カ所に増えている。旧式のライトやカメラは、最新式のLED照明と高解像度カメラに入れ替えられた。スラスターやロボットアーム、バッテリー、標本バスケットはすべてとりはずしが可能になった。こうしたものが水中でなにかにからまって潜水艇が身動きできなくなったときに、脱落させるためである。アルヴィンは実質的にまったく新しい潜水艇に生まれ変わったといえる。

アルヴィン号（深海潜水艇）

爆弾と難破船

アルヴィン号の潜水でもっともよく知られているのは、行方不明になった水素爆弾の捜索と難破した大型客船タイタニック号の調査である。1966年1月17日、スペインの地中海沿岸の上空で、アメリカ空軍のB-52爆撃機とボーイングKC-135空中給油機が、給油中に空中衝突した。どちらの航空機も大破して墜落した。B-52のほうは水爆4発を搭載していた。そのうち3発はパロマレス村の近くの地上に落下した。その際、水爆のなかの通常爆薬の部分が起爆し、プルトニウムが飛散して周辺地域を汚染した。4発目は海に落下したと考えられた。水上艦と潜水艦による広範囲の捜索が行なわれ、3月17日になってアルヴィンがついに水爆を発見した。回収にあたっては、無人のCURV III号（CableControlled Undersea Recovery Vehicle ＝有線制御回収艇）が深海に送られた。

アルヴィンは就航してまもない1977年に、熱水噴出孔まで潜っている。これは海底から化学物質が豊富な熱水が噴出している場所で、しばしば「ブラックスモーカー」という、煙突状の岩の噴出孔が形成されている。アルヴィンの乗員は、こうした噴出孔の周囲に海洋生物が群がっているようすを観察できた。またしばらくして1986年には、タイタニックの残骸まで12回の潜航を行なった。アルヴィンの乗員は難破船を撮影したほか、初期型のロボット艇ジェーソンを調査に使用した。

事故と怒れる魚

アルヴィン号は小型で動きが遅いために、潜水艦のようにほかに頼らずに運用できないので潜水艇とよばれている。支援母船である調査船アトランティス号に、潜水する場所まで運ばれて進水し回収される。アトランティスの船尾のクレーンでアルヴィンを海中に降ろし、潜水が完了したらまた船上に引き上げるのである。

アルヴィンは厳しく危険な環境で活動しているにもかかわらず、事故にはほとんどあっていない。1967年9月には、面倒な回収作業をしているうちにロボットアームを紛失した。これはその後見つかって、修理後再装着された。もっとも深刻だった事故は1968年10月に

下：1977年、アルヴィン号はガラパゴスリフトを調査した。そこは水中火山のホットスポット［マグマ上昇地］で、太平洋の海底の割れ目から熱水が噴きだしていた。

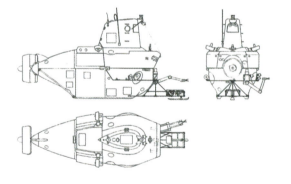

上：アルヴィン号の3面図。船尾のスラスター、キャビンの上の展望塔、大きな円形の前方観察窓、正面の標本バスケットがわかる。

起こった。進水させようとしたとき、支えているケーブルがプツンと切れたのだ。アルヴィンは母船から滑りおちて深さ1500メートルの海に沈んだ。その時搭乗していたパイロットのエド・ブランドは、アルヴィンが水面下に消える前になんとか飛び出した。この潜水艇は1年近くたって見つかり、回収された。驚いたことに損傷はほとんど認められなかった。キャビンにあった乗員用のサンドイッチは、まだ食べられる状態だったという。

数多い潜水のあいだに、アルヴィンはさまざまな種類の海洋生物に出会っている。1967年にバハマ諸島で潜航したときはメカジキに襲われた。メカジキはアルヴィンの外殻に引っかかって逃げられなくなり、そのまま水面に引き上げられて夕食のごちそうになった。

アルヴィンは50年活躍しつづけて4700回を超える潜水を行ない、1万3000人の科学者やエンジニア、観察者に海底探検の機会を与えた。

標準的な潜水は6時間程度である。潜水に2時間、深海での作業に2時間、そしてまた浮上に2時間である。アルヴィンは、10時間までなら潜ったままでも快適でいられる。ただし緊急時の潜航時間は、72時間まで延長が可能である。アルヴィンの潜水のおかげで、バクテリアから巨大な環形動物[ミミズの仲間]まで、それまで未知だった何百という種類の生物が発見された。改修と修理は定期的に行なわれているので、この先長いあいだアルヴィンが海中探検をリードしつづけるのはまちがいないだろう。

無索潜航

潜水球を進化させて、バチスカーフという新しいタイプの深海潜水艇が開発された。バチスカーフはビービの潜水球とは違って、ケーブルで水上船とつながれてはいない。乗員が乗る耐圧殻は、ガソリンが充填された巨大なフロートの下に吊り下げられている。潜水時には、バラストタンクに海水を満たして重量を増す。浮上するタイミングになったら重りをすてて重量を軽くする。スラスターは小型で機動性にとぼしい。バチスカーフ第1号は1948年に完成したFNRS-2だが、なんといっても有名なのはトリエステ号（写真）である。1960年1月23日、ジャック・ピカールとドン・ウォルシュは、トリエステに乗りこんでチャレンジャー海淵の底まではじめて降下した。ここは知られているかぎり、地球の海洋でもっとも深い場所である。このときの潜水深度は1万916メートルに達した。

アルヴィン号（深海潜水艇）

グローマー・エクスプローラー号（掘削船）
GLOMAR EXPLORER

　1974年、掘削船のグローマー・エクスプローラー号が、マンガン団塊を採取するために、太平洋のとある場所に向かった。マンガン団塊はこぶし大の金属の塊で、大洋の海底に沈殿していることがわかっている。とはいってもそれは、メディア向けの作り話だった。その実グローマー・エクスプローラー号は、アメリカ中央情報局（CIA）が建造した特別仕様の船で、ソヴィエト連邦の軍事機密を盗みだすという、大胆不敵な極秘任務を遂行しようとしていたのだ。

種別　掘削船

進水　1972年、ペンシルヴェニア州チェスター

全長　189m

排水量　51310t

船体構造　溶接鋼板

推進　ノールベルグ16気筒ディーゼルエンジン5基が発電機を駆動して、電動機6基（1.6MW＝2200馬力）に電力を供給し、プロペラ2軸を回転

　1968年3月8日、ソ連の弾道ミサイル潜水艦K-129が、ハワイの北西沖約2510キロの地点で沈没した。その原因はいまだに解明されていない。ソ連海軍はこの潜水艦を捜索したが発見にはいたらなかった。だがアメリカ海軍はうまくその所在をつきとめた。潜水艦が沈んだときに、軍事機密の水中音響機器が「爆発事故」の音響信号を察知したのだ。これは潜水艦が深海で内部破裂した音である可能性が高かった。これを手がかりに、それがどこで起こったかおおまかな位置をつきとめられた。アメリカ原子力潜水艦ハリバット号がソナーとカメラを使って海底を走査すると、やがてロシアの潜水艦が姿を現した。映像に捕らえられた潜水艦は、水深約5000メートルの海底に横たわっていた。

　アメリカがこの潜水艦を手中にできれば、ソ連の軍事機密の空前の収穫になるだろう。K-129を回収する、という決断がくだされた。この計画には、リチャード・ニクソン大統領もじきじきの承認をあたえた。最初にクリアすべきハードルは、このような途方もない水深から難破船を引き上げられる船舶が、軍にも民間にも存在しないということだった。そこでCIAはそういう船舶を建造することにした。次なる問題も浮上した。ソ連が自分の潜水艦をアメリカがかすめとろうとしているのに気づいたら、この作戦を妨害してくる公算が高い。つ

右：グローマー・エクスプローラー号が極秘作戦で回収しようとしたK-129潜水艦は、この写真とよく似たソ連のゴルフ級II型潜水艦だった。

まり正体を隠す必要があるということである。表向きはこの新しい船舶は、貴重なマンガン団塊をさがす、ごくふつうの掘削船ということになるだろう。こうした金属を豊富にふくむ塊は深い海底にちらばっている。マンガンだけでなく、鉄や銅、コバルト、ニッケルなどもふくまれている。この任務には「アゾレス諸島」計画（プロジェクト・アゾリアン）のコードネームがつけられた。

エクスプローラー号の建造

K-129は水中で2743トンの排水量があった。これほどまでに重量のあるものを引き上げるためには、大型船が必要だろう。そのうえこうした船の活動の実態を、終始悟られないようするという問題があった。どのような方法なら現場を通過する偵察機や船舶に悟られずに、潜水艦を水面まで引き上げられるだろうか。問題は船に斬新な構造を採用することで解決された。船底に扉を設け、潜水艦が

上：1974年、沈没したソ連の潜水艦を海底から引き上げようとしたあと、カリフォルニア州ロングビーチのドックに戻るグローマー・エクスプローラー号。

回収されたらその扉を開いて遮蔽区画に収容するのである。その後船は船底の扉を閉じて走りさる。ジェームズ・ボンドばりのこの作戦は、人目を避けてすべて水中で行なわれる。

　1974年7月4日、グローマー・エクスプローラー号が回収現場に到着した。この船には石油掘削装置によく似た、高いデリック（起重機）がとりつけられていた。甲板には長さ18メートルのスティール・パイプがならべられている。クレーンでこのパイプを1本ずつもちあげて縦にし、下のパイプの端にねじこんで海中に沈めてゆく。この作業は掘削パイプが潜水艦に到達する長さになるまで続けられた。掘削パイプの下端には、「キャプチャー・ヴィークル」とよばれる巨大な鉤がついていた。乗員は、これにクレメンタインという愛称をつけた。この部分は絶対に人目にふれないようにはしけのなかで組み立てられたので、偵察機にもスパイ衛星にも撮影されなかった。「ムーン・プール」とよばれる、船の遮蔽区画にクレメンタインを収める際は、潜水させたこのはしけを使って下からもちあげた。

　潜水艦の上にクレメンタインが降ろされると水圧駆動の鉤が閉まり、船体を両側からはさみこんだ。船の乗員はそのようすをカメラの映像で確かめていた。そこまでは万事計画どおりに進んだ。ソ連の艦

グローマー・エクスプローラー号（掘削船）

211

船がエクスプローラー号をとりまいていた。1隻などは詳しい調査と撮影をするために、ヘリコプターまで飛ばしてきた。ところが、グローマー・エクスプローラー号が、建前どおりの掘削船であるという証拠以外はいっさいつかめなかった。ソ連はなんらかの手段で、隠密作戦が行なわれようとしていたのを察知していたのだが、それが目の前で展開しているとは思わなかった。行方不明になった潜水艦の正確な位置も把握していなかったので、グローマー・エクスプローラーがその上に停泊しているのかもわからなかった。ソ連軍の技術者は、かりにそうだったとしても、このようなとてつもない水深から潜水艦を回収するのはむりだろうと考えていた。

ところがここでアクシデントが起こった。潜水艦を水面まで3分の1ほど引き上げたところで、クレメンタインの水圧駆動の鉤がはずれはじめたのだ。支えを失った潜水艦の部分は脱落して、海底にまた沈んでいった。船のムーン・プールへの引き上げに成功したのは、潜水艦の前部11メートルあまりの部分だけだった。ここには乗員6人の遺骸があり、軍葬の礼をもって手厚く海に葬られた（このようすをおさめたフィルムはのちにロシア側に渡された）。潜水艦でCIAがなによりも興味をもっていたのは、ミサイル室と発令室、機関室、通信機器だったが、いずれも失われてしまった。ソ連は、核魚雷のうち2本をCIAが回収したと考えている。またこの推測はどうやら、グロー

右：回収用の鉤がグローマー・エクスプローラー号から潜水艦に向かって降ろされる。その後引き上げられた潜水艦は、船底の扉から船の遮蔽された区画にとりこまれた。

グローマー・チャレンジャー号

グローマー・エクスプローラー号はよく、深海調査掘削船のグローマー・チャレンジャー号と混同される。19世紀の海洋測量艦チャレンジャー号の名をとって命名されたグローマー・チャレンジャーは、1960年代末から1980年代初めの15年間を、大西洋や太平洋、インド洋、地中海、紅海をめぐりながら、コア試料約2万個を掘削・採取した［コア試料とは、海底下で採掘した岩石や地層の柱状の試料］。大西洋で採掘されたコア試料は、海洋底拡大、プレートテクトニクス、大陸漂移の理論を裏づける証拠になった。

上：グローマー・エクスプローラー号とまちがわれることが多いグローマー・チャレンジャー号は、純然たる科学を目的とした掘削船で、諜報任務とはまったくかかわりがなかった。

マー・エクスプローラーの乗員によって計測された放射能レベルとも矛盾しないようである。

秘密の漏洩

アゾレス諸島計画の秘密は、そう長くは保たれなかった。任務が開始する直前に、スマ・コーポレーションという企業のオフィスに不法侵入があった。ここはヒューズ企業帝国の一角である。盗まれた書類のなかには、飛行家で企業人のハワード・ヒューズとCIA、グローマー・エクスプローラー号とのつながりを示すものがあった。CIAはこの盗難にひどく狼狽してFBIをまきこみ、FBIはロサンゼルス警察に捜査を依頼した。そうなれば、この話がメディアにもれたとしてもおかしくない。CIAはメディアに対して報道規制を敷くよう求めた。ロサンゼルス・タイムズ紙はそれにもかかわらず、1975年2月18日に「プロジェクト・ジェニファー」なる名称をこの作戦計画につけて、暴露記事を掲載した。テレビ局もこの話題を番組でとりあげた。グローマー・エクスプローラーの仮面がはがれたので、このあとに潜水艦の残りの部分を回収する作戦は中止された。

グローマー・エクスプローラーはそれ以降20年間、海軍の予備艦として保管されていた。1990年代の末には正真正銘の深海掘削船に改造されて、グローバル・マリン・ドリリング社に貸しだされた。この会社は合併と企業買収を何度かくりかえしたあとに、トランスオーシャン社となり、グローマー・エクスプローラーを買いとった。2015年4月には同社から、GSFエクスプローラーと改名されたこの船の解体が発表された。

アリュール・オヴ・ザ・シーズ号（クルーズ船）

MS *ALLURE OF THE SEAS*

　19、20世紀をとおして、遠洋定期船は大型化しつづけた。21世紀の初めにはある新しい船が大きさにかんする全記録をうち破った。アリュール・オヴ・ザ・シーズ号はこれまで建造されたなかで最大の客船である。その全長と重量は原子力空母に匹敵し、もし縦に立てればエッフェル塔より38メートル高くなる。

種別　オアシス級クルーズ船

進水　2009年、フィンランドのトゥルク

全長　362m

総トン数　225282t

船体構造　溶接鋼板

推進　ヴァルチラ12V46Dディーゼルエンジン3基（13860kW＝18590馬力）と、ヴァルチラ16V46Dディーゼルエンジン3基（18480kW＝24780馬力）で発電機を駆動し、アジポッド3基と船首スラスター4基への電力を供給

　1960年代にはジェット旅客機の出現とともに、遠洋定期船による外国旅行は衰退した。だが移動手段としての船旅はすたれたが、楽しむためのクルージングは人気を集めていった。従来の客船はほとんどクルージング向きではなかった。クルーズ船は喫水が浅い必要がある（喫水とは、水面から船体の最下部までの深さ）。でなければ小さめの港や波止場に入ることはできないからだ。また標準的な定期船よりは、海が見える客室を多く用意しなければならない。新世代のクルーズ船の設計にあたっては、娯楽と快適さによりいっそうの重点が置か

右：アリュール・オヴ・ザ・シーズ号の巨大さゆえに実現した「セントラル・パーク」。船の中央をつらぬいており、何千本もの樹木など、本物の植物が植えられている。

上：母港のフォート・ローダデールで休むアリュール・オヴ・ザ・シーズ号。このような巨大クルーズ船は浮かぶアパートのようにも見える。この船は、できるだけ多くの客室で海が見えるように設計されている。

れた。クルーズ船はそれ自体が行楽地となった。ただ場所を移動するのではなく、浮かぶリゾートとなったのである。2015年の時点でこれまで建造されたなかで最大の客船は、オアシス級クルーズ船のオアシス・オヴ・ザ・シーズ号とアリュール・オヴ・ザ・シーズ号だ。3隻目のオアシス級船のハーモニー・オヴ・ザ・シーズ号は2016年にその仲間入りをする予定で、4隻目も建造中である。オアシス級船の排水トン数は約10万トンで、世界最大級の軍艦にほぼ匹敵する。すでに操業を開始しているオアシス級船2隻は同じ設計だが、アリュール・オヴ・ザ・シーズのほうがオアシスより5センチ長いので、現在最大の船となっている。アリュールは2008年から翌年にかけてフィンランドのトゥルクで建造されて、2009年11月20日に進水した。処女航海に出たのはその1年後だった。

海賊問題

　アリュール・オヴ・ザ・シーズ号は、カリブ海のクルージングのみを行なっている。400年ほど前、この地域では海賊が跋扈していた。黒ひげ、キャプテン・キッドといった海賊は、金銀の積み荷を運ぶスペインやフランス、イギリスの船をカモにして襲っていた。カリブ海の海賊は1830年代に根絶されたが、世界の他地域ではいまだに現実的なリスクとなっている。現代の海賊がクルーズ船を襲うことはめったにない。好まれるのは高価な船荷を積み、乗組員が少ない貨物船である。海賊は自動火器で武装して、小型の高速ボートで船に接近し乗り移る。そうして乗組員を人質にし、船と貨物を押さえて金を要求するのだ。海賊被害が多発しているのは、ソマリアの沿岸部、マラッカ海峡、ギニア湾、南シナ海である。海軍がパトロールし、商船も自衛として海賊対策を行なっているのにもかかわらず、場所によっては海賊の脅威はこの先もなくなりそうにない。

アリュール・オヴ・ザ・シーズ号（クルーズ船）

上：2010年にデンマークのストアベルト（グレートベルト）橋をくぐるアリュール・オヴ・ザ・シーズ号。だがこの船は橋より7メートル高いのだ。

スクワットで通過

　アリュール・オヴ・ザ・シーズ号がバルト海を出て大西洋を渡り、母港である米フロリダ州のポート・エヴァーグレーズ港に向かうためには、デンマークのストアベルト（グレートベルト）橋をくぐらなければならなかった。船が通過する橋げたのあいだは、橋の下から水面まで65メートルある。あいにくアリュールの喫水線から煙突のてっぺんまでの高さは72メートルあった。この橋を通り抜けるのは不可能に思われた。船の設計者はとり返しのつかないミスをしたのだろうか。アリュールが橋に向かうと、船長は3つの命令を出した。第1に、船の伸縮可能な煙突を引っこめさせた。第2に、何千トンという容量のバラストタンクに水を満たすよう命じて、船体を沈降させた。最後に、船の速度を時速37キロまで上げさせた。水深が浅い場所で加速すると、沈下効果（スクワット）が生まれる。船と海底のあいだを流れる水は、狭いすきまを通り抜けるために必然的に周囲より流速が上がる。そのため水圧が低くなって、船は下方に押しつけられるのである。おかげでアリュール・オヴ・ザ・シーズは、橋の下を安全に通過した。

未来の船

　アリュール・オヴ・ザ・シーズ号の規模をはるかに上まわる船の建造計画は、これまでもたびたびあった。人が定住するような浮かぶ都市というアイディアもあった。いまのところそうしたなかで実現したものはない。アリュールをはじめとするオアシス級船より、はるかに大きな船は想像しにくい。巨大化に走れば、クルーズ船がふつう立ちよるような港に入れなくなるからだ。軍用船も巨大化の限界に来ている。アメリカのニミッツ級およびジェラルド・R・フォード級の空母は、今日海上にある最大の軍用船である。軍艦でさえもこれ以上巨大化しそうにないというのは、大きな船は大きな標的になるからだ。魚雷と誘導ミサイルが発明されて、見上げるような船もちっぽけな兵器で破壊できるようになった。つまり軍艦が大きいからといって、残存できるとはかぎらないのである。われわれはすでに、これから先建造される船もふくめて、最大の船を目撃しているのかもしれない。

推進ポッド

　アリュール・オヴ・ザ・シーズ号のような船の推進システムは、ひと時代前の遠洋定期船のものとはまるっきり違う。従来はエンジンか電動機がシャフトをまわしていた。このシャフトは船体を貫通していて、先端についているプロペラを回転させた。船の方向は舵で変えていた。アリュールのような現代の船は、アジポットとよばれる一体型の装置で、推進と方向転換を行なっている。このポッドは船尾の下方にとりつけられている。スクリューを駆動しているのは、各ポッドに組みこまれている電動機である。ポッド自体の角度を変えると船の操舵になるので、舵はもはや必要ない。アリュールはアジポッドを3基そなえており、それぞれに6メートルのプロペラが搭載

右：舵はなくなり、アジポッドが設置された。アリュール・オヴ・ザ・シーズ号は旋回するアジポッドによって、推進と方向転換を行なっている。

下：アリュール・オヴ・ザ・シーズ号のアクア・シアターは、日中はレジャー・プールとして使われ、夜間は水をテーマとする劇場になり、日によっては高飛びこみやアクロバットのショーが行なわれている。

されている。

　従来の船のプロペラは船を前進させていた。だがアジポッドのプロペラは通常ポッドの前部についていて、船をひっぱって水中を進ませる。従来の配置では、水はプロペラのシャフトとそのフレームを迂回してからやっとプロペラに到達する。途中に障害物があるために、水のスムーズな流れがさまたげられる。ところがアジポッドのプロペラの前方には、水流をとどこおらせるものが何もない。これで推進効率が５％以上高められる。アリュールはそれ以外にも、舳先にスラスター４基をつけており、小さな港の狭いスペースで小まわりがきくようになっている。各スラスターは、Ｆ１レース車の10倍の出力がある。

　この見上げるような船には甲板が18層ある。16層が5492人の乗客用で、２層が2384人の乗員用だ。乗客のための施設には、10カ所を超えるレストラン、４面のプール、ジャクージ、２面のフローライダー（サーフィン用人工波プール）、店舗、劇場、スポーツ施設とジム、並木のある公園、そしてクルーズ船としてはじめて導入されたジップライン［アスレティックの人間ロープウェー］などがある。

　アリュール・オヴ・ザ・シーズは船の巨人ではあるが、世界最大の客船としての称号は、2016年に３隻目のオアシス級船、ハーモニー・オヴ・ザ・シーズ号がこの船団にくわわったときに失われることが決まっている。ハーモニーはアリュールより２メートル長いと伝えられている。

アリュール・オヴ・ザ・シーズ号（クルーズ船）

参考文献

一般

Alexander, Caroline. *The Bounty: The True Story of the Mutiny on the Bounty.* Harper Perennial, 2004.

Ballard, Robert D. *The Discovery of the Titanic.* Hodder & Stoughton, 1987.（ロバート・D・バラード『タイタニック号、発見』、荒木文枝訳、世界社、1998年）

――. *Exploring the Lusitania: Probing the Mysteries of the Sinking that Changed History.* Weidenfeld and Nicolson, 1995.

――. *The Lost Wreck of the Isis.* Madison Press, 1990.（ロバート・D・バラード『古代の難破船イシス号』、柴田和雄訳、リブリオ出版、1993年）

Bergreen, Laurence. *Columbus: The Four Voyages 1492-1504.* Penguin, 2013.

Cawthorne, Nigel. *Shipwrecks: Disasters of the Deep Seas.* Arcturus, 2013.

Frame, Chris, and Cross, Rachelle. *The Evolution of the Transatlantic Liner.* History Press, 2013.

Giggal, Kenneth (illus. Cornelis de Vriés). *Great Classic Sailing Ships.* Webb & Bower, 1988.

Griffiths, Denis; Lambert, Andrew; Walker, Fred. *Brunel's Ships.* Chatham Publishing, 1999.

Hough, Richard. *Captain James Cook: A Biography.* Coronet, 2003.

Ireland, Bernard. *The Hamlyn History of Ships.* Hamlyn, 1999.

Jefferson, Sam. *Clipper Ships and the Golden Age of Sail: Races and Rivalries on the Nineteenth Century High Seas.* Adlard Coles, 2014.

Kentley, Eric. *Cutty Sark: The Last of the Tea Clippers.* Conway, 2014.

Lavery, Brian. *The Conquest of the Ocean: The Illustrated History of Seafaring.* Dorling Kindersley, 2013.（ブライアン・レイヴァリ『航海の歴史――探検・海戦・貿易の四千年史』、千葉喜久枝訳、創元社、2015年）

――. *Ship: 5,000 Years of Maritime Adventure.* Dorling Kindersley, 2004.

Payne, Lincoln. *The Sea and Civilization: A Maritime History of the World.* Atlantic Books, 2014.

Philbrick, Nathaniel. *In the Heart of the Sea: The Epic True Story That Inspired 'Moby Dick.'* Harper Perennial, 2005.（ナサニエル・フィルブリック『白鯨との闘い』、柏原真理子訳、集英社、2015年）

Rayner, Ranulf. *The Story of the America's Cup 1851-2013.* Antique Collector's Club, 2015.

Rediker, Marcus. *The Amistad Rebellion: An Atlantic Odyssey of Slavery and Freedom.* Verso, 2013.

冒険

Alexander, Caroline. *The Endurance: Shackleton's Legendary Antarctic Expedition.* Bloomsbury, 1999.（キャロライン・アレグザンダー『エンデュアランス号――シャクルトン南極探検の全記録』、畔上司訳、ソニーマガジンズ、2002年）

Barrie, Robert D. *Adventures in Ocean Exploration: From the Discovery of the 'Titanic' to the Search for Noah's Flood.* National Geographic, 2001.

Barrie, David. *Sextant: A Voyage Guided by the Stars and the Men Who Mapped the World's Oceans.* William Collins, 2015.

Fernández-Armesto, Felipe (ed.). *The Times Atlas of World Exploration.* HarperCollins, 1991.

Keay, John (gen. ed.). *The Royal Geographical Society History of World Exploration.* Hamlyn, 1991.

Lincoln, Margarette (ed.). *Science and Exploration in the Pacific: European Voyages to the Southern Oceans in the Eighteenth Century.* Boydell, 2001.

Sobel, Dava. *Longitude: The True Story of a Lone Genius Who Solved the Greatest Scientific Problem of His Time.* Walker, 1995.（デーヴァ・ソベル『経度への挑戦』、藤井留美訳、角川書店、2010年）

潜水艦

Bak, Richard. *The CSS Hunley: The Greatest Undersea Adventure of the Civil War.* Cooper Square Press, 2003.

Hoyt, Edwin P. *The Voyage of the Hunley: The Chronicle of the Pathbreaking Confederate Submarine.* Burford Books, 2002.

Hutchinson, Robert. *Jane's Submarines: War Beneath the Waves from 1776 to the Present Day.* HarperCollins, 2001.

Polmar, Norman, and White, Michael. *Project Azorian: The CIA and the Raising of the K-129.* Naval Institute Press, 2012.

軍艦

Ballard, Robert D. *The Discovery of the Bismarck.* Hodder & Stoughton, 1990.（ロバート・D・バラード『戦艦ビスマルク発見』、高橋健次訳、文芸春秋、1993年）

――. *The Lost Ships of Guadalcanal: Exploring the Ghost Fleet of the South Atlantic.* Weidenfeld & Nicolson, 1993.（ロバート・D・バラード『ガダルカナル――悲劇の海に眠る艦船』、川中覚訳、同朋舎出版、1994年）

Hore, Peter. *Battleships.* Lorenz, 2014.

Ireland, Bernard. *Jane's Battleships of the 20th Century.* HarperCollins, 1996.

――, and Grove, Eric. *Jane's War at Sea.* HarperCollins, 1997.

McGowan, Alan. *HMS 'Victory': Her Construction, Career and Restoration.* Caxton, 2003.

Nelson, James L. *Reign of Iron: The Story of the First Ironclads, The Monitor and the Merrimack.* Harper Perennial, 2005.

Ross, David. *The World's Greatest Battleships: Illustrated History.* Amber Books, 2013.

Rule, Margaret. *'Mary Rose': The Excavation and Raising of Henry VIII's Flagship.* Conway Maritime Press, 1983.

Walker, Sally M. *Secrets of a Civil War Submarine: Solving the Mysteries of the H. L. Hunley.* Carolrhoda Books, 2005.

世界史を変えた50の船

参考ウェブサイト

America's Navy
www.navy.mil

Battleship *Missouri* Memorial
www.ussmissouri.org

Brunel's *SS Great Britain*
www.ssgreatbritain.org

'Calypso'. Cousteau: Custodians of the Sea Since 1943.
www.cousteau.org/who/calypso

Cartwright, Mark. 'Trireme'. Ancient History Encyclopedia.
www.ancient.eu/trireme

'Caravels: Blue Water Sailing Ships'. InDepthInfo.com.
www.indepthinfo.com/articles caravel.htm

The Great Ocean Liners
www.thegreatoceanliners.com

First Fleet Fellowship Victoria Inc.
www.firstfleetfellowship.org.au

The *Fram* Museum
www.frammuseum.no

Hadingham, Evan. 'Ancient Chinese Explorers'. Nova, PBS.
www.pbs.org/wgbh/nova/ ancient/ ancient-chinese-explorers.html

'History of *Cutty Sark*'. Royal Museums Greenwich.
www.rmg.co.uk/cutty-sark/history

'HMS *Beagle* Voyage'. AboutDarwin.com.
www.aboutdarwin.com/voyage/ voyage01.html

HMS *Warrrior*
www.hmswarrior.org

'Inventors'. About.com.
www.inventors.about.com

Joshua Slocum Society International
www.joshuaslocumsocietyintl.org

The *Kon-Tiki* Museum
www.kon-tiki.no

'Liberty Ships'. GlobalSecurity.org.
www.globalsecurity.org/ military/ systems/ship/liberty-ships.htm

'*Lusitania*'. PBS: Lost Liners.
www.pbs.org/lostliners/lusitania.html

The Mariners' Museum and Park
www.marinersmuseum.org

The *Mary Rose* Museum
www.maryrose.org

'The *Mayflower*'. History.com.
www.history.com/topics/mayflower

McCue, Gary W. 'John Philip Holland (1841–1914) and his Submarines'.
www.reocities.com/pentagon/barracks/1401

'Military History'. About.com
www.militaryhistory.about.com

'Mutiny on the *Bounty*'. New World Encyclopedia.
www.newworldencyclopedia.org/ entry/Mutiny_on_the_ Bounty

National Historic Ships UK
www.nationalhistoricships.org.uk

National Maritime Museum Cornwall
www.nmmc.co.uk

National Oceanic and Atmospheric Administration
www.oceanexplorer.noaa.gov

Naval History Blog
www.navalhistory.org

NavSource Naval History
www.navsource.org

New York Yacht Club
www.nyyc.org

N.S. *Savannah*
www.nssavannah.net

Nydam Mose
www.nydam.nu

'Origins of the *Titanic* Iceberg.' BBC History.
www.bbc.co.uk/history/topics iceberg_sank_titanic

'Project *92M Lenin*'. Global Security.
www.globalsecurity.org/ military/ world/russia/92m.htm

'*Rainbow Warrior*'. Greenpeace.
www.greenpeace.org/international/ en/about/ships/the-rainbow-warrior

'Steaming Across the Atlantic'. ConnecticutHistory.org.
www.connecticuthistory.org/steaming-across-the-atlantic

Submarine Force Museum
www.ussnautilus.org

'The *Torrey Canyon's* Last Voyage'. Splash Maritime Training.
www.splashmaritime.com.au/Marops/data/less/Poll/torreycan.htm

Tri-Coastal Marine
www.tricoastal.com

'*Turbinia*'. National Historic Ships UK.
www.nationalhistoricships. org. uk/register/138/turbinia

'The Turtle Ship'.
www.navy.memorieshop.com/Korea/index.html

Uboat.net
www.uboat.net

U.S. Carriers
www.uscarriers.net

Woods Hole Oceanographic Institution
www.whoi.edu

World Shipping Council
www.worldshipping.org

'*Yamato*'. World War II Database.
www.ww2db.com/ship_spec.php?ship_id=B1

索引

A
CIA（米中央情報局） 210, 212-3
EC2型船 →「リバティー船」
K-129（潜水艦） 210-13
k1海時計 63
NR-1（潜水艦） 23
Qシップ 146, 147
Uボート
　U-9　145, 147
　U-20　134-5
　U-21　144-7
　U-29　132

ア
アイアン・ウィッチ号（鉄製汽船） 88
アイオア（戦艦） 174
アイゼンハワー、ドワイト・D 196
アイデアルX号（コンテナ船） 182-5
アーガス（空母） 159
アガメムノン（戦列艦） 58
アーキミーディズ（アルキメデス）号（プロペラ船） 87
アクイドネック号（バーク船） 114
アーク・ロイヤル（空母） 156
アジポッド 216-17
「アゾリアン諸島計画」（プロジェクト・アゾリアン） →「グローマー・エクスプローラー号」
アダムズ、ジョン・クインジー 81
アーチャー、コリン 111
アトランティック・エンプレス号（タンカー） 200
アボキール号（巡洋艦） 145
アミスタッド号（奴隷船） 78-81
アムンゼン、ロアルド 113
アメリカ号（ヨット） 90-3
アメリカズカップ 90-3
アモコ・カディズ号（タンカー） 201
アラーム（フリゲート） 99
アリュール・オブ・ザ・シーズ号（クルーズ船） 214-17
アルヴィン号（深海潜水艇） 206-9
アルゴ（深海ビデオカメラ） 20
アルバート殿下　82, 92
アレクト号（外輪蒸気船） 87-8
アレビジ号（奴隷船） 88
アンヴァンシブル（鉄甲艦） 99
アンソニー・ロール 37
アンダーソン、ウィリアム・R 188
アンティキ号（いかだ舟） 180
アンドルーズ、トマス 140
アン・マッキム号（クリッパー） 106
アンリ・グラサデュー（軍艦） 37
イーグル（空母） 158
イーグル（フリゲート） 123
イザベラ、カスティーリャとアラゴンの女王 32
イジアン・キャプテン号（タンカー） 200
イシス号（商船） 20-3
イズメイ、J・ブルース 140
ヨートスプリング舟 19
イラストリアス（空母） 158-61
イーリー、ユージーン・バートン 159
イル・ド・フランス号（定期船） 148-9
インディアナ級 120
インディペンデンス（沿岸戦闘艦） 99
インプレグナブル（軍艦） 55
ヴァイキング
　アメリカの 34
　サットン・フーの舟（英サフォーク） 19
　ドラカー、ロングシップ 25-7
　ニダム船 16-19
ヴァイパー（駆逐艦） 132
ヴァイン、アリン 206
ヴァクレンチューク、グリゴリー 127
ヴァーサ（戦列艦） 38
ヴァージニア（装甲砲艦） 103-4
ヴァンダル号（タンカー） 190
ヴァン・ビューレン、マーティン 79, 80
ヴィクトリア、イギリス女王 91, 92
ヴィクトリアス（空母） 155
ヴィクトリー（戦艦） 54-9
ヴィクトリー船 164-5
ウィスコンシン（戦艦） 174
ウィリアム征服王 24-6, 27
ウォーリア（鉄甲艦） 100
ウォルシュ、ドン 209
ウォレス、アルフレッド・ラッセル 76-7
ウォレス、ジェームズ 107
ウジェット、リチャード 108
エクソン・ヴァルディーズ号（タンカー） 201
エジプト（古代）
　ガレー船 12
　クフ王の太陽の船 8-11
　ダウ船 11
　パピルス舟 10
エセックス（空母） 168
エリクソン、ジョン 88, 89, 102, 105
エリクソン、レイフ 34
エリザベス2世、イギリス女王 117
エルカーノ、ホァン・セバスティアン 45
エレバス号（調査船） 88
エンゲルハルト、コンラド 16, 18
エンタープライズ（原子力空母） 202-5
エンデヴァー号（調査船） 50-3
オアシス・オヴ・ザ・シーズ号（クルーズ船） 215
オーシャン級艦 →「リバティー船」
オーストラリアII号（ヨット） 92
オーセベリ船（船葬墓） 27
オットー・ハーン号（原子力船） 195
オライオン級戦艦 131
オリュンピアス号（3段櫂船） 15
オリンピック号（定期船） 138, 139, 143
オレゴン（戦艦） 118-21
オーロラ号（ヨット） 92

カ
壊血病 52
カイザー、ヘンリー・J 163
海上における人命の安全のための国際条約 143
海賊 215
「外板先行」造船法 10
重ね張り 19
カティーサーク号（クリッパー） 106-9
カボット、ジョヴァンニ 48
カラック船 32
カラベル船 32
ガリーナ（鉄甲艦） 102
カリフォルニアン号（貨物船） 142
カリプソ号（調査船） 170-3
カール5世、神聖ローマ帝国皇帝 42
カルー中将、ジョージ 40
カルパティア号（定期船） 142
ガレー船 12
亀甲船 31
ギャニオン、エミール 170
キャプテン（戦列艦） 58
キャプテン・キッド 215
キューバ・ミサイル危機 202-3
キュラソー号（蒸気船） 71
強制徴募隊 57, 97
ギリャロフスキー、イッポリート 127
キング・ジョージ5世（戦艦） 156
金星の太陽面通過 50-1

クインクリーム（5段櫂船）14
クイーン・メリー号（定期船）151
クヴァルスン船　19
クストー、ジャック＝イヴ　170-3
クック船長、ジェームズ　50-3, 60, 62, 63
グナイゼナウ（戦艦）152, 157
クナール（貨物船）25
クニベルティ、ヴィットリオ　130
クフ王の太陽の船　8-11
クラーモント号（蒸気船）64-7
グランパス号（スクーナー）80
クリスティアン、フレッチャー　128
クリッパー（船）106-9
クリフォード・J・ロジャーズ号（貨物船）185
グリーリー、ホラス　91
グリーンピースUK　190-3
クルーズ船　214-17
クルップ鋼　119, 161
グレー、ジョン　85
クレシー号（巡洋艦）145
グレート・イースタン号（定期船）85
グレート・ウェスタン号（定期船）82
グレート・ブリテン号（定期船）82-5
グレン、ジョン　202
黒ひげ　215
グローマー・エクスプローラー号（掘削船）210-13
グローマー・チャレンジャー号（掘削船）213
グロワール（鉄甲艦）98-101
クーロンヌ（鉄甲艦）99
経度の計測　63
ケオプス　→「クフ王」
ゲートウェイ・シティ号（コンテナ船）184
ケネディ、ジョン・F　203
舷側砲門船　102
原子力船
　NR-1（潜水艦）23
　エンタープライズ（空母）202-5
　ノーティラス号（原子力潜水艦）186-9
　レーニン号（原子力砕氷船）194-7
建文帝　30
コーヴァス（道板）14
洪熙帝　31
航空母艦
　イラストリアス　158-61
　エンタープライズ　202-5
国際日付変更線　45
国際流氷監視団　143
ゴクスタ船（船葬墓）27
コブラ（駆逐艦）132
コペンハーゲンの海戦　58
コルヴェット艦　94
コロンブス、クリストファー　32-5
「混載貨物船」182
コンセプシオン（カラック船）42-3, 44
コンティキ号（いかだ舟）178-81
コンテ・ディ・カブール（戦艦）160
コンテナ船　182-5

サ

サイミントン、ウィリアム　65
サヴァンナ号（汽帆船）68-71
サヴァンナ号（原子力貨物船）195, 196
サットン・フーの舟（英サフォーク）19
薩摩（戦艦）131
サフォーク（巡洋艦）154
サーベラス（モニター艦）105
サムソン中佐、チャールズ　159
サーモピレー号（クリッパー）109
サラゴサ条約（1529年）45
サラミスの海戦　13-14
サン・アントニオ号（カラック船）42-3
サン・ヴィセンテ岬の海戦（1797年）54, 58
サンクトゲオルギー（戦艦）128
サンタ・マリア号（カラック船）32-5
サンティアゴ号（カラベル船）42-3
シー・ウィッチ号（クリッパー）106
シェーア提督、ラインハルト　132
ジェーソンROV（海洋無人探査機）21, 22, 23, 208
ジェーソン・プロジェクト　21
ジェームズ・ベインズ号（クリッパー）106
ジェラルド、R・フォード（空母）205, 216
ジェリコー提督、ジョン　132
ジェレマイア・オブライエン号（リバティー船）165
ジェントルマン号（帆船）81
重光葵　175
シティ・オブ・ニューヨーク号（定期船）139
信濃（空母）166
ジプシー・モスⅣ号（ヨット）117
ジャーヴィス艦隊司令官、ジョン　54-5
ジャクソン、F・G　112
ジャドソン、アンドルー・T　79, 80
ジャネット号（調査船）110
シャルンホルスト（戦艦）152, 157
シャーロット・ダンダス号（外輪蒸気船）65
シャンティクリア（戦艦）73
シャンプラン、サミュエル・ド　48
シュヴィーガー、ヴァルター　135
囚人船　60
朱棣（永楽帝）28, 30-1
衝角　12
蒸気タービン機関　130, 131, 132
ジョージ3世、イギリス国王　50
ジョーンズ、クリストファー　47, 49
ジョン・W・ブラウン号（リバティー船）165
シリウス号（軍艦）60-3
シンクェス、ジョセフ（シンケ）78, 80
新兵収容艦　97
スヴェルドルップ、オットー　113
スクリュープロペラ　82-3, 86-9
スコット、ロバート・ファルコン　113
スコーピオン号（原子力潜水艦）142
スター・ハーキュリーズ号（調査船）21, 22
スタレラ号（調査船）20
スタンフォード・ブリッジの戦い（1066年）24
スティアーズ、ジェームズ・リッチ　90
スティアーズ、ジョージ　90
スティーヴンス准将、ジョン・コックス　90
ストークス艦長、プリングル　73
スパルテル岬の海戦（1782年）54
スピードウェル号（商船）47
スプレー号（帆船）114-7
スミス、フランシス・ペティット　86-7
スミス船長、エドワード・J　140, 141, 142
スミス大尉、ジョン　48
スレッシャー号（原子力潜水艦）142
スローカム、ジョシュア　114-17
セヴモルプーチ号（原子力貨物船）195
石油流出事故　198-201
セルゲイ・エイゼンシュテイン
『戦艦ポチョムキン』129
『戦艦ポチョムキン』（映画）129
潜水艦
　貨物潜水艦　188
　タートル号（潜水艇）86, 123
　ノーティラス号（1800年）64, 66
　ノーティラス号（原子力潜

水艦）186-9
ハンリー号 124
ホランド号 122-5
「Uボート」「潜水球」「バチスカーフ」も参照
潜水球 207
宣徳帝 31
装甲
　クルップ鋼 119
　航空母艦 161
　装甲帯 98
　ハーヴェイ鋼 119
　「鉄製装甲艦」も参照
装甲帯 98
ソナー 97

タ

第1次囚人移民船団 60-3
大三角帆 11, 32
大西洋の蒸気船による横断 68-71
タイタニック号（定期船）138-43, 208
太陽の船 8-11
ダーウィン、チャールズ 72-7
ダ・ヴィンチ、レオナルド 86
ダウ船 11
宝船（帆船）28-31
宝山（宝船）28-31
タートル号（潜水艇）86, 123
ダバン公爵、ジュフロワ 64
タービニア号（蒸気タービン船）132
タラント空襲（1940年）158, 159, 160-1
タンガロア号（いかだ舟）180
タントリンガー、キース 183
チチェスター、フランシス 117
チャールストン号（蒸気船）68
チャレンジャー号（調査船）94-7
中国の宝船（宝山）28-31
朝鮮の亀甲船 31
超弩級戦艦 131
「沈下（スクワット）効果」216
ティグリス号（葦舟）181
ディーゼル発電式推進 190

ティルピッツ（戦艦）152, 153, 157
ティルピッツ提督、アルフレート・フォン 144
鄭和 28, 30, 31
ディーン兄弟、ジョンとチャールズ 38
ティンビー、セオドア・ラグレス 102
デストロイヤー（蒸気魚雷艇）114
鉄製装甲艦（鉄甲艦）98-101, 102-5
テネリフェ島の海戦（1797年）58
テミトクレス 13
デモロゴス（汽気軍艦）67
テラー号（調査船）88
テレプレゼンス 20
デンヴァー、ジョン 172
電気化学的腐食 99
「天号」作戦 168-9
等（戦列艦の区分）55
トスティグ 24
ドーセットシャー（巡洋艦）156
ドーマン、ウィルフレッド 109
トムソン、チャールズ・ワイヴィル 94, 95
トライアコンター（30人の漕手）12
トライアンフ（戦艦）146
トライリーム（3段櫂船）12-15
ドラカー（ヴァイキング船）25-6
トラファルガーの海戦（1805年）56-8
トリエステ号（バチスカーフ）209
トリー・キャニオン号（タンカー）198-201
トリニダード（カラック船）42-3, 44, 45
トルデシリャス条約（1494年）43
ドレーク、フランシス 45
ドレッドノート（戦艦）130-3
ドレッベル、コーネリアス 122
ドロモン船 15
トンプソン、スミス 79-80

ナ

ナイルの海戦（1798年）58
長崎 169
ナポレオン（戦艦）89
ナポレオン1世（ナポレオン・ボナパルト）、皇帝 56, 62
ナンセン、フリッチョフ 110, 111, 112, 113
ニクソン、リチャード 210
虹の戦士号（NGO活動船）190-3
虹の戦士II号（NGO活動船）193
虹の戦士III号（NGO活動船）193
ニダム船 16-19
ニーニャ号（カラベル船）32, 33, 34
日本海海戦（1905年）126
ニミッツ級空母 205, 216
ニュー・アイアンサイズ（鉄甲艦）102
ニュー・ジャージー（戦艦）174
ネアズ艦長、ジョージ 95
ネルソン中将、ホレーショ 56-9
ノース・リヴァー・スティームボート号（クラーモント号）64-7
ノーティラス号（1800年、潜水艦）64, 66
ノーティラス号（原子力潜水艦）186-9
ノーフォーク（巡洋艦）154
ノルマンディー（鉄甲艦）99
ノルマンディー号（定期船）148-51

ハ

ハイエルダール、トール 178-81
ハイバーニア（戦艦）159
バイリーム（2段櫂船）12
ハーヴェイ鋼 119
バウンティ号（武装輸送船）128
バーク船 72
ハスケル級上陸作戦用輸送艦 165
パスファインダー（巡洋艦）145
パセーイク級モニター艦 105
パーソンズ、チャールズ 131, 132
バチスカーフ（深海潜水艇）209
ハーディ艦長、トマス 57
バト号（スクーナー）114
ハードラダ王、ハーラル 24
パトリック・ヘンリー号（リバティー船）162-5
バートン、オーティス 207
パナマ運河 118, 119-20, 175
パピルス舟 10
ハーフォード船長、ジョージ 81
バーミンガム（巡洋艦）159
ハーモニー・オブ・ザ・シーズ号（定期船）215, 217
バラード博士、ロバート 20-3, 137, 142, 143, 155
ハリソン、ジョン 63
ハリバット号（潜水艦）210
ハロルド2世、イングランド王 24, 27
ハワード提督、エドワード 40
バンクス、ジョーゼフ 51
ハンター艦長、ジョン 60
ハンリー号（潜水艇）124
ピアリー、ロバート 113
ピカール、ジャック 209
ビクトリア号（カラック船）42-5
ビーグル号（調査船）72-7
ビスマルク（戦艦）152-7
ビービ、ウィリアム 207
ビュサントール（戦列艦）56
ヒューズ、ハワード 213
平張り（カラベル造り）36
ピルグリム・ファーザーズ 46-9
広島 169
ピンタ号（カラベル船）32, 34
フィッチ、ジョン 64
フィッツロイ艦長、ロバート 73, 75, 76
フィリップ提督、アーサー 60, 62

フェニックス号（蒸気船）68
プエブロ（情報収集艦）203
フェルナンド、カスティーリャとアラゴンの王 32
フェレール、ラモン 79
フーサトニック（軍艦）124
ブシュネル、デヴィッド 86, 123
腐食 99
フッド（巡洋戦艦）154, 155
ブライ、ウィリアム 128
フライト（商船）47
フライング・クラウド号（クリッパー）106
ブラウン、バジル 19
ブラウン船長、リチャード 90
プラスティキ号（ヨット）181
ブラック・プリンス（装甲艦）100
フラム号（スクーナー）110–13
フランシス、スミス 86
プランジャー（潜水艦）123
ブランド、エド 209
ブリタニック号（定期船）143
フリーダム・スクーナー・アミスタッド号（スクーナー）79
ブリッジウォーター第3代公爵、フランシス・エジャトン 64
プリティー夫人、イーディス 19
プリュール大尉、ドミニク 192
プリンス・オブ・ウェールズ（戦艦）154, 155
プリンストン（スクリュー式蒸気軍艦）89
プリンツ・オイゲン（巡洋艦）153–4, 157
ブルース、ウィリアム 108
フルトン、ロバート 64–7, 86
ブルネル、イザンバード・キングダム 82–3, 84, 87
ブルーリボン賞 149, 151
ブレストワーク・モニター 105
ブレーメン号（定期船）136, 148
プレンティス、イゾベル 170
ヘアジンク、オットー 145
平射カノン砲 101
ペクサン砲 101
ベショフ、イヴァン 129
ヘースティングズの戦い（1066年）27
ヘドル 40
ヘラス・リバティー号（リバティー船）165
ヘールズ・トロフィー 149
ヘルユルフソン、ビアルニ 34
ペレーラ、フェルナンド 192
ペンティコンター（50人の漕手）12
ヘンリー、パトリック 162–3
ヘンリー8世、イングランド国王 36
ボイン（軍艦）38
「砲郭」型鉄甲艦 104
鳳翔（空母）159
ホーク（巡洋艦）139
ホーグ号（巡洋艦）145
北西航路 53
ホーシー大尉、ガイ 150
ポチョムキン（戦艦）126–9
ホランド、ジョン・フィリップ 122–3
ホランド号（潜水艦）122–5
ボルティモア・クリッパー 78
ボールドウィン、ロジャー 79

マ

マイセル号（タンカー）190
マウント・テンプル号（定期船）142
マクタン島の戦い（1521年）44
マクリーン、マルコム 182–5
マジェスティック（戦艦）146
マゼラン、フェルディナンド 42–5
マッカーサー、エレン 117
マッカーサー将軍、ダグラス 175
マッキー、アレグザンダー 38
マティルダ・オブ・フランダース 26
マファール少佐、アラン 192
マラク、カマル・エル= 8–9
ミシガン（軍艦）100
ミシガン（弩級戦艦）131
ミズーリ（戦艦）174–7
ミッドウェー級 161
ムーア、F 108
武蔵（戦艦）166, 168
むつ（原子力船）195
メアリー・ローズ号（軍艦）36–41
メイフラワー号（商船）46–9
メイン（巡洋艦）118
メディア（曳航式深海ビデオカメラ）21
メテオール号（調査船）97
モニター（鉄甲艦）102–5
モーラ号（ロングシップ）24–7
モーレタニア号（定期船）134, 136
モンテス、ペドロ 78, 79, 80
モンロー大統領、ジェームズ 69, 70

ヤ

ヤスパゼン・コレクション 16
大和（戦艦）166–9
ユトランド沖海戦（1916年）132–3
ユナイテッド・ヴィクトリア号（ヴィクトリー船）165
ユルキュヴィチ、ウラジーミル 149
ヨットの設計 90–3
ヨハンセン、イェルマー 112
予備艦隊 176
よろい張り 19

ラ

ライトニング号（クリッパー）106
ライン演習作戦 153, 155
ラー号（葦舟）181
ラーⅡ号（葦舟）181
ラトラー号（スクリュー蒸気船）86–9
リヴィングストン、ロバート・R 64, 66
リー軍曹、エズラ 123
李舜臣提督 31
リバティー船 162-4, 165
リブルニア船 15
リベルダーデ号（帆船）114
リュートイェンス提督、ギュンター 156
リンカーン大統領、エイブラハム 104
リンデマン、エルンスト 156
ルイス、ホセ 78, 79, 80
ルジアティ船長、パストレンゴ 198–9
ルシタニア号（定期船）134–7
ルーズヴェルト大統領、フランクリン・D 163
ルドゥタブル（軍艦）57
ルドゥタブル（装甲艦）100
レイテ沖海戦（1944年）167–8
レインボー号（クリッパー）106
レオナルド・ダ・ヴィンチ 86
レーガン、ロナルド 177
レゾリューション号（石炭船）53
レーニン号（原子力砕氷船）194–7
ロイヤル・ウィリアム号（蒸気船）71
ロイヤル・ジョージ（軍艦）38
ロジャーズ、モーゼス 68–9, 70
ロドニー（戦艦）156
ロバート、E・ピアリー 163
ローマ海軍 14–15
ロングシップ 19, 24, 25–7

ワ

ワシントン号（帆船）114
割当移民法 148

図版出典

Alamy Stock Photo
9: © travelpixs; 30: © Chris Hellier; 33: © The Art Archive; 80 (top): © World History Archive; 127: © Heritage Image Partnership Ltd; 156: Trinity Mirror / Mirrorpix; 181: © Everett Collection Inc.; 197: © ITAR-TASS Photo Agency

Creative Commons
10 (bottom): © Iris Fernandez / Ancient World Image Bank; 12: © MatthiasKabel / SwissChocolateSC; 15 (top): © Maciej Szczepańczyk; 15 (bottom): © Alaniaris; 17 (top): © Bullenwächter; 19 (bottom), 101 (bottom): © Geni; 22 (top): © Sailko; 29: © Vmenkov; 31: © Steve46814; 40 (bottom), 41 (bottom): © Peter Crossman of the Mary Rose Trust; 41 (top), 160: © Tony Hisgett; 48: © Mupshot; 50: © Archives New Zealand; 60: © State Library of New South Wales; 62 (bottom): © JJ Harrison; 73, 74 (bottom), 76 (bottom): © Wellcome Trust; 75: © Graeme Bartlett; 84: © Mike Peel; 100 (top): © Barry Lewis; 100 (bottom): © Paul Hermans; 109: © Georges Jansoone; 113: © Dr. Mirko Junge; 125 (top): © Pat David; 128: © Dan Kasberger; 149: © Nyctopterus; 152: © Maomatic / Shipbucket.com; 162: © Kallgan; 166: © Alexpl; 168 (top): © Hideyuki KAMON; 170: © René Beauchamp; 171: © Peters, Hans / Anefo; 173: © Olivier Bernard; 195: © Christopher Michel; 196: © Acroterion; 200: © Brocken Inaglory; 203: © Bill Larkins; 211: © TedQuackenbush; 214: © DaMongMan; 215: © Jonathan Palombo; 216: © Martin Nikolaj Christensen; 217 (bottom): © Rennett Stowe

Getty
21: © De Agostini Picture Library; 22 (bottom): © Annie Griffiths Belt; 25, 107: © De Agostini Picture Library; 39: © Epics; 63: © Topical Press Agency / Springer; Front cover, 70 (top), 83, 87 (top): © Science & Society Picture Library; 71: © Universal History Archive; 79: © Hartford Courant; 122, 153: © ullstein bild; 139: © David Paul Morris / Stringer; 143: © Print Collector; 150: © Fox Photos / Stringer; 169, 183 (top): © Time Life Pictures; 172: © ABC Photo Archives; 191: © Tom Stoddart Archive; 192: © AFP / Stringer; 198: © Popperfoto; 208 (top): © Emory Kristof and Alvin Chandler

Shutterstock
3: © Sergey Kohl; 7, 47: © Joseph Sohm; 8: © hecke61; 28: © SIHASAKPRACHUM; Back cover (top), 45, 68, 136, 137, 164 (top), 164 (bottom): © Everett Historical; 59 (top): © David Muscroft; 59 (bottom): © Margaret Smeaton; 93: © Christopher Halloran; 131: © Sergey Kohl; 158, 159 (top): © McCarthy's PhotoWorks; 180 (top): © Anton_Ivanov; 180 (bottom): © Pixeljoy; 184: © egd; 185: © hxdyl; 187: © Dlabajdesign; 193: © ChameleonsEye; 194: © svic | Shutterstock

Misc.
10 (top): © Dorling Kindersley | Thinkstock
151: © André Wilquin | Mary Evans Picture Library
212: © Claus Lunau | Science Photo Library

Map illustrations by Lindsey Johns.
All other images are in the public domain.

トン数について

数世紀にわたり、船舶の規模と重量はさまざまな系統の単位で表されてわかりにくくなっている。「トン数」といっても船の重量とはまったくかかわりがなく、積荷重量だったりもする。この単位は、14世紀の初めに積載できる貨物の量に応じて船に税金を課したことに由来する。積み荷の基本的な単位は1樽のワインで、タン(tun)とよばれていた。1タンの容量は1146リットルで、重量は1016キロに相当する。19世紀まで、船の容量は積載重量トン数、すなわち積貨トン数で表されることが多かった。船の等級を定める単位はそれ以外にも数多く存在するが、ごく一般的なのは次のようなものである。

「排水トン数」または「排水量」は、水に浮かんだ船が押しのける水の重量である。これが船の重量と等しくなる〔「排水量」は軍用船に用いるのが慣例であるため、訳出の際、軍用船には「排水量」、民間船には「排水トン数」をあてた〕。

「登録総トン数」は、19世紀なかばに導入され、船の総容積を示す指標になっている。1登録トン数は、およそ100立方フィート(2.83立方メートル)になる。登録トン数に換算するには、立方フィートで表した船の容量を100で割ればよい。

「総トン数」は、1969年の国際協定により登録総トン数に代わって用いられるようになった。立方メートルで表された船の容量にもとづき、所定の数式に値を代入して計算する。